第四版

資料結構
C語言實作

Fundamentals of Data Structures

關於本書

資料結構（data structure）是資訊科學領域中的基礎課程，多數資訊相關科系的研究所入學考試會將之列入考科，而諸如高考三級、地方特考、司法特考、鐵路考試中的資訊類別考試亦會將之列入考科，因此，選擇一本**觀念正確、條理清晰且掌握命題趨勢**的書籍是很重要的。

本書以實例演練為導向，漸進式的學習架構，詳盡解說各種資料結構，期能帶領讀者了解其中的精髓，進而具備開發大型程式的功力。此外，為了因應未來報考資訊相關科系的研究所或準備國家考試，本書精選豐富考題，並融入相關章節、隨堂練習與學習評量，建議讀者勤加練習。

接著來談談為何要在一本資料結構書籍中介紹 ChatGPT 吧！在 ChatGPT 橫空出世後，有不少人驚覺「寫程式」即將被 AI 工具取代，沒錯，AI 工具確實會寫程式，但這並不表示以後再也不用學習資料結構、程式設計等基礎課程，而是程式設計師必須要進化為 AI 工具的程式審查員或教 AI 學習的老師。

換句話說，您必須具備資料結構、程式設計等關鍵能力，才能有效率地跟 AI 工具溝通，讓它寫出您需要的程式，也才有辦法閱讀或審查 AI 工具所生成的程式，確保程式是正確的、有效率的、經過完整測試的，而想要具備這些能力，您所需要的正是一本好書。

我們把如何使用 ChatGPT 輔助學習資料結構的內容放在最後一章，目的是希望您以學會資料結構為主，使用 ChatGPT 為輔，與其將 ChatGPT 的操作技巧分散到各個章節，倒不如集中在一個章節，比較能夠有系統地學習，也不會干擾到上課的節奏。

本書內容

本書共有 11 章，以實例演練為導向，搭配題型多元的隨堂練習與學習評量。首先從第 1 章「**導論**」開始，舉例說明資料結構、演算法與程式的效能分析。

接著是第 2 章「**陣列**」、第 3 章「**鏈結串列**」、第 4 章「**堆疊**」、第 5 章「**佇列**」，逐一探討陣列（array）、鏈結串列（linked list）、堆疊（stack）、佇列（queue）等基礎資料結構，包括其實作方式、相關的運算與應用。

繼續是第 6 章「**樹狀結構**」，內容涵蓋樹 (tree) 的定義與應用、二元樹、二元搜尋樹、運算式樹、霍夫曼樹、樹林、集合等；第 7 章「**圖形**」，內容涵蓋圖形 (graph) 的定義與應用、最小成本擴張樹、最短路徑、拓樸排序等。

在認識資料結構後，接著是第 8 章「**排序**」和第 9 章「**搜尋**」，介紹排序 (sort) 與搜尋 (search) 兩種常見的運算，前者包括選擇排序、插入排序、氣泡排序、謝耳排序、快速排序、合併排序、基數排序、二元樹排序、堆積排序等，而後者包括循序搜尋、二元搜尋、內插搜尋、雜湊法等；再來是第 10 章「**樹狀搜尋結構**」，透過實例解說 AVL 樹、2-3 樹、2-3-4 樹、m 元搜尋樹、B 樹等樹狀搜尋結構的操作方式，以及彼此之間的異同。

最後是第 11 章「**資料結構✕ChatGPT**」，介紹使用 ChatGPT 輔助學習資料結構，例如查詢理論與實作、上傳圖片解題、出題練習、撰寫程式、修正、優化與除錯、與其它程式語言互相轉換等，這些技巧大多不限定於 ChatGPT，也可以靈活運用在 Copilot、Gemini 等 AI 助理。本書是以 C 語言進行實作，讀者可以自行使用 ChatGPT 轉換成 Python、C++、C#、Java 等程式語言。

線上下載

本書的線上下載 (http://books.gotop.com.tw/download/AEE041100) 提供「**範例程式**」和「**考題觀摩**」，前者是以 Visual Studio Code 做為開發環境，而後者是一些研究所入學考試與國家考試的精選考題。

聯絡方式

如果讀者有建議或授課老師需要教學投影片，歡迎與我們洽詢：碁峰資訊網站 https://www.gotop.com.tw/；國內學校業務處電話 (02)2788-2408。

參考書目

◀　Fundamentals of Data Structures in C/Horowitz, Sahni, Anderson-Freed

◀　Data Structures and Algorithms/Alfred Aho

◀　Algorithms/Robert Sedgewick, Kevin Wayne

目錄

第 4 章　堆疊

第 5 章　佇列

第 6 章　樹狀結構

第 7 章　圖形

第 11 章　資料結構×ChatGPT

版權聲明

線上下載

「範例程式」和「考題觀摩」(PDF 電子檔) 請至 http://books.gotop.com.tw/download/AEE041100 下載，您可以運用本書範例程式開發自己的程式，但請勿販售或散布。

01
CHAPTER

導　論

1-1　認識資料結構

資料結構（data structure）是資訊科學領域中的基礎課程，通常學生在學過 C、C++、C#、Java 或 Python 等程式設計後，就會開始學習資料結構，這門課程主要是探討陣列、串列、堆疊、佇列、樹、圖形等不同的資料結構，其資料在記憶體空間的儲存方式及存取方式，接著再搭配排序、搜尋等**演算法**（algorithm），然後轉換成**程式**（program），目的是讓學生所撰寫的程式擁有最佳的執行效能、占用最少的記憶體空間，進而具備開發大型程式的功力。

簡單的說，「資料結構」是資料在記憶體空間的儲存方式及存取方式，「演算法」是運用資料結構來解決問題的方法，而**資料結構＋演算法＝程式**，只要選擇適當的資料結構，再搭配有效率的演算法，就會得到一個完美的程式。

前述的陣列、串列、堆疊、佇列、樹、圖形、排序、搜尋等名詞看似艱澀，但實際上，它們在生活中的應用卻很常見，例如：

◀ **陣列**（array）：用來存放一維或二維的資料，例如班級成績單、身高體重統計資料等。

◀ **串列**（list）：用來存放相同類型的元素依照一定順序排列而成的有序集合，例如一週的星期幾（Mon., Tue., Wed., Thu., Fri., Sat., Sun.）、一年的四季（Spring, Summer, Autumn, Winter）等。

◀ **堆疊**（stack）：用來存放後進先出的資料，例如在一疊盤子中，愈晚被放入的盤子會愈早被取出。

◀ **佇列**（queue）：用來存放先進先出的資料，例如在等候買票的隊伍中，愈早來排隊的人會愈早買到票。

◀ **樹**（tree）：用來存放具有分支關係的資料，例如家族成員圖、機關組織圖、運動賽程表等。

◀ **圖形**（graph）：用來描述問題，然後找出問題的解答，例如找出兩點之間的最短路徑、網路佈線、交通路線圖等。

◀ **排序 (sort)**：用來將資料由小到大排列或由大到小排列，例如成績排名、銷售排行榜等。

◀ **搜尋 (search)**：用來在多筆資料中尋找條件符合的資料，例如在通訊錄中尋找聯絡人。

在瞭解資料結構的類型，以及它和演算法、程式的關聯後，我們將透過範例 1.1 和範例 1.2，示範有沒有使用資料結構與演算法，對程式會有何影響。

範例 1.1 [找出最大數] 撰寫一個程式找出 25、30、18、7、10 等五個正整數中的最大數，而且該程式沒有使用資料結構與演算法。

解答：這個程式是直接使用 if 條件式比較 25、30、18、7、10 等五個正整數的大小，然後找出最大數，再印出結果。此種做法的缺點是程式缺乏擴充性，一旦正整數的數值改變或個數改變，整個程式必須重新改寫。

\Ch01\largest1.c

```
#include <stdio.h>

int main()
{
  int largest = 0;                    /*將最大數的初始值設定為0*/
  if (25 > largest) largest = 25;     /*若 25 比較大，就將最大數設定為25*/
  if (30 > largest) largest = 30;     /*若 30 比較大，就將最大數設定為30*/
  if (18 > largest) largest = 18;     /*若 18 比較大，就將最大數設定為18*/
  if (7  > largest) largest = 7;      /*若 7 比較大，就將最大數設定為7*/
  if (10 > largest) largest = 10;     /*若 10 比較大，就將最大數設定為10*/
  printf("最大數為%d", largest);       /*印出最大數*/
}
```

```
[Running] cd
"c:\Users\Jean\Documents\Samples\Ch01\" && gcc
largest1.c -o largest1 &&
"c:\Users\Jean\Documents\Samples\Ch01\"largest1
最大數為30
[Done] exited with code=0 in 0.461 seconds
```

範例 1.2 [找出最大數] 撰寫一個程式找出 25、30、18、7、10 等五個正整數中的最大數,而且該程式有使用資料結構與演算法。

解答:這個程式是使用「陣列」資料結構存放 25、30、18、7、10 等五個正整數,然後設計一個使用 for 迴圈的演算法來找出最大數,再印出結果。此種做法的優點是程式的擴充性較佳,一旦正整數的數值改變或個數改變,那麼只要將第 06 行的陣列改成新的數值,同時將第 11 行的個數 (i < 5) 改成新的個數即可,而不必重新改寫整個程式。

\Ch01\largest2.c

```
01:#include <stdio.h>
02:
03:int main()
04:{
05:  /*將五個正整數存放在陣列*/
06:  int list[5] = {25, 30, 18, 7, 10};
07:  /*將最大數的初始值設定為 0*/
08:  int largest = 0;
09:
10:  /*使用 for 迴圈找出最大數*/
11:  for (int i = 0; i < 5; i++)
12:    /*若 list[i]比較大,就將最大數設定為 list[i]*/
13:    if (list[i] > largest) largest = list[i];
14:
15:  /*印出最大數*/
16:  printf("最大數為%d", largest);
17:}
```

```
[Running] cd
"c:\Users\Jean\Documents\Samples\Ch01\" && gcc
largest2.c -o largest2 &&
"c:\Users\Jean\Documents\Samples\Ch01\"largest2
最大數為30
[Done] exited with code=0 in 0.392 seconds
```

1-2 認識演算法

演算法 (algorithm) 是用來解決某個問題或完成某件工作的一連串步驟,生活中隨處可見各種演算法,例如食譜是用來烹煮美食的演算法,樂譜是用來演奏歌曲的演算法,而圖 1.1 是用來折紙鶴的演算法。

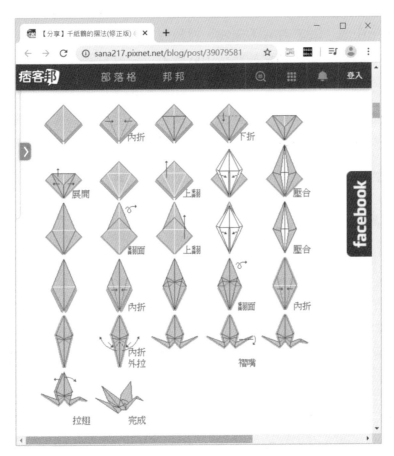

圖 1.1 折紙鶴的演算法 (資料來源:SANA 的網誌)

以資訊科學的角度來說,演算法是一群明確、可執行且有順序的步驟集合,目的是要解決某個問題或完成某件工作。在電腦尚未問世之前,演算法就是數學家極為重要的研究主題,知名的「歐幾里德演算法」即為一例,該演算法可以求出兩個正整數的最大公因數。

演算法必須符合下列五個條件：

◀ **輸入** (input)：這是外界所提供的資料，可能沒有，也可能有多個。

◀ **輸出** (output)：這是演算法所產生的結果，至少有一個。

◀ **明確性** (definiteness)：演算法的每個步驟均須明確的定義，例如「將油加熱至中溫」就不具有明確性，因為每個人對於中溫究竟是幾度可能有不同的看法，而「將油加熱至 100 度 C」就具有明確性，因為 100 度 C 是客觀的定義。

◀ **有效性** (effectiveness)：演算法所要求執行的動作必須符合電腦的能力，例如要求列出所有偶數就是超出電腦的能力，因為偶數有無限多個。

◀ **有限性** (finiteness)：演算法最後一定會停止執行，不能無限期執行。

1-2-1 構思演算法

演算法這門學問最大的挑戰在於如何構思演算法，也就是想出問題的解法，在瞭解演算法如何被構思出來的同時，就等於瞭解問題如何被解決的過程，然此種能力不見得可以透過學習或培育來獲得，有時會像藝術創作般的需要靈感。曾經有位數學家 G. Polya 在 1945 年針對如何解決數學問題，提出了下列四個階段，即使時光變遷數十年，這項理論只要稍微修改用字遣詞，就能成為資訊科學領域中解決問題的基本原則：

◀ **階段一**：分析問題 (包括有無輸入資料？有無條件限制？…)。

◀ **階段二**：想出解決問題的演算法 (您可以試著尋找有無類似的問題？若有的話，是否已經有解法？若一時想不出解法，您可以試著縮小問題的範圍或修改問題的輸入資料，看能否想出解法)。

◀ **階段三**：擬定演算法的步驟集合並轉換成程式。

◀ **階段四**：評估該程式的精確度，以及用來解決其它類似問題的潛力。

至於如何在階段二中想出解決問題的演算法，常見的有下列幾種方法：

◀ **嘗試錯誤法**（trial and error）：這是在完全瞭解問題之前，就試著提出解法，即使該解法錯誤，亦能藉此瞭解問題的細節，進而發掘其它更有可能的解法。雖然嘗試錯誤法的確能夠解決問題，但我們並不鼓勵您這麼做，尤其是在開發大型系統的時候，這將會浪費許多寶貴的資源。

◀ **循序漸進法**（stepwise refinement）：這是將問題分成數個比較容易解決的子問題，一一解決子問題後，就能組合子問題的解答，進而解決問題，屬於**由上而下法**（top-down）。在過去，由上而下法是主流，但近年人們傾向使用現成的軟體元件組合出軟體，使得**由下而上法**（bottom-up）日益受到重視。

◀ **反推法**（backward）：這是從問題的輸出反推出解法，例如我們可以拆開摺好的紙鶴，然後根據類似圖 1.2 的展開圖，反推出紙鶴的摺法。

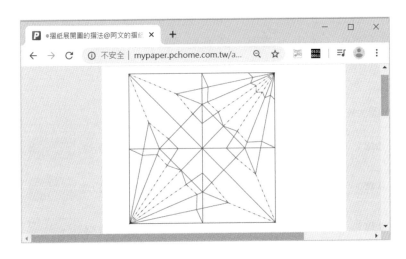

圖 1.2　紙鶴展開圖（資料來源：阿文的摺紙樂園）

◀ **類推法**：這是先研究一些簡單且類似的問題，找到解法後，再試著套用到目前的問題。我們將透過範例 1.3，示範如何使用類推法找出 n 個正整數中的最大數。

範例 1.3 使用 [類推法] 構思 [找出 n 個正整數中的最大數] 演算法。

1. 首先,研究一個簡單且類似的問題,例如找出 25、30、18、7、10 等五個正整數中的最大數,其過程如下:

   1.1 輸入第一個正整數 (25),由於尚未輸入其它正整數,所以將最大數設定為第一個正整數 (25)。

   1.2 輸入第二個正整數 (30),若它大於最大數,就將最大數設定為第二個正整數,否則不改變,此處是將最大數設定為第二個正整數 (30)。

   1.3 輸入第三個正整數 (18),若它大於最大數,就將最大數設定為第三個正整數,否則不改變,此處是不改變最大數 (30)。

   1.4 輸入第四個正整數 (7),若它大於最大數,就將最大數設定為第四個正整數,否則不改變,此處是不改變最大數 (30)。

   1.5 輸入第五個正整數 (10),若它大於最大數,就將最大數設定為第五個正整數,否則不改變,此處是不改變最大數 (30)。

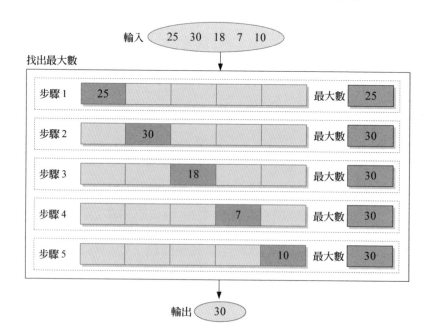

2. 接著，整合前述步驟與示意圖，得到如下。

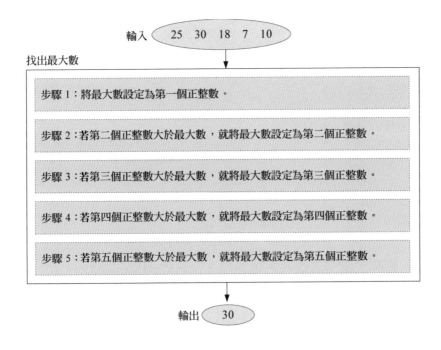

3. 繼續，試著統一步驟 1. 和其它步驟的動作，得到如下。

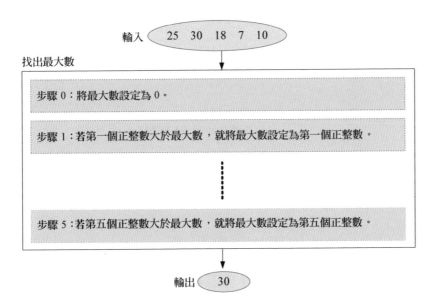

4.　再來，進行一般化，推廣到找出 n 個正整數中的最大數，得到如下。

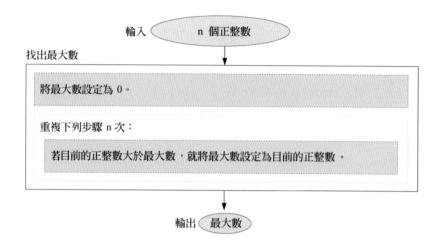

5.　最後，將解法撰寫成程式，得到如下。<\Ch01\largest3.c>

```c
int find_largest(int list[], int n)
{
  /*將最大數的初始值設定為 0*/
  int largest = 0;
  /*使用 for 迴圈找出最大數*/
  for (int i = 0; i < n; i++)
    if (list[i] > largest) largest = list[i];
  return largest;
}
```

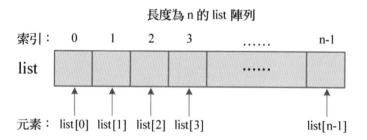

圖 1.3 list[] 陣列的儲存方式

1-2-2 演算法的結構

演算法通常是由下列三種結構所組成：

◀ **序列**（sequence）：序列結構包含一連串指令，而這些指令可以是簡單的指派動作或另外兩種結構的指令。

◀ **決策**（decision）：有時要解決問題可能無法經由一連串指令，而是必須測試某個條件，若該條件成立，就執行某組指令，否則執行另一組指令，大部分的程式語言都會提供類似 **if-then-else** 的決策結構。

◀ **重複**（repetition）：有時要解決問題可能得重複執行相同的一連串指令，大部分的程式語言都會提供類似 **while** 的重複結構。

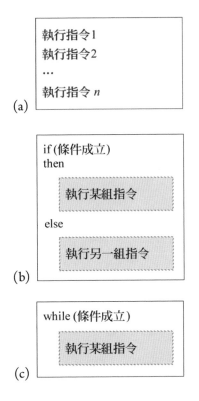

圖 1.4 (a) 序列結構 (b) 決策結構 (c) 重複結構

1-2-3 演算法的表示方式

在構思出演算法後,我們必須使用容易理解的方式將它表示出來,常見的方式有「流程圖」和「虛擬碼」。

流程圖

流程圖 (flowchart) 是以圖形符號表示演算法,隱藏了演算法的細節,換從整體的角度展現解決問題的過程,以下為常見的流程圖符號。

符號	意義	符號	意義
▭	開始或結束	▭	處理或運算
◇	決策或判斷	▱	輸入或輸出
⇄ ↓↑	流程方向		

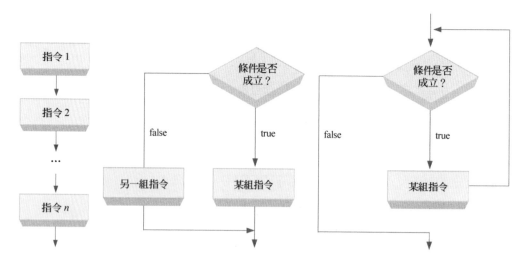

圖 1.5 使用流程圖表示圖 1.4 的序列、決策及重複等三種結構

範例 1.4　使用〔流程圖〕表示〔找出 n 個正整數中的最大數〕演算法。

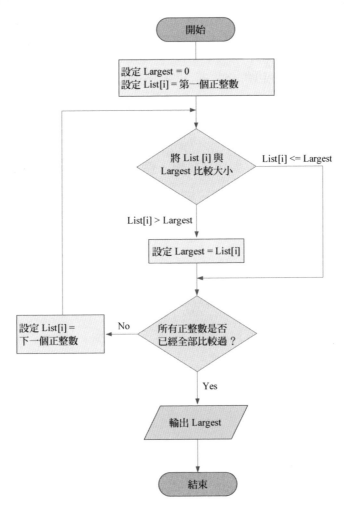

虛擬碼

虛擬碼（pseudocode）通常是以一般的口語敘述加上「決策」、「重複」等結構敘述，來描述問題的解法，由於沒有固定的語法，因此，大部分人傾向使用將來想要撰寫程式的程式語言做為虛擬碼，同時因為虛擬碼並不是真正要在電腦上執行，所以只要看得懂就行了，無須遵循嚴格的語法。

```
instruction 1        if (condition)              while (condition)
instruction 2        then                           one set of instructions
...                     one set of instructions  end while
instruction n        else
                        another set of instructions
```

圖 1.6 使用虛擬碼表示圖 1.4 的序列、決策及重複等三種結構

範例 1.5　使用 [虛擬碼] 表示 [找出 n 個正整數中的最大數] 演算法。

```
Algorithm: Find Largest
Input: A list of positive integers
Return: The largest integer
1.  set Largest to 0
2.  while (there are more integers)
      if (current integer is larger than Largest)
      then
        set Largest to current integer
      end if
    end while
3.  return Largest
End Find Largest
```

範例 1.6　使用 [虛擬碼] 表示 [計算兩個整數的平均值] 演算法，但這次不用英文，改用中文。

```
演算法：計算兩個整數的平均值
輸入：兩個整數
傳回值：兩個整數的平均值
1.  將兩個整數相加
2.  將步驟 1. 的結果除以 2
3.  傳回步驟 2. 的結果
演算法結束
```

1-2-4 迭代與遞迴

在我們構思演算法時，除了歸納出問題的解法，還會盡量設法以重複的方式來表示，一來是比較簡潔，二來是執行重複的動作原本就是電腦的專長，而重複的方式又分成「迭代」與「遞迴」。

迭代

迭代 (iterative) 指的是以**迴圈** (loop) 的方式重複執行某組指令。

範例 1.7 [n! (n 階乘)] 使用迭代的方式計算 n!，其公式定義如下：

當 n = 0 時，f(n) = n! = 0! = 1
當 n > 0 時，f(n) = n! = n×(n - 1)×⋯×3×2×1

\Ch01\factorial1.c

```c
int factorial(int n)
{
  int result = 1;
  if (n == 0) return 1;    /*當 n = 0 時，f(n) = n! = 0! = 1*/
  while (n > 0){           /*當 n > 0 時，f(n) = n! = n×(n - 1)×⋯×3×2×1*/
    result = result * n;
    n = n - 1;
  }
  return result;
}
```

遞迴

許多演算法在因素少或範圍小的時候，都會比較容易解決，用大腦想就能想出解法，可是一旦因素變多或範圍變大，大腦就會無法負荷，例如我們可以輕鬆走出一個小迷宮，可是一旦變成大迷宮，就會變得很吃力，此時，我們可以試著將問題分割成多個小範圍的問題，個別解決這些小問題，會比一次解決一個大問題來得容易，這種解決問題的方式叫做**個個擊破** (divide and conquer)，其所對應的演算法撰寫方式就是**遞迴** (recursive)。

不過，遞迴演算法不一定適合所有能夠以個個擊破方式來解決的問題，先決條件是分割後的小問題其特質與解法必須和原來的大問題相同才行，典型的例子有 n!(n 階乘)、費伯納西數列、兩個自然數的最大公因數（GCD）等。

範例 1.8 [n!(n 階乘)] 使用遞迴的方式計算 n!，其公式定義如下：

當 n = 0 時，f(n) = n! = 0! = 1
當 n > 0 時，f(n) = n! = n×f(n - 1)

\Ch01\factorial2.c

```c
int factorial(int n)
{
  if (n == 0) return 1;
  else return (n * factorial(n - 1));
}
```

這個 factorial() 函數屬於**遞迴函數**（recursive function），也就是呼叫自己本身的函數。任何遞迴函數都必須有終止條件，一旦終止條件成立，就會計算結果，不再呼叫自己本身，例如 factorial(n) 的終止條件為 n 等於 0。此外，遞迴函數的呼叫方式是一層層的巢狀結構，等最內層的終止條件成立時，再回到上一層執行，而等上一層結束執行後，再回到上上一層執行，直到回到最上層。下面是以 n = 3 為例，模擬 factorial(3) 的執行過程（圖 1.7）：

◀　 n = 3，執行到 3 * factorial(2) 時，呼叫 factorial() 計算 n = 2 的結果。

◀　 n = 2，執行到 2 * factorial(1) 時，呼叫 factorial() 計算 n = 1 的結果。

◀　 n = 1，執行到 1 * factorial(0) 時，呼叫 factorial() 計算 n = 0 的結果。

◀　 n = 0，遞迴函數的終止條件成立，直接傳回 1，得到 factorial(0) 為 1。

◀　 回到 n = 1，計算 1 * factorial(0) 的結果為 1 * 1 = 1，得到 factorial(1) 為 1。

◀　 回到 n = 2，計算 2 * factorial(1) 的結果為 2 * 1 = 2，得到 factorial(2) 為 2。

◀　 回到 n = 3，計算 3 * factorial(2) 的結果為 3 * 2 = 6，得到 factorial(3) 為 6。

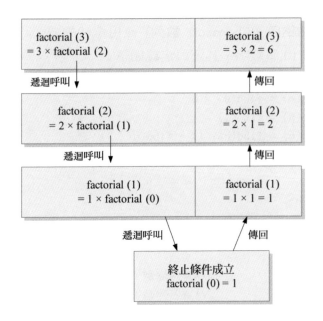

圖 1.7 以 n = 3 為例，模擬 factorial(3) 的執行過程

除了呼叫自己的函數，若函數 f1() 呼叫函數 f2()，而函數 f2() 又在某種情況下呼叫函數 f1()，那麼函數 f1() 也可以算是一個遞迴函數。遞迴函數通常可以被諸如 for、while 等迴圈所取代，雖然遞迴函數的效率比不上迴圈，因為多了額外的函數呼叫，但是遞迴函數的邏輯性、可讀性及彈性均比迴圈好，所以在很多時候，尤其是要撰寫遞迴演算法，遞迴函數還是會被用來取代迴圈。

比方說，在 n! (n 階乘) 的例子中，您或許會覺得使用迭代的方式比遞迴的方式來得直覺，這主要是因為人類筆算與電腦計算的差異，當我們以紙筆計算遞迴函數時，的確會比較繁複，但是對電腦來說，就沒有這樣的困擾。最後，我們簡單歸納出遞迴演算法的幾個條件：

◀　遞迴函數的輸入和輸出必須定義清楚。

◀　遞迴函數必須包含正確的指令並正確的呼叫自己。

◀　遞迴函數的呼叫次數必須有限 (即終止條件一定會在某個時候成立)。

◀　當終止條件成立時，遞迴函數必須正確的計算結果。

範例 1.9 [**費伯納西（Fibonacci）數列**] 使用迭代的方式計算費伯納西數列的前 10 個數字，其公式定義如下：

當 n = 0 時，fibo(n) = fibo(0) = 0
當 n = 1 時，fibo(n) = fibo(1) = 1
當 n ≥ 2 時，fibo(n) = fibo(n - 1) + fibo(n - 2)

\Ch01\fibo1.c

```c
#include <stdio.h>

int fibo(int n)
{
  int fn;                      /*宣告變數 fn 代表 fibo(n)*/
  int fn1;                     /*宣告變數 fn1 代表 fibo(n-1)*/
  int fn2;                     /*宣告變數 fn2 代表 fibo(n-2)*/
  if (n == 0) return 0;        /*當 n=0 時，fibo(n)=fibo(0)=0*/
  else if (n == 1) return 1;   /*當 n=1 時，fibo(n)=fibo(1)=1*/
  else{                        /*當 n≥2 時，fibo(n)=fibo(n-1)+fibo(n-2)*/
    fn2 = 0;
    fn1 = 1;
    for (int i = 2; i <= n; i++){
      fn = fn1 + fn2;
      fn2 = fn1;
      fn1 = fn;
    }
  }
  return fn;
}

int main()
{
  /*使用迴圈印出費伯納西數列的前 10 個數字*/
  for (int i = 0; i < 10; i++)
    printf("%d\n", fibo(i));
}
```

```
0
1
1
2
3
5
8
13
21
34
```

範例 **1.10** [費伯納西 (Fibonacci) 數列] 使用遞迴的方式計算費伯納西數列的前 10 個數字。

\Ch01\fibo2.c

```c
#include <stdio.h>

int fibo(int n)
{
  if (n == 0) return 0;
  else if (n == 1) return 1;
  else return fibo(n - 1) + fibo(n - 2);
}

int main()
{
  /*使用迴圈印出費伯納西數列的前 10 個數字*/
  for (int i = 0; i < 10; i++)
    printf("%d\n", fibo(i));
}
```

```
0
1
1
2
3
5
8
13
21
34
```

＼隨堂練習／

1. 承範例 1.8，寫出 factorial(5) 的值為何？以及 factorial() 函數的呼叫次數為何？

2. 承範例 1.10，寫出 fibo(4) 的值為何？以及 fibo() 函數的呼叫次數為何？

3. 構思 [n 個整數的總和] 演算法，然後使用流程圖表示該演算法。

4. 承題 3.，但改用虛擬碼表示該演算法。

5. 承題 3.，使用迭代的方式撰寫 [n 個整數的總和] 函數。

6. 承題 3.，使用遞迴的方式撰寫 [n 個整數的總和] 函數。

1-3　程式的效能分析

針對同一個問題所撰寫的程式可能有好幾種，該如何判斷這些程式的優劣呢？通常我們會從下列兩個方面來做分析：

◀　**時間複雜度**（time complexity）：程式執行完畢所需的時間。

◀　**空間複雜度**（space complexity）：程式執行完畢所需的記憶體空間。

其中時間複雜度又比空間複雜度來得重要，一來是因為現在的記憶體很便宜，二來是在資料量變大時，時間複雜度可能有極大的差異，而空間複雜度的差異通常不大，所以在接下來的小節中，我們會進一步討論時間複雜度。

1-3-1　時間複雜度

時間複雜度（time complexity）指的是程式執行完畢所需的時間，為**編譯時間**（compile time）與**執行時間**（execution time）的總和，不過，由於多數程式只要編譯一次，就能執行多次，因此，在我們討論程式的時間複雜度時，通常只會著重於執行時間的部分。

至於如何測量時間複雜度，常見的是計算有幾個**程式步驟**（program step）會被執行，這種測量結果和電腦的執行速度無關，但和程式的輸入/輸出資料量有關，例如欲排序的資料愈多，執行的程式步驟就愈多，時間複雜度也愈高。

範例 1.11 [n 個整數的總和] 分析下列程式的程式步驟個數。

```c
/*使用迭代的方式計算 n 個整數的總和*/
int sum(int list[], int n)
{
  int result = 0;
  for (int i = 0; i < n; i++)
    result = result + list[i];
  return result;
}
```

解答：這個程式的程式步驟個數如下，其中 s/e (steps/execution) 是每個敘述需要花費幾個程式步驟，**頻率** (frequency) 是該敘述的執行次數，若是非執行類型的敘述 (例如註解、宣告)，則其頻率為 0。

敘述	s/e	頻率	程式步驟個數
int sum(int list[], int n)	0	0	0
{	0	0	0
int result = 0;	1	1	1
for (int i = 0; i < n; i++)	1	n + 1	n + 1
result = result + list[i];	1	n	n
return result;	1	1	1
}	0	0	0
總計			2n + 3

範例 1.12 [n 個整數的總和] 分析下列程式的程式步驟個數。

```
/*使用遞迴的方式計算 n 個整數的總和*/
int sum(int list[], int n)
{
  if (n)
    return (sum(list, n - 1) + list[n - 1]);
  return 0;
}
```

解答：這個程式的程式步驟個數如下。

敘述	s/e	頻率	程式步驟個數
int sum(int list[], int n)	0	0	0
{	0	0	0
if (n)	1	n + 1	n + 1
return (sum(list, n - 1) + list[n - 1]);	1	n	n
return 0;	1	1	1
}	0	0	0
總計			2n + 2

由於電腦的執行速度很快，因此，對於時間複雜度的係數和常數，在資料量夠大時，其實都可以省略，只針對變數或次方的部分做討論。以範例 1.11 的 $2n + 3$ 為例，在 n 夠大時，係數「2」和常數「3」都可以省略，視為與 n 呈線性關係；同理，範例 1.12 的 $2n + 2$ 亦可視為與 n 呈線性關係。

範例 1.13 [矩陣相加] 分析下列程式的程式步驟個數，這個程式會將矩陣內相對應的元素相加，例如：

$$\begin{bmatrix} 1 & 2 & 3 \\ 4 & 5 & 6 \end{bmatrix} + \begin{bmatrix} 7 & 8 & 9 \\ 10 & 11 & 12 \end{bmatrix} = \begin{bmatrix} 8 & 10 & 12 \\ 14 & 16 & 18 \end{bmatrix}$$

```
matrix_add(int m, int n, int A[m][n], int B[m][n], int C[m][n])
{
  int i, j;
  for (i = 0; i < m; i++)
    for (j = 0; j < n; j++)
      C[i][j] = A[i][j] + B[i][j];
}
```

解答：這個程式的程式步驟個數如下。

敘述	s/e	頻率	程式步驟個數
matrix_add(⋯)	0	0	0
{	0	0	0
int i, j;	0	0	0
for (i = 0; i < m; i++)	1	$m + 1$	$m + 1$
for (j = 0; j < n; j++)	1	$m \times (n + 1)$	$m \times n + m$
C[i][j] = A[i][j] + B[i][j];	1	$m \times n$	$m \times n$
}	0	0	0
總計			$2m \times n + 2m + 1$

範例 1.14 [循序搜尋] (sequential search) 分析下列程式的程式步驟個數，這個程式會從第一筆資料開始，逐一比較鍵值，直到找到第一筆鍵值符合的資料，然後傳回其索引，若找不到，就傳回 -1。假設欲搜尋的資料為 list[] = {54, 2, 40, 22, 17, 22, 60, 35}，欲搜尋的資料個數為 8，欲搜尋的鍵值為 22，那麼函數呼叫可以寫成 sequential_search(list, 8, 22);，執行結果如下，傳回值為 3，雖然 list[5] 也是 22，但在比較到 list[3] 時，函數就已經傳回 3。

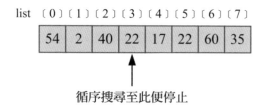

```
int sequential_search(int list[], int n, int key)
{
  for (int i = 0; i < n; i++)
    if (list[i] == key)        /*比對陣列內的資料是否等於欲搜尋的鍵值*/
      return i;                /*若找到鍵值符合的資料，就傳回其索引*/
  return -1;                   /*若找不到鍵值符合的資料，就傳回 -1*/
}
```

解答：這個程式的程式步驟個數如下。

敘述	s/e	頻率		程式步驟個數	
		有找到	沒找到	有找到	沒找到
for (int i = 0; i < n; i++)	1	n	n + 1	n	n + 1
if (list[i] == key)	1	n	n	n	n
return i;	1	1	0	1	0
return -1;	1	0	1	0	1
總計				2n + 1	2n + 2

1-3-2　Big-Oh 符號

在分析程式的時間複雜度時，我們習慣使用**理論上限** O()(唸做 Big-Oh)，來描述執行時間相對於問題大小的成長速度 (rate of growth)，例如範例 1.11 的時間複雜度 2n + 3 可以寫成 O(n)(唸做 Big Oh of n)，表示與整數個數 n 呈線性關係，因為是理論上限，所以程式在最差情況下的表現也不會比 O(n) 更差。

O() 的定義如下：

$f(n) = O(g(n))$ 若且為若存在正的常數 c 和 n_0，對所有 n, $n \geq n_0$ 時，$f(n) \leq cg(n)$ 均成立

例如 $f(n) = 2n + 3 = O(n)$，因為存在正的常數 $c = 3$ 和 $n_0 = 3$，對所有 $n, n \geq 3$ 時，$f(n) \leq 3n$ 均成立；又例如 $f(n) = 5n^2 + 2n = O(n^2)$，因為存在正的常數 $c = 6$ 和 $n_0 = 2$，對所有 $n, n \geq 2$ 時，$f(n) \leq 6n^2$ 均成立。事實上，O() 的結果就是取時間複雜度的最高次項且不計其係數，表 1.1 是一些常見的時間複雜度等級。

時間複雜度等級	表示方式
Constant (常數)	$O(1)$
Logarithmic (對數)	$O(\log_2 n)$
Linear (線性)	$O(n)$
Log Linear (對數線性)	$O(n\log_2 n)$
Quadratic (平方)	$O(n^2)$
Cubic (立方)	$O(n^3)$
Exponential (指數)	$O(2^n)$
Factorial (階乘)	$O(n!)$

表 1.1 常見的時間複雜度等級

從表 1.2 可知，n 的值愈大，差異就愈明顯，其大小關係如下：

$$O(1) < O(\log_2 n) < O(n) < O(n\log_2 n) < O(n^2) < O(n^3) < O(2^n) < O(n!)$$

舉例來說，假設有三個功能相同的程式，時間複雜度為 $O(n)$、$O(n\log_2 n)$、$O(n^2)$，現在讓它們各自在一部每秒鐘能夠執行 100 萬個指令的電腦上處理 100 萬筆資料，那麼各需花費多少時間呢？

答案是 1 秒、19.92 秒及 100 萬秒，在這些結果中，19.92 秒還算勉強能忍受，而 100 萬秒可就無法想像了，因此，演算法的時間複雜度不能大於 $O(n\log_2 n)$，否則就稱不上是實用，至於時間複雜度為 $O(n^2)$ 的演算法則是非常不實用。

時間複雜度	n = 1	n = 2	n = 4	n = 8	n = 16	n = 32
1	1	1	1	1	1	1
$\log_2 n$	0	1	2	3	4	5
n	1	2	4	8	16	32
$n\log_2 n$	0	2	8	24	64	160
n^2	1	4	16	64	256	1024
n^3	1	8	64	512	4096	32768
2^n	2	4	16	256	65536	4294967296
$n!$	1	2	24	40326	20922789888000	26313×10^{33}

表 1.2 不同 n 值的時間複雜度 (註：對數底對於漸進符號只有常數倍之差，故 $\log_2 n$ 亦可寫成 $\log n$，$n\log_2 n$ 亦可寫成 $n\log n$)

範例 1.15 以 O() 分析下列程式的時間複雜度。

```
x++;
```

解答：x++; 敘述總共執行一次，時間複雜度為 $O(1)$。

範例 1.16 以 O() 分析下列程式的時間複雜度。

```
for (i = 0; i < n; i++) x++;
```

解答：x++; 敘述總共執行 n 次，時間複雜度為 $O(n)$。

範例 1.17 以 O() 分析下列程式的時間複雜度。

```
for (i = n; i > 0; i = i / 2) x++;
```

解答：迴圈的計數器 i 每執行一次就除以 2，因此，x++; 敘述總共執行 $\log_2 n + 1$ 次，時間複雜度為 $O(\log_2 n)$。

範例 1.18 以 O() 分析下列程式的時間複雜度。

```
for (i = 0; i < n; i++)
  for (j = 0; j < n; j++)
    x++;
```

解答：外層迴圈執行 n 次，內層迴圈亦執行 n 次，因此，x++; 敘述總共執行 n^2 次，時間複雜度為 $O(n^2)$。

範例 1.19 分析 $3 * 2^n + n^2 + n$ 的 O()。

解答：$f(n) = 3 * 2^n + n^2 + n = O(2^n)$，因為存在正的常數 $c = 4$ 和 $n_0 = 5$，對所有 $n, n \geq 5$ 時，$f(n) \leq 4 * 2^n$ 均成立 (其實就是取時間複雜度的最高次項)。

範例 1.20 [歐幾里德演算法] 使用迭代的方式撰寫一個函數計算兩個自然數的最大公因數 (GCD)，其公式定義如下，然後以 O() 分析該函數的時間複雜度。

```
當 n 可以整除 m 時，gcd(m, n) 等於 n
當 n 無法整除 m 時，gcd(m, n) 等於 gcd(n, m 除以 n 的餘數)
```

解答：這個函數如下，時間複雜度為 O(n)。

```c
unsigned int gcd(unsigned int M, unsigned int N)
{
  unsigned int R;
  while (N > 0){
    R = M % N;
    M = N;
    N = R;
  }
  return M;
}
```

範例 1.21 [歐幾里德演算法] 使用遞迴的方式撰寫一個函數計算兩個自然數的最大公因數 (GCD)，然後以 O() 分析該函數的時間複雜度。

解答：這個函數如下，時間複雜度為 O(n)。

```
unsigned int gcd(int M, int N)
{
  if ((M % N) == 0)
    return N;
  else
    return gcd(N, M % N);
}
```

範例 1.22 [矩陣相加] 以 O() 分析範例 1.13 的時間複雜度 (假設矩陣的維度均為 $n \times n$)。

解答：範例 1.13 的程式步驟個數為 $2n^2 + 2n + 1$，則 $f(n) = 2n^2 + 2n + 1 = O(n^2)$，因為存在正的常數 $c = 3$ 和 $n_0 = 3$，對所有 $n, n \geq 3$ 時，$f(n) \leq 3n^2$ 均成立 (其實就是取時間複雜度的最高次項)。

備註∞

常見的總和公式與其理論上限 O()：

- $\sum_{i=1}^{n} 1 = 1 + 1 + \cdots + 1 = n$，$O(n)$

- $\sum_{i=1}^{n} i = 1 + 2 + \cdots + n = n(n + 1) / 2$，$O(n^2)$

- $\sum_{i=1}^{n} i^2 = 1^2 + 2^2 + \cdots + n^2 = n(n + 1)(2n + 1) / 6$，$O(n^3)$

- $\sum_{i=1}^{n} i^3 = 1^3 + 2^3 + 3^3 + \cdots + n^3 = [n(n + 1) / 2]^2$，$O(n^4)$

- $\sum_{i=1}^{n} 2^i = 2^1 + 2^2 + \cdots + 2^n = 2^{n+1} - 1$，$O(2^{n+1})$

＼學習評量／

一、選擇題

(　)1. 下列哪個時間複雜度最大？

　　A. $O(n^2)$　　　　　　B. $O(n!)$　　　　　　C. $O(2^n)$　　　　D. $O(n^3)$

(　)2. 在下列的虛擬碼中，*statement* 總共會執行幾次？

```
A = 5;
while (A < 10){
  statement;
  A = A - 2;
}
```

　　A. 3　　　　　　　　B. 5　　　　　　　　C. 2　　　　　　　D. 無限多次

(　)3. 下表為某個演算法之資料量 n 與執行時間 T(n) 的對照表，有關時間
　　複雜度的推測，下列何者最適當？

n	T(n)
2	19
4	20
8	20
16	22
32	20

　　A. $O(1)$　　　　　　B. $O(\log n)$　　　　C. $O(n\log n)$　　　D. $O(n^2)$

(　)4. 下列何者不是構成演算法的要素？

　　A. 每個步驟要明確　　　　　　　　B. 一定要有輸出

　　C. 每個步驟在有限時間內執行完畢　　D. 一定要有輸入

(　)5. 假設存在下列兩個函數，試問，$f_1(3) + f_2(3) = ?$

　　$f_1(n) = 2 * f_1(n-1) + 1, f_1(1) = 2$　　　　$f_2(n) = f_2(n-1) + n, f_2(1) = 3$

　　A. 19　　　　　　　　B. 21　　　　　　　C. 17　　　　　　D. 35

二、練習題

1. 構思一個演算法,令它解出猜數字遊戲,然後使用虛擬碼表示該演算法。遊戲規則是某甲在一張紙上面寫下一個介於 1 ~ 100 的數字,然後由某乙猜數字,而且某甲每次都要回答「猜中」、「再大一點」、「再小一點」其中一個答案,直到某乙猜中為止。

2. 承上題,但改用流程圖表示該演算法。

3. 試問,下列的步驟集合可以構成一個演算法嗎?說明其原因。

   步驟 1:從書包內拿一本書放在桌上。

   步驟 2:重複步驟 1。

4. 以 O() 分析範例 1.7 的時間複雜度。

5. 以 O() 分析範例 1.8 的時間複雜度。

6. 以 O() 分析範例 1.9 的時間複雜度。

7. 以 O() 分析範例 1.10 的時間複雜度。

8. [冪次方] 以 O() 分析下列程式的時間複雜度。

```c
/*這個函數可以計算參數 x 的 n 次方*/
long int power(unsigned int x, unsigned int n)
{
  if (n == 0) return 1;
  if (n == 1) return x;
  if (isEven(n)) return power(x * x, n / 2);
  else return power(x * x, n / 2) * x;
}
```

9. 承範例 1.21,$gcd(48, 18)$ 的值為何?以及 gcd() 函數的呼叫次數為何?

10. 分析下列多項式的 O():

   (1) $5n + 3$ (2) $6n^2 + 7n + 3$

   (3) $2^n + n^2 + 5$ (4) $2n^3 + n^2 + 8n + 1$

11. 分析下列多項式的 O()：

(1) $\displaystyle\sum_{i=1}^{n} i$

(2) $\displaystyle\sum_{i=1}^{n} i^2$

(3) $\displaystyle\sum_{i=1}^{n} 1$

12. 分析 $n^3/\log_2 n + 2n + 5$ 和 $\log_2 2^{2^n}$ 兩個多項式的 O()，其中 ^ 代表指數。

13. 有四個演算法的時間複雜度為 $O(n^2)$、$O(\log_2 n)$、$O(n)$、$O(1)$，請依照由小到大的順序排列。

14. 有四個演算法的時間複雜度為 $O(n^{100})$、$O(n!)$、$O(2^{\log n})$、$O(1.1^n)$，請依照由小到大的順序排列。

15. 以 O() 分析下列迴圈的時間複雜度：

(1)

```
for (i = 1; i <= n; i++)
  for (j = 1; j <= i; j++)
    x++;
```

(2)

```
for (i = 1; i <= n; i++)
  for (j = 1; j <= i; j++)
    for (k = 1; k <= j; k++)
      x++;
```

(3)

```
for (i = 0; i < n; i *= 3)
  for (j = 0; j < n; j++)
    x++;
```

陣　列

2-1 認識陣列

對多數學過程式語言的人來說,**陣列** (array) 並不是個陌生的名詞,甚至您可能已經撰寫過許多使用到陣列的程式,卻不知道隱含在陣列背後的原理及實作方式,而瞭解這一切,不僅有助於靈活運用不同維度的陣列,還有助於將陣列推廣至更多用途,例如實作多項式、矩陣、字串等。

2-1-1 一維陣列

在介紹陣列之前,我們先來說明何謂**變數** (variable),這是我們在程式中所使用的一個**名稱** (name),電腦會根據其資料型別預留記憶體空間給它,然後我們可以使用它來存放數值、字元、字串、指標等資料,稱為變數的**值** (value)。每個變數都只能存放一個資料,就像一個空紙箱,如下圖。

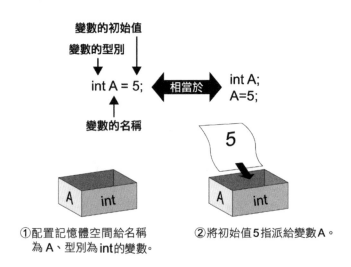

①配置記憶體空間給名稱
為 A、型別為 int 的變數。

②將初始值 5 指派給變數 A。

陣列和變數一樣是用來存放資料,不同的是陣列雖然只有一個名稱,卻能存放多個資料,就像一排空紙箱,如下圖。陣列所存放的資料叫做**元素** (element),每個元素有各自的**值** (value)。至於陣列是如何區分它所存放的元素呢?答案是透過**索引** (index),諸如 C、C++、Java、C#、Python 等程式語言預設是以索引 0 代表陣列的第 1 個元素,索引 1 代表陣列的第 2 個元素,⋯,索引 n - 1 代表陣列的第 n 個元素。

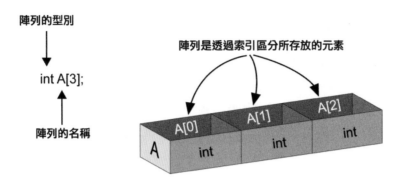

int A[3] = {10, 20, 30};

元素	值
A[0]	10
A[1]	20
A[2]	30

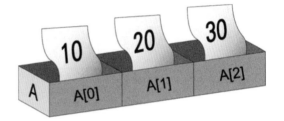

當陣列最多能存放 n 個元素時，表示它的**長度** (length) 為 n，而且除了**一維陣列** (one-dimension array)，多數程式語言亦支援**多維陣列** (multi-dimension array) 並規定合法的維度上限。此外，多數程式語言會限制陣列的元素必須是相同的資料型別，也就是**同質陣列** (homogeneous array)，至於**異質陣列** (heterogeneous array) 指的則是陣列的元素可以是不同的資料型別。

備註 ∞

指標與陣列

以 int *pA[3], A[3]; 敘述為例，這是使用 C 語言宣告兩個長度均為 3 的陣列，不同的是陣列 pA 的三個元素 pA[0]、pA[1]、pA[2] 是用來存放 3 個指向整數的指標，而陣列 A 的三個元素 A[0]、A[1]、A[2] 是用來存放 3 個整數，同時 A 是指向 A[0] 的指標，A + i 是指向 A[i] 的指標，換句話說，A + i 等於 &A[i]，*(A + i) 等於 A[i]。

2-1-2　二維陣列

二維陣列（two-dimension array）是一維陣列的延伸，若說一維陣列是呈線性的一度空間，那麼二維陣列就是呈平面的二度空間，而且任何平面的二維表格，都可以使用二維陣列來存放，例如下圖是一個 m 列、n 行的成績單，而下面的敘述是宣告一個 m×n 的二維陣列來存放該成績單。

```
int A[m][n];
```

	第 0 行	第 1 行	第 2 行	…	第 n-1 行
第 0 列		國文	英文	…	數學
第 1 列	王小美	85	88	…	77
第 2 列	孫大偉	99	86	…	89
…	…	…	…	…	…
第 m-1 列	張婷婷	75	92	…	86

m×n 的二維陣列有兩個索引，第一個索引是從 0 到 m - 1，第二個索引是從 0 到 n - 1，總共可以存放 m×n 個元素，當我們要存取二維陣列時，就必須使用這兩個索引，以上圖的成績單為例，我們可以使用這兩個索引將它表示成如下圖。

	第 0 行	第 1 行	第 2 行	…	第 n-1 行
第 0 列	[0][0]	[0][1]	[0][2]		[0][n-1]
第 1 列	[1][0]	[1][1]	[1][2]		[1][n-1]
第 2 列	[2][0]	[2][1]	[2][2]		[2][n-1]
…	…	…	…	…	…
第 m-1 列	[m-1][0]	[m-1][1]	[m-1][2]	…	[m-1][n-1]

由此可知，「王小美」是存放在索引為 [1][0] 的位置，而王小美的「數學」分數是存放在索引為 [1][n-1] 的位置；「張婷婷」是存放在索引為 [m-1][0] 的位置，而張婷婷的「數學」分數是存放在索引為 [m-1][n-1] 的位置，其它依此類推。

同樣的,我們也可以承襲空紙箱的概念來想像二維陣列,例如下圖是一個 2×3 的二維陣列,它在 y 方向的元素個數為 2 (索引為 0 ~ 1),x 方向的元素個數為 3 (索引為 0 ~ 2),總共可以存放 $2 \times 3 = 6$ 個元素。

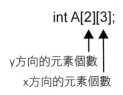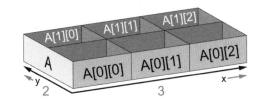

2-1-3　三維陣列

三維陣列 (three-dimension array) 是具有三種維度的陣列,呈立體的三度空間,例如下圖是一個 $2 \times 2 \times 3$ 的三維陣列,可以視為 2 個 2×3 的二維陣列,它在 z 方向的元素個數為 2 (索引為 0 ~ 1),y 方向的元素個數為 2 (索引為 0 ~ 1),x 方向的元素個數為 3 (索引為 0 ~ 2),總共可以存放 $2 \times 2 \times 3 = 12$ 個元素。

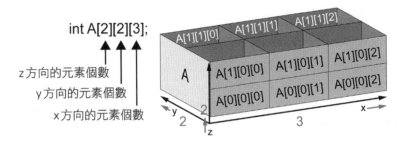

📝 **備註 ∞**

陣列的元素個數

- 一維陣列 A[$upper_0$] 的元素個數為 $upper_0$。

- 二維陣列 A[$upper_0$][$upper_1$] 的元素個數為 $upper_0 \times upper_1$。

- 三維陣列 A[$upper_0$][$upper_1$][$upper_2$] 的元素個數為 $upper_0 \times upper_1 \times upper_2$。

- n 維陣列 A[$upper_0$][$upper_1$]…[$upper_{n-1}$] 的元素個數為 $upper_0 \times upper_1 \times \cdots \times upper_{n-1}$。

2-2 陣列的運算

一維陣列常見的運算

◀ **建立** (create)：宣告陣列的資料型別與大小，以配置記憶體空間給它，例如下面的敘述是宣告一個名稱為 A、資料型別為 int、元素個數為 5 的陣列：

```
int A[5];
```

A[0]	A[1]	A[2]	A[3]	A[4]

◀ **讀取** (retrieve)：取得索引為 pos 之元素的值，例如下面的敘述是將陣列內索引為 0 之元素的值指派給變數 X：

```
int X = A[0];
```

◀ **寫入** (store)：設定索引為 pos 之元素的值，例如下面的敘述是將陣列內索引為 0 之元素的值設定為 100：

```
A[0] = 100;
```

◀ **插入** (insert)：在索引為 pos 的位置插入一個元素，而原來索引為 pos 及之後的元素均往後挪一個位置，例如：

A[0]	A[1]	A[2]	A[3]	A[4]
100	200	300	400	

⬇ 將 1 插入 A[2]

A[0]	A[1]	A[2]	A[3]	A[4]
100	200	1	300	400

◀ **刪除 (delete)**：刪除索引為 pos 的元素，而之後的元素均往前挪一個位置，例如：

A[0]	A[1]	A[2]	A[3]	A[4]
100	200	300	400	

⬇ 刪除 A[1]

A[0]	A[1]	A[2]	A[3]	A[4]
100	300	400		

◀ **複製 (copy)**：將來源陣列的所有元素依序複製到目的陣列，例如：

A[0]	A[1]	A[2]	A[3]	A[4]
100	200	300	400	

⬇ 將陣列 A 複製到陣列 B

B[0]	B[1]	B[2]	B[3]	B[4]
100	200	300	400	

◀ **搜尋 (search)**：在陣列內搜尋指定的元素，例如：

A[0]	A[1]	A[2]	A[3]	A[4]
100	200	300	400	

↑
假設要搜尋的元素為 300，
搜尋至此便停止

◀ **走訪 (traverse)**：從頭開始依序拜訪陣列的所有元素。

範例 2.1 撰寫一個函數實作一維陣列的 [走訪] 運算並分析時間複雜度。

解答：這個函數的時間複雜度為 O(n)。

\Ch02\ex2_1.c

```c
#include <stdio.h>
#define MAX_SIZE 100     /*定義陣列最多可以存放 MAX_SIZE 個元素*/

/*假設陣列 A 有 n 個元素，這個函數會印出陣列的所有元素*/
void array_traverse(int A[], int n)
{
  for (int i = 0; i < n; i++)
    printf("%d\n", A[i]);
}

int main()
{
  int A[MAX_SIZE] = {10, 20, 30, 40, 50};
  int n = 5;
  array_traverse(A, n);
}
```

```
10
20
30
40
50
```

範例 2.2 撰寫一個函數實作一維陣列的 [插入] 運算並分析時間複雜度。

解答：假設索引 pos 落在 0 ~ n 的機率均相同，則元素移動次數的期望值為 $(n + (n - 1) + (n - 2) + \cdots + 1 + 0) / (n + 1) = n / 2 = O(n)$。 <\Ch02\ex2_2.c>

```c
/*假設陣列 A 有 n 個元素，這個函數會在索引為 pos 的位置插入元素 value*/
void array_insert(int A[], int *n, int pos, int value)
{
  if (pos < 0 || pos > *n) return;     /*若插入位置不是有效的，就返回*/
  if (*n >= MAX_SIZE) return;          /*若陣列已滿，就返回*/
  for (int i = *n - 1; i >= pos; i--)  /*將索引為 pos 及之後的元素均往後挪一個位置*/
    A[i + 1] = A[i];
  A[pos] = value;                      /*在索引為 pos 的位置插入元素 value*/
  (*n)++;                              /*更新陣列的大小*/
}
```

範例 2.3　撰寫一個函數實作一維陣列的 [刪除] 運算並分析時間複雜度。

解答：假設索引 pos 落在 $0 \sim n-1$ 的機率均相同，則元素移動次數的期望值為 $((n-1)+(n-2)+ \cdots +1+0)/n = (n-1)/2 = O(n)$。<\Ch02\ex2_3.c>

```c
/*假設陣列 A 有 n 個元素，這個函數會刪除索引為 pos 的元素*/
void array_delete(int A[], int *n, int pos)
{
  if (pos < 0 || pos >= *n) return;      /*若插入位置不是有效的，就返回*/
  for (int i = pos; i < *n - 1; i++)     /*將之後的元素均往前挪一個位置*/
    A[i] = A[i + 1];
  (*n)--;                                /*更新陣列的大小*/
}
```

二維陣列常見的運算

◀　**矩陣轉置** (matrix transposition)：假設 A 為 $m \times n$ 矩陣，則 A 的轉置矩陣 B 為 $n \times m$ 矩陣，且 B 的第 i 列第 j 行元素等於 A 的第 j 列第 i 行元素，即 $b_{ij} = a_{ji}$。

$$A = \begin{bmatrix} a_{00} & a_{01} & \cdots & a_{0(n-1)} \\ a_{10} & a_{11} & \cdots & a_{1(n-1)} \\ \cdots & \cdots & \cdots & \cdots \\ a_{(m-1)0} & a_{(m-1)1} & \cdots & a_{(m-1)(n-1)} \end{bmatrix} m \times n$$

$$B = A^t = \begin{bmatrix} a_{00} & a_{10} & \cdots & a_{(m-1)0} \\ a_{01} & a_{11} & \cdots & a_{(m-1)1} \\ \cdots & \cdots & \cdots & \cdots \\ a_{0(n-1)} & a_{1(n-1)} & \cdots & a_{(m-1)(n-1)} \end{bmatrix} n \times m$$

例如：$A = \begin{bmatrix} 1 & 2 & 3 \\ 4 & 5 & 6 \end{bmatrix}_{2 \times 3}$　　$B = A^t = \begin{bmatrix} 1 & 4 \\ 2 & 5 \\ 3 & 6 \end{bmatrix}_{3 \times 2}$

◀ **矩陣相加** (matrix addition)：假設 A、B 均為 m×n 矩陣，則 A 與 B 相加得出的 C 亦為 m×n 矩陣，且 C 的第 i 列第 j 行元素等於 A 的第 i 列第 j 行元素加上 B 的第 i 列第 j 行元素，即 $c_{ij} = a_{ij} + b_{ij}$。

$$\begin{bmatrix} a_{00} & a_{01} & \cdots & a_{0(n-1)} \\ a_{10} & a_{11} & \cdots & a_{1(n-1)} \\ \cdots & \cdots & \cdots & \cdots \\ a_{(m-1)0} & a_{(m-1)1} & \cdots & a_{(m-1)(n-1)} \end{bmatrix}_{m \times n} + \begin{bmatrix} b_{00} & b_{01} & \cdots & b_{0(n-1)} \\ b_{10} & b_{11} & \cdots & b_{1(n-1)} \\ \cdots & \cdots & \cdots & \cdots \\ b_{(m-1)0} & b_{(m-1)1} & \cdots & b_{(m-1)(n-1)} \end{bmatrix}_{m \times n}$$

$$= \begin{bmatrix} a_{00} + b_{00} & a_{01} + b_{01} & \cdots & a_{0(n-1)} + b_{0(n-1)} \\ a_{10} + b_{10} & a_{11} + b_{11} & \cdots & a_{1(n-1)} + b_{1(n-1)} \\ \cdots & \cdots & \cdots & \cdots \\ a_{(m-1)0} + b_{(m-1)0} & a_{(m-1)1} + b_{(m-1)1} & \cdots & a_{(m-1)(n-1)} + b_{(m-1)(n-1)} \end{bmatrix}_{m \times n}$$

例如：

$$\begin{bmatrix} 1 & 2 & 3 \\ 4 & 5 & 6 \\ 7 & 8 & 9 \\ 10 & 11 & 12 \end{bmatrix}_{4 \times 3} + \begin{bmatrix} 1 & 2 & 3 \\ 4 & 5 & 6 \\ 7 & 8 & 9 \\ 10 & 11 & 12 \end{bmatrix}_{4 \times 3}$$

$$= \begin{bmatrix} 2 & 4 & 6 \\ 8 & 10 & 12 \\ 14 & 16 & 18 \\ 20 & 22 & 24 \end{bmatrix}_{4 \times 3}$$

◀ **矩陣相乘** (matrix multiplication)：假設 A 為 m×n 矩陣、B 為 n×p 矩陣，則 A 與 B 相乘得出的 C 為 m×p 矩陣，且 C 的第 i 列第 j 行元素等於 A 的第 i 列乘上 B 的第 j 行（兩個向量的內積），即 $c_{ij} = \sum\limits_{k=0}^{n-1} a_{ik} \times b_{kj}$。

$$\begin{bmatrix} a_{00} & a_{01} & \cdots & a_{0(n-1)} \\ a_{10} & a_{11} & \cdots & a_{1(n-1)} \\ \cdots & \cdots & \cdots & \cdots \\ a_{(m-1)0} & a_{(m-1)1} & \cdots & a_{(m-1)(n-1)} \end{bmatrix}_{m \times n} \times \begin{bmatrix} b_{00} & b_{01} & \cdots & b_{0(p-1)} \\ b_{10} & b_{11} & \cdots & b_{1(p-1)} \\ \cdots & \cdots & \cdots & \cdots \\ b_{(n-1)0} & b_{(n-1)1} & \cdots & b_{(n-1)(p-1)} \end{bmatrix}_{n \times p}$$

$$= \begin{bmatrix} c_{00} & c_{01} & \cdots & c_{0(p-1)} \\ c_{10} & c_{11} & \cdots & c_{1(p-1)} \\ \cdots & \cdots & \cdots & \cdots \\ c_{(m-1)0} & c_{(m-1)1} & \cdots & c_{(m-1)(p-1)} \end{bmatrix}_{m \times p}$$

c_{ij} 等於 A 的第 i 列乘上 B 的第 j 行（兩個向量的內積）：

$$c_{ij} = \begin{bmatrix} a_{i0} & a_{i1} & \cdots & a_{i(n-1)} \end{bmatrix} \times \begin{bmatrix} b_{0j} \\ b_{1j} \\ \vdots \\ b_{(n-1)j} \end{bmatrix}$$

$$= a_{i0} \times b_{0j} + a_{i1} \times b_{1j} + \ldots + a_{i(n-1)} \times b_{(n-1)j}$$

$$= \sum\limits_{k=0}^{n-1} a_{ik} \times b_{kj}$$

例如：

$$c_{00} = \begin{bmatrix} a_{00} & a_{01} & \cdots & a_{0(n-1)} \end{bmatrix} \times \begin{bmatrix} b_{00} \\ b_{10} \\ \vdots \\ b_{(n-1)0} \end{bmatrix}$$

$$= a_{00} \times b_{00} + a_{01} \times b_{10} + \ldots + a_{0(n-1)} \times b_{(n-1)0}$$

範例 2.4 [矩陣走訪] 撰寫一個函數印出矩陣的所有元素並分析時間複雜度。

解答：這個函數的時間複雜度為 $O(m \times n)$。

\Ch02\ex2_4.c

```c
#include <stdio.h>

/*假設 A 為 m×n 矩陣，這個函數會印出矩陣的所有元素*/
void matrix_traverse(int m, int n, int A[m][n])
{
  for (int i = 0; i < m; i++){
    for (int j = 0; j < n; j++)
      printf("%d ", A[i][j]);
    printf("\n");
  }
}


  int main()
{
  int A[2][3] = {{11, 12, 13}, {21, 22, 23}};
  matrix_traverse(2, 3, A);
}
```

```
11 12 13
21 22 23
```

範例 2.5 [矩陣轉置] 撰寫一個函數實作矩陣轉置運算並分析時間複雜度。

解答：這個函數的時間複雜度為 $O(m \times n)$。 <\Ch02\ex2_5.c>

```c
/*假設 A 為 m×n 矩陣，這個函數會計算 A 的轉置矩陣 B，則 B 為 n×m 矩陣*/
void matrix_transpose(int m, int n, int A[m][n], int B[n][m])
{
  for (int i = 0; i < m; i++)
    for (int j = 0; j < n; j++)
      B[j][i] = A[i][j];
}
```

範例 2.6 [矩陣相加] 撰寫一個函數實作矩陣相加運算並分析時間複雜度。

解答：這個函數的時間複雜度為 $O(m \times n)$。<\Ch02\ex2_6.c>

```c
/*假設 A、B、C 均為 m×n 矩陣，這個函數會計算 C=A+B*/
void matrix_add(int m, int n, int A[m][n], int B[m][n], int C[m][n])
{
  for (int i = 0; i < m; i++)
    for (int j = 0; j < n; j++)
      C[i][j] = A[i][j] + B[i][j];
}
```

範例 2.7 [矩陣相乘] 撰寫一個函數實作矩陣相乘運算並分析時間複雜度。

解答：這個函數的時間複雜度為 $O(m \times n \times p)$。<\Ch02\ex2_7.c>

```c
/*假設 A 為 m×n 矩陣、B 為 n×p 矩陣、C 為 m×p 矩陣，這個函數會計算 C=A×B*/
void matrix_multiply(int m, int n, int p, int A[m][n], int B[n][p], int C[m][p])
{
  for (int i = 0; i < m; i++)
    for (int j = 0; j < p; j++){
      C[i][j] = 0;
      for (int k = 0; k < n; k++)
        C[i][j] += A[i][k] * B[k][j];
    }
}
```

＼隨堂練習／

1. 撰寫一個函數實作一維陣列的 [複製] 運算並分析時間複雜度。

2. 撰寫一個函數實作一維陣列的 [搜尋] 運算並分析時間複雜度，若搜尋到指定的元素，就傳回其索引，否則傳回 -1。

2-3　陣列的定址方式

一維陣列的定址方式

當我們宣告一維陣列 A[n] 時，編譯器會在記憶體空間配置 n 個連續位址的區塊給陣列 A，而且每個區塊的大小剛好等於一個元素的大小。假設陣列 A 有 n 個元素，第一個元素為 A[0]，起始位址為 α，元素的大小為 d，則 A[i] 的位址為起始位址 + 位移量，也就是 $\alpha + i \times d$（前面有 i 個元素），如下圖。

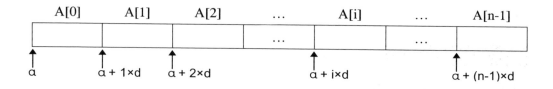

範例 2.8

假設有一個整數陣列宣告為 int A[80];，已知 sizeof(int) 等於 2，第一個元素為 A[0]，起始位址為 1000，試問，陣列 A 總共占用多少記憶體空間？元素 A[28] 的位址為何？

解答：

陣列 A 總共占用 80×2 = 160 位元組；

元素 A[28] 的位址 = 元素 A[0] 的位址 + 位移量
$$= 1000 + (28 - 0) \times 2$$
$$= 1056$$

範例 2.9

承範例 2.8，但這次陣列 A 的第一個元素不是 A[0]，而是 A[5]，則元素 A[28] 的位址為何？

解答：

元素 A[28] 的位址 = 元素 A[5] 的位址 + 位移量
$$= 1000 + (28 - 5) \times 2$$
$$= 1046$$

二維陣列的定址方式

二維陣列在邏輯上雖然呈平面排列，但實際上在記憶體空間是以連續位址的區塊來存放，即線性排列，因此，在將二維陣列存放到記憶體空間時，必須將二維的平面排列對應到一維的線性排列，其對應方式有下列兩種：

◀ **以列為主** (row major order)：這是以列為基礎，「由上至下」一列一列依序存放到記憶體空間，以下圖(a) 的二維陣列 A[m][n] 為例，它在記憶體空間的存放順序如下圖(b)，也就是先將第 1 列的元素依序存放到記憶體，接著是第 2 列的元素，…，最後是第 m 列的元素。

(a)

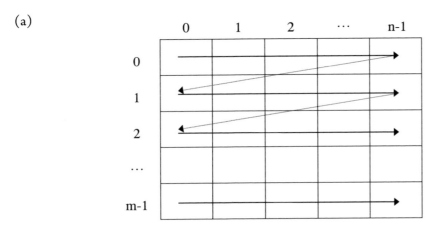

採取以列為主將二維的平面
排列對應到一維的線性排列

(b)

第 1 列			第 2 列			…	第 m 列		
A[0][0]	A[0][1]	… A[0][n-1]	A[1][0]	A[1][1]	… A[1][n-1]	…	A[m-1][0]	A[m-1][1]	… A[m-1][n-1]
		…			…	…			…

◀ **以行為主** (column major order)：這是以行為基礎，「由左至右」一行一行依序存放到記憶體空間，以下頁圖(a) 的二維陣列 A[m][n] 為例，它在記憶體空間的存放順序如下頁圖(b)，也就是先將第 1 行的元素依序存放到記憶體，接著是第 2 行的元素，…，最後是第 n 行的元素。

(a)

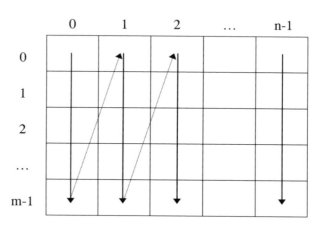

採取以行為主將二維的平面
排列對應到一維的線性排列

(b)

第 1 行			第 2 行			… 第 n 行		
A[0][0] A[1][0]	…	A[m-1][0]	A[0][1] A[1][1]	…	A[m-1][1]	…	A[0][n-1] A[1][n-1]	… A[m-1][n-1]
	…			…		…		…

在瞭解如何將二維的平面排列對應到一維的線性排列後，接著我們要根據以列為主來討論二維陣列 A[upper₀][upper₁] 的定址方式，假設第一個元素為 A[0][0]，起始位址為 α，元素的大小為 d，則元素 A[i][0] 的位址為 $\alpha + i \times upper_1 \times d$（元素 A[i][0] 的前面有 i 列，每列各有 $upper_1$ 個元素），而元素 A[i][j] 的位址為 $\alpha + i \times upper_1 \times d + j \times d$，也就是 $\alpha + (i \times upper_1 + j) \times d$。

範例 2.10 假設有一個整數陣列宣告為 int A[5][8]，已知 sizeof(int) 等於 2，第一個元素為 A[0][0]，起始位址為 1000，試問，陣列 A 總共占用多少記憶體空間？元素 A[3][6] 的位址為何？

解答：陣列 A 總共占用 $5 \times 8 \times 2 = 80$ 位元組；

元素 A[3][6] 的位址 = 元素 A[0][0] 的位址 + 位移量

$= 1000 + (3 \times 8 + 6) \times 2$

$= 1060$

範例 2.11 假設有一個浮點數陣列宣告為 float A[7][8];，已知 sizeof(float) 等於 4，若元素 A[3][4] 在記憶體空間的位址為 100，則元素 A[5][6] 的位址為何？而元素 A[2][3] 的位址又為何？

解答：

A[5][6] 的位址 = A[3][4] 的位址 ＋ 位移量
$$= 100 + ((5 \times 8 + 6) - (3 \times 8 + 4)) \times 4$$
$$= 172$$

A[2][3] 的位址 = A[3][4] 的位址 ＋ 位移量
$$= 100 + ((2 \times 8 + 3) - (3 \times 8 + 4)) \times 4$$
$$= 64$$

範例 2.12 在以列為主的定址方式中，陣列 A[3][2] 在記憶體空間的存放順序為 A[0][0]、A[0][1]、A[1][0]、A[1][1]、A[2][0]、A[2][1]，而在以行為主的定址方式中，陣列 A[3][2] 在記憶體空間的存放順序將改為 A[0][0]、A[1][0]、A[2][0]、A[0][1]、A[1][1]、A[2][1]，試改採取以行為主來討論二維陣列 $A[upper_0][upper_1]$ 的定址方式，假設第一個元素為 A[0][0]，起始位址為 α，則元素 A[i][j] 的位址為何？

解答：由於元素 A[0][j] 的位址為 $\alpha + j \times upper_0 \times d$ (元素 A[0][j] 的前面有 j 行，每行各有 $upper_0$ 個元素)，所以元素 A[i][j] 的位址為 $\alpha + j \times upper_0 \times d + i \times d$，也就是 $\alpha + (j \times upper_0 + i) \times d$。

範例 2.13 假設有一個整數陣列宣告為 int A[8][5];，已知 sizeof(int) 等於 2，若元素 A[0][0] 在記憶體空間的位址為 100，且改採取以行為主的定址方式，則元素 A[6][4] 的位址為何？

解答：

A[6][4] 的位址 = A[0][0] 的位址 ＋ 位移量
$$= 100 + (4 \times 8 + 6) \times 2$$
$$= 176$$

三維陣列的定址方式

綜合前面的討論，我們可以進一步推廣到列為主來討論三維陣列 A[$upper_0$][$upper_1$][$upper_2$] 的定址方式，假設第一個元素為 A[0][0][0]，起始位址為 α，元素的大小為 d，則元素 A[i][0][0] 的位址為 $\alpha + i \times upper_1 \times upper_2 \times d$，元素 A[i][j][0] 的位址為 $\alpha + i \times upper_1 \times upper_2 \times d + j \times upper_2 \times d$，而元素 A[i][j][k] 的位址為 $\alpha + i \times upper_1 \times upper_2 \times d + j \times upper_2 \times d + k \times d$，也就是 $\alpha + (i \times upper_1 \times upper_2 + j \times upper_2 + k) \times d$。

範例 2.14 假設有一個浮點數陣列宣告為 float A[6][7][8];，已知 sizeof(float) 等於 4，若元素 A[3][4][5] 在記憶體空間的位址為 1000，則元素 A[1][2][3] 的位址為何？

解答：$1000 + ((1 \times 7 \times 8 + 2 \times 8 + 3) - (3 \times 7 \times 8 + 4 \times 8 + 5)) \times 4 = 480$

＼隨堂練習／

1. 假設有一個整數陣列宣告為 int A[5][9];，已知 sizeof(int) 等於 2，若元素 A[0][0] 在記憶體空間的位址為 1000，則元素 A[4][3] 的位址為何？

2. 假設 A 為 m×n 的二維陣列，其中 A[1][2] 的位址為 124，A[5][4] 的位址為 228，已知每個元素的大小為 4 位元組，而且陣列的索引是從 0 開始，採取以列為主的定址方式，試問，第一個元素 A[0][0] 的位址為何？

3. 試寫出在以列為主的定址方式中，陣列 A[2][3][3] 在記憶體空間的存放順序，然後寫出在以行為主的定址方式中，陣列 A[2][3][3] 在記憶體空間的存放順序。

4. 假設有一個整數陣列宣告為 int A[6][8][5];，已知 sizeof(int) 等於 2，若元素 A[0][0][0] 在記憶體空間的位址為 10，則元素 A[3][6][4] 的位址為何？

2-4 陣列的應用

陣列本身不僅是資料結構，更可以用來實作其它抽象資料型別，包括多項式、矩陣、字串、串列、堆疊、佇列、樹、圖形等。

2-4-1 多項式

陣列可以用來存放**多項式**（polynomial），常見的方式有下列幾種：

◀ 使用陣列 Polynomial 存放多項式 $c_nX^n + c_{n-1}X^{n-1} + \cdots + c_1X^1 + c_0X^0$，Polynomial[] = {n, c_n, c_{n-1}, $\cdots$, c_1, c_0}，其中 n 為最高冪次，c_n、c_{n-1}、$\cdots$、c_1、c_0 為係數，如下圖，總共 n + 2 個元素。

Polynomial	[0]	[1]	[2]	···	[n]	[n+1]
	n	c_n	c_{n-1}	···	c_1	c_0

以 $8X^4 - 6X^2 + 3X^5 + 5$ 為例，我們先依照冪次由高至低排列寫出 $3X^5 + 8X^4 + 0X^3 - 6X^2 + 0X^1 + 5X^0$，於是得到 Polynomial[] = {5, 3, 8, 0, -6, 0, 5}。這種方式雖然簡單，但若碰到高次少項的多項式（例如 $5X^{100} - 1$），將會浪費很多記憶體。

◀ 使用陣列 Polynomial 存放多項式 $c_{m-1}X^{e_{m-1}} + \cdots + c_1X^{e_1} + c_0X^{e_0}$，Polynomial[] = {m, c_{m-1}, e_{m-1}, $\cdots$, c_1, e_1, c_0, e_0}，其中 m 為非零項的個數，c_{m-1}、$\cdots$、c_1、c_0 為非零項的係數，e_{m-1}、$\cdots$、e_1、e_0 為非零項的冪次且 $e_{m-1} > \cdots > e_1 > e_0 \geq 0$，如下圖，總共 2m + 1 個元素。

Polynomial	[0]	[1]	[2]	···	[2m-1]	[2m]
	n	c_{m-1}	e_{m-1}	···	c_0	e_0

以 $8X^4 - 6X^2 + 3X^5 + 5$ 為例，我們先依照冪次由高至低排列寫出 $3X^5 + 8X^4 - 6X^2 + 5X^0$，於是得到 Polynomial[] = {4, 3, 5, 8, 4, -6, 2, 5, 0}，這種方式尤其適合存放高次少項的多項式（例如 $5X^{100} - 1$）。

◀ 定義如下的 **NonZeroTerm** 結構表示非零項,然後定義如下的 **Polynomial** 結構表示多項式:

```
#define MAX_SIZE 100          /*定義多項式最多包含 MAX_SIZE 個非零項*/

typedef struct{               /*定義表示非零項的結構*/
  int coef;                   /*非零項的係數*/
  int exp;                    /*非零項的冪次*/
}NonZeroTerm;

typedef struct{               /*定義表示多項式的結構*/
  int count;                  /*非零項的個數*/
  NonZeroTerm terms[MAX_SIZE];  /*非零項*/
}Polynomial;
```

以 $A(X) = 8X^4 - 6X^2 + 3X^5 + 5$ 和 $B(X) = 2X^6 + 4X^2 + 1$ 為例,我們可以先宣告兩個型別為 **Polynomial** 結構的變數 A、B,代表這兩個多項式:

```
Polynomial A, B;
```

接下來依照冪次由高至低排列寫出 $A(X) = 3X^5 + 8X^4 - 6X^2 + 5X^0$ 和 $B(X) = 2X^6 + 4X^2 + 1X^0$,然後依照下表設定變數 A、B 的值。

count	4							
	[0]		[1]		[2]		[3]	
terms	coef	exp	coef	exp	coef	exp	coef	exp
	3	5	8	4	-6	2	5	0

count	3					
	[0]		[1]		[2]	
terms	coef	exp	coef	exp	coef	exp
	2	6	4	2	1	0

範例 2.15 [多項式相加] 使用第 2-4-1 節定義的 NonZeroTerm 結構 (非零項) 和 Polynomial 結構 (多項式)，撰寫一個將兩個多項式相加的函數，然後令它將 $A(X) = 3X^5 + 8X^4 - 6X^2 + 5$ 和 $B(X) = 2X^6 + 4X^2 + 1$ 兩個多項式相加，得到 $C(X) = 2X^6 + 3X^5 + 8X^4 - 2X^2 + 6$，再印出結果。

解答：假設 $C(X) = A(X) + B(X)$，其運算法則如下：

1. 將 $A(X)$、$B(X)$ 依照冪次由高至低進行掃瞄。

2. 比較 $A(X)$、$B(X)$ 目前非零項的冪次，將冪次較大的非零項複製到 $C(X)$，若冪次相等且相加後的係數和不等於零，就將相加後的非零項複製到 $C(X)$。

3. 凡已經被複製到 $C(X)$ 的非零項，其多項式就往前移動一項。

4. 重複 1. ~ 3.，直到兩個多項式的非零項都掃瞄完畢為止。

除了多項式相加函數，我們還撰寫了一個 attach() 函數，這個函數會在多項式加入一個非零項，屆時不僅可以呼叫 attach() 函數進行 $A(X)$ 和 $B(X)$ 的初始化，同時可以將相加後的非零項加入 $C(X)$。

\Ch02\poly.c （下頁續 1/3）

```c
#include <stdio.h>
/*這個巨集用來比較 x、y，若 x < y，傳回 -1；若 x == y，傳回 0；若 x > y，傳回 1*/
#define COMPARE(x, y) ((x < y) ? -1 : (x == y) ? 0 : 1)
#define MAX_SIZE 100            /*定義多項式最多包含 MAX_SIZE 個非零項*/

typedef struct{                 /*定義表示非零項的結構*/
  int coef;                     /*非零項的係數*/
  int exp;                      /*非零項的冪次*/
}NonZeroTerm;

typedef struct{                 /*定義表示多項式的結構*/
  int count;                    /*非零項的個數*/
  NonZeroTerm terms[MAX_SIZE];  /*非零項*/
}Polynomial;
```

\Ch02\poly.c (下頁續 2/3)

```c
/*這個函數會在多項式加入一個非零項*/
void attach(Polynomial *ptr, int coef, int exp)
{
  if (ptr->count >= MAX_SIZE) return;
  ptr->terms[ptr->count].coef = coef;
  ptr->terms[ptr->count].exp = exp;
  ptr->count++;
}

/*這個函數會將兩個多項式相加，即 C(X) = A(X) + B(X)*/
void PolyAdd(Polynomial *pA, Polynomial *pB, Polynomial *pC)
{
  int currentA = 0, currentB = 0;
  pC->count = 0;
  while (currentA < pA->count && currentB < pB->count){
    switch (COMPARE(pA->terms[currentA].exp, pB->terms[currentB].exp)){
      /*當 A 的冪次小於 B 的冪次時，將 B 的非零項加入多項式*/
      case -1:
        attach(pC, pB->terms[currentB].coef, pB->terms[currentB].exp);
        currentB++;
        break;
      /*當 A 的冪次等於 B 的冪次時，將兩者相加後的非零項加入多項式*/
      case 0:
        if ((pA->terms[currentA].coef + pB->terms[currentB].coef) != 0)
          attach(pC, pA->terms[currentA].coef + pB->terms[currentB].coef,
          pA->terms[currentA].exp);
        currentA++;
        currentB++;
        break;
      /*當 A 的冪次大於 B 的冪次時，將 A 的非零項加入多項式*/
      case 1:
        attach(pC, pA->terms[currentA].coef, pA->terms[currentA].exp);
        currentA++;
    }
  }
```

\Ch02\poly.c（接上頁 3/3）

```
  while (currentA < pA->count){      /*將 A 剩下的非零項加入多項式*/
    attach(pC, pA->terms[currentA].coef, pA->terms[currentA].exp);
    currentA++;
  }

  while (currentB < pB->count){      /*將 B 剩下的非零項加入多項式*/
    attach(pC, pB->terms[currentB].coef, pB->terms[currentB].exp);
    currentB++;
  }
}

/*主程式*/
int main()
{
  Polynomial A, B, C;
  /*將 A(X) = 3X⁵ + 8X⁴ - 6X² + 5 加以初始化*/
  A.count = 0;
  attach(&A, 3, 5);
  attach(&A, 8, 4);
  attach(&A, -6, 2);
  attach(&A, 5, 0);
  /*將 B(X) = 2X⁶ + 4X² + 1 加以初始化*/
  B.count = 0;
  attach(&B, 2, 6);
  attach(&B, 4, 2);
  attach(&B, 1, 0);
  /*呼叫函數計算 C(X) = A(X) + B(X)*/
  PolyAdd(&A, &B, &C);
  /*印出多項式 C(X) 的結果*/
  printf("多項式 C(X)的非零項有%d 個\n", C.count);
  for (int i = 0; i < C.count; i++){
    printf("第%d 個非零項的係數：%d\t 冪次：%d\n", i+1, C.terms[i].coef,
    C.terms[i].exp);
  }
}
```

多項式C(X)的非零項有5個
第1個非零項的係數：2　　冪次：6
第2個非零項的係數：3　　冪次：5
第3個非零項的係數：8　　冪次：4
第4個非零項的係數：-2　　冪次：2
第5個非零項的係數：6　　冪次：0

2-4-2 稀疏矩陣

除了多項式，陣列也經常用來存放**稀疏矩陣**（sparse matrix），也就是非零元素相對較少的矩陣，例如：

$$\begin{bmatrix} 0 & 1 & 0 & 0 & 2 \\ 0 & 0 & 0 & 3 & 0 \\ 4 & 0 & 5 & 0 & 0 \\ 0 & 0 & 0 & 0 & 6 \end{bmatrix}$$

當我們以二維陣列存放稀疏矩陣時，往往會浪費許多空間，因為稀疏矩陣大部分的元素均為零，此時，我們可以定義如下結構存放稀疏矩陣的非零項：

```
#define MAX_SIZE 100      /*定義稀疏矩陣最多包含 MAX_SIZE 個非零項*/
typedef struct{           /*定義表示非零項的結構*/
  int row;                /*非零項位於第幾列*/
  int col;                /*非零項位於第幾行*/
  int value;              /*非零項的值*/
}SparseTerm;
```

有了這個結構，我們就可以宣告一個陣列變數 A 代表前面的稀疏矩陣：

```
SparseTerm A[MAX_SIZE];
```

這個 4×5 稀疏矩陣有 6 個非零項，分別存放在 A[1] ～ A[6]，而 A[0].row、A[0].col、A[0].value 是稀疏陣列的列數、行數及非零項的個數。

A	[0]	[1]	[2]	[3]	[4]	[5]	[6]
row	4	0	0	1	2	2	3
col	5	1	4	3	0	2	4
value	6	1	2	3	4	5	6

範例 2.16 [下三角矩陣] 當我們使用二維陣列來存放如下圖的下三角矩陣 (lower triangular matrix) 時，往往會浪費許多記憶體，因為對角線上方均為 0，此時，可以改用一維陣列來存放非零項，假設以一維陣列 B 來存放 n×n 的下三角矩陣 A，即 A[0][0] 存放在 B[0]、A[1][0] 存放在 B[1]、A[1][1] 存放在 B[2]、…依此類推，試問，陣列 B 的長度為何？又 A[i][j] 是存放在陣列 B 的哪個位置？

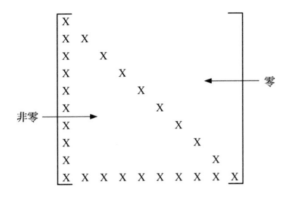

解答：陣列 B 的長度為 $1 + 2 + \cdots + n = (1 + n)n/2$。

A[i][j] 存放在 $B[(1 + 2 + \cdots + i) + j] = B[(1 + i)i/2 + j]$。

範例 2.17 [稀疏矩陣轉置] 使用第 2-4-2 節定義的 SparseTerm 結構存放稀疏矩陣的非零項，然後撰寫一個函數實作稀疏矩陣轉置運算並分析時間複雜度，下面是一個例子。

$$A = \begin{bmatrix} 0 & 1 & 0 & 0 & 2 \\ 0 & 0 & 0 & 3 & 0 \\ 4 & 0 & 5 & 0 & 0 \\ 0 & 0 & 0 & 0 & 6 \end{bmatrix}_{4 \times 5}$$

$$B = A^t = \begin{bmatrix} 0 & 0 & 4 & 0 \\ 1 & 0 & 0 & 0 \\ 0 & 0 & 5 & 0 \\ 0 & 3 & 0 & 0 \\ 2 & 0 & 0 & 6 \end{bmatrix}_{5 \times 4}$$

B	[0]	[1]	[2]	[3]	[4]	[5]	[6]
row	5	0	1	2	3	4	4
col	4	2	0	2	1	0	3
value	6	4	1	5	3	2	6

解答：由於稀疏矩陣 A 的行將轉置成為稀疏矩陣 B 的列，因此，我們是針對稀疏矩陣 A 的每一行做轉置，一旦遇到非零項，就將它加入稀疏矩陣 B。

SparseTranspose() 函數包含雙層迴圈，故時間複雜度為 $A[0].col \times A[0].value$，即稀疏矩陣 A 的行數乘以非零項的個數，而在最差情況下，非零項的個數為 $A[0].row \times A[0].col$，於是得到時間複雜度為 $O(row \times col^2)$。

\Ch02\sparseT.c

```c
/*B = Aᵗ*/
void SparseTranspose(SparseTerm A[], SparseTerm B[])
{
  int currentB;
  B[0].row = A[0].col;
  B[0].col = A[0].row;
  B[0].value = A[0].value;

  /*若稀疏矩陣沒有非零項，就返回*/
  if (B[0].value == 0) return;
  currentB = 1;
  /*針對稀疏矩陣 A 的每一行做轉置*/
  for (int i = 0; i < A[0].col; i++)
    /*找出目前行的非零項*/
    for (int j = 0; j <= B[0].value; j++)
      /*將目前行的非零項加入稀疏矩陣 B*/
      if (A[j].col == i){
        B[currentB].row = A[j].col;
        B[currentB].col = A[j].row;
        B[currentB].value = A[j].value;
        currentB++;
      }
}
```

2-5 字串

對 C 語言來說，**字串** (string) 是以空字元 '\0' 結尾的一串字元，因此是以字元陣列的形式來表示字串。請注意，指定字元的值時必須在其前後加上單引號，例如 'J'，而指定字串的值時必須在其前後加上雙引號，例如 "Joe"。

C 語言的每個字元占用 1byte，而字串的長度則取決於宣告時的字元陣列大小，若宣告時沒有指定字元陣列大小，就由編譯器根據字串的值自動決定。下面的敘述分別宣告了三個名稱為 name1、name2、name3，初始值為 "Jean Chen"、"Mary"、"Joe" 的字元陣列 (即字串)：

```
char name1[] = "Jean Chen";
char name2[10] = "Mary";
char name3[5] = {'J', 'o', 'e', '\0'};
```

這三個字元陣列的內容如下，由於在宣告 name1 時沒有指定字元陣列大小，故其大小是由編譯器根據字串的值 "Jean Chen" 自動決定，即 9 (不包含空字元 '\0')：

	[0]	[1]	[2]	[3]	[4]	[5]	[6]	[7]	[8]	[9]
name1	J	e	a	n		C	h	e	n	\0

	[0]	[1]	[2]	[3]	[4]	[5]	[6]	[7]	[8]	[9]
name2	M	a	r	y	\0					

	[0]	[1]	[2]	[3]	[4]
name3	J	o	e	\0	

正因為 C 語言的字串實際上是一個字元陣列，所以能夠透過陣列運算子 [] 存取字串的某個字元，例如：

```
printf("%c", name1[3]);    /*印出 name1 字串的第四個字元，即 'n' */
name3[2] = 'y';            /*將 name3 字串的第三個字元變更為 'y' */
```

╲學習評量╱

一、選擇題

( )1. 陣列主要的優點是重新排列項目時效率極佳,對不對?

A. 對　　　　　　　B. 不對

( )2. 假設 A 為 6×6 的二維陣列,A 的每個元素占用 2 位元組,已知 A[0][0] 為第一個元素,所占用的記憶體位址為 6 和 7,若採取以行為主的定址方式,則 A[1][2] 所占用的記憶體位址為何?

A. 32、33　　　B. 30、31　　　C. 24、25　　　D. 22、23

( )3. 假設有一個整數陣列宣告為 int A[100];,已知 sizeof(int) 等於 2,試問,此陣列總共占用多少位元組?

A. 200　　　　B. 100　　　　C. 202　　　　D. 400

( )4. 承上題,假設 A[10] 的位址為 246,採取以列為主的定址方式,則 A[50] 的位址為何?

A. 324　　　　B. 286　　　　C. 326　　　　D. 296

( )5. 假設以一維陣列存放 n 個整數,試問,當我們想印出陣列的最後一個元素時,時間複雜度為下列何者?

A. O(1)　　　　B. O(n)　　　　C. O(n²)　　　　D. O(log₂n)

二、練習題

1. 假設有一個陣列宣告為 int A[8] = {10, 20, 30, 40, 50, 60, 70, 80};,已知 sizeof(int) 等於 2,A[0] 的位址為 100,採取以列為主的定址方式,試問,A[3] 為何?&A[3] 為何?*(A + 2) 為何?

2. 假設有一個陣列宣告為 float A[7][9];,已知 sizeof(float) 等於 4,A[0][0] 的位址為 1000,採取以列為主的定址方式,試問,陣列 A 總共占用多少記憶體空間?元素 A[3][6] 的位址為何?

3. 假設有一個陣列宣告為 int A[5][4][3][2];，試問，該陣列有多少個元素？

4. 簡單說明何謂二維陣列並舉例說明其用途。

5. 舉例說明何謂稀疏矩陣？

6. 假設有一個陣列宣告為 float A[8][7][6];，已知 sizeof(float) 等於 4，A[3][2][1] 的位址為 300，採取以列為主的定址方式，試問，A[5][4][3] 的位址為何？

7. 假設有一個陣列宣告為 float A[12][12][12];，已知 sizeof(float) 等於 4，A[7][7][7] 的位址為 631976，採取以列為主的定址方式，試問，A[3][1][5] 的位址為何？

8. 在第 2-4-1 節介紹的前兩種方式中，何者用來存放多項式 $5X^{10} - 3X^8 + 7$ 較節省記憶體？為什麼？

9. [上三角矩陣] 當我們使用二維陣列來存放如下圖的上三角矩陣 (upper triangular matrix) 時，往往會浪費許多記憶體，因為對角線下方均為 0，此時，可以改用一維陣列來存放非零項，假設以一維陣列 D 來存放 n×n 的上三角矩陣 C，即 C[0][0] 存放在 D[0]、C[0][1] 存放在 D[1]、…、C[0][n-1] 存放在 D[n-1]、C[1][1] 存放在 D[n]、C[1][2] 存放在 D[n+1]…依此類推，試問，陣列 D 的長度為何？又 C[i][j] 是存放在陣列 D 的哪個位置？

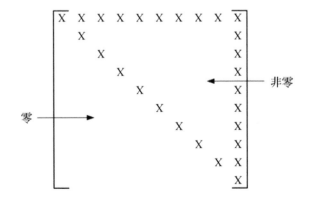

10. 假設 A 為二維陣列，A 的每個元素占用 2 位元組，已知 A[5][3] 的位址為 1997，A[3][4] 的位址為 2011，請回答下列問題：

    (1) 陣列 A 的定址方式是以列為主？還是以行為主？

    (2) A[4][6] 的位址為何？

11. 假設有一個陣列宣告為 int A[4][3] = {1, 2, 3, 4, 5, 6, 7, 8, 9, 10, 11, 12};，已知 sizeif(int) 等於 2，A[1][1] 的位址 200，採取以列為主的定址方式，試問，A[2][2] 為何？&A[2][2] 為何？&A[0][0] 為何？

12. [三對角線矩陣] 當我們使用二維陣列來存放如下圖的三對角線矩陣 (tridiagonal matrix) 時，往往會浪費許多記憶體，因為對角線上下方均為 0，此時，可以改用一維陣列來存放非零項，假設以一維陣列 B 來存放 n×n 的三對角線矩陣 A，即 A[0][0] 存放在 B[0]、A[0][1] 存放在 B[1]、A[1][0] 存放在 B[2]、A[1][1] 存放在 B[3]、A[1][2] 存放在 B[4]、A[2][1] 存放在 B[5]，…依此類推，試問，陣列 B 的長度為何？又 A[i][j] 是存放在陣列 B 的哪個位置？

$$\begin{bmatrix} x & x & & & & & & & \\ x & x & x & & & & & \text{零} & \\ & x & x & x & & & & & \\ & & x & x & x & & & & \\ & & & x & x & x & & & \\ & & & & x & x & x & & \\ & & & & & x & x & x & \\ & \text{零} & & & & & x & x & x \\ & & & & & & & x & x \end{bmatrix}$$

鏈結串列

3-1　單向鏈結串列

在介紹單向鏈結串列之前，我們來說明何謂**串列** (list)，這是一群相同類型的元素依照一定順序排列而成的有序集合，通常表示成 $(item_0, item_1, ..., item_{n-1})$，其中 $item_i$ 會排列在 $item_{i-1}$ 的後面 $(0 \le i < n)$，又稱為**有序串列** (ordered list)、**循序串列** (sequential list) 或**線性串列** (linear list)，常見的例子有 1 ~ 15 之間的質數 (2, 3, 5, 7, 11, 13)、一週的星期幾 (Mon., Tue., Wed., Thu., Fri., Sat., Sun.)。

串列常見的運算如下 $(0 \le i < n)$：

◀　**讀取** (retrieve)：取得串列內第 i 個位置的元素。

◀　**寫入** (store)：設定串列內第 i 個位置的元素。

◀　**取代** (replace)：取代串列內第 i 個位置的元素。

◀　**插入** (insert)：在串列內第 i 個位置插入一個元素，而原來在第 i 個位置及之後位置的元素均往後挪一個位置。

◀　**刪除** (delete)：刪除串列內第 i 個位置的元素，而之後位置的元素均往前挪一個位置。

◀　**搜尋** (search)：在串列內搜尋指定的元素。

◀　**走訪** (traverse)：由左至右或由右至左讀取串列的所有元素。

◀　**取得長度** (find length)：計算串列的元素個數。

事實上，串列是一種比資料結構更抽象的資料排列概念，我們可以使用不同的資料結構存放串列，其中最常見的是使用陣列，因為陣列不僅具有線性的特質，而且占用循序的記憶體空間，舉例來說，我們可以使用如下的一維陣列存放 1 ~ 15 之間的質數 (2, 3, 5, 7, 11, 13)。

A[0]	A[1]	A[2]	A[3]	A[4]	A[5]
2	3	5	7	11	13

使用陣列存放串列的優缺點如下：

◀ **優點**：陣列支援**隨機存取**（random access），只要透過索引，就能存取陣列的任意元素，不僅存取時間相同且速度較快。以前面的一維陣列為例，若要存取 1 ~ 15 之間第 4 大的質數，可以直接寫成 A[3]，就會得到 7。

◀ **缺點**：在陣列插入或刪除元素較浪費時間，因為往往需要搬移多個元素；此外，我們通常無法掌握串列的實際大小，若陣列太小，可能會產生溢位（overflow），若陣列太大，可能會導致記憶體閒置不用。

為了克服陣列的缺點，於是改以另一種資料結構存放串列，這種資料結構叫做**鏈結串列**（linked list），分成**單向鏈結串列**（single linked list）與**雙向鏈結串列**（double linked list）兩種，本節的討論是以單向鏈結串列為主。

鏈結串列的元素並不要求實體連續，只要能夠維持邏輯上的順序即可，至於要如何維持邏輯上的順序，則是透過**鏈結**（link）。舉例來說，我們可以使用如下的鏈結串列存放 1 ~ 15 之間的質數（2, 3, 5, 7, 11, 13），其中最後一個元素的鏈結是指向 NULL，我們將這些元素稱為**節點**（node），屆時若要存取鏈結串列的節點，只要沿著節點之間的鏈結移動即可，無須理會節點的實體位址。

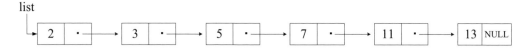

使用鏈結串列存放串列的優缺點如下：

◀ **優點**：在鏈結串列插入或刪除節點的效率較佳，因為只要改變相關的鏈結，不必搬移節點；此外，鏈結串列對記憶體的使用較有彈性，因為可以等到需要時再配置記憶體給節點，而不再使用的節點也能立刻釋放。

◀ **缺點**：串列只支援**循序存取**（sequential access），我們無法直接存取串列的任意節點。以前面的鏈結串列為例，若要存取 1 ~ 15 之間第 4 大的質數，必須依序沿著第 1、2、3 個節點的鏈結，才能找到第 4 個節點；此外，每個節點都必須維持一個鏈結，也會造成額外的負擔。

3-1-1 宣告節點的結構

假設單向鏈結串列的每個節點均有 **data** 和 **next** 兩個欄位，其中 data 欄位用來存放資料，next 欄位用來存放鏈結，即指向下一個節點的指標，如下圖：

data	next

我們可以將節點的結構宣告成如下：

```
/*宣告 list_node 是單向鏈結串列的節點*/
typedef struct node{
  int data;              /*節點的資料欄位*/
  struct node *next;     /*節點的鏈結欄位*/
}list_node;

/*宣告 list_pointer 是指向節點的指標*/
typedef list_node *list_pointer;
```

為了方便後續的討論，我們還宣告如下三個指標，分別指向單向鏈結串列的首節點、目前節點及前一個節點，其中**首節點 (head node)** 是一個特殊的節點，它的data欄位沒有存放資料，所有資料都是從首節點的下一個節點開始存放，之所以設立首節點，目的是要讓單向鏈結串列的插入及刪除等運算一般化：

```
list_pointer head, current, previous;
```

此外，我們撰寫了一個 initialize() 函數，它會將串列初始化，也就是包含首節點的空串列：

```
void initialize()
{
  /*配置記憶體空間給首節點*/
  head = (list_pointer)malloc(sizeof(list_node));
  /*將首節點的 next 欄位設定為 NULL*/
  head->next = NULL;
}
```

舉例來說，我們可以將空串列 () 和串列 (80, 30, 20) 表示成如下，要注意的
是最後一個節點的 **next** 欄位必須指向 NULL，表示後面已經沒有其它節點。

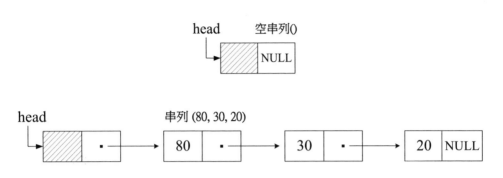

範例 3.1　[**串列走訪**] 撰寫一個函數從首節點開始走訪單向鏈結串列，依序
　　　　　印出所有節點的 data 欄位。

解答：這個函數的重點在於使用 while 迴圈，令目前節點從首節點的下一個節
點開始，沿著鏈結依序拜訪各個節點，直到抵達串列的尾端。<\Ch03\ex3_1.c>

```
void traverse()
{
  if (head->next == NULL)          /*檢查是否為空串列*/
    printf("串列是空的無法印出");    /*是就印出此訊息*/
  else{                            /*否則印出所有節點的 data 欄位*/
    current = head->next;          /*令目前節點指向首節點的下一個節點*/
    while (current != NULL){       /*當目前節點尚未抵達串列的尾端時*/
      printf("%d ", current->data); /*印出目前節點的 data 欄位*/
      current = current->next;     /*令目前節點指向下一個節點*/
    }
  }
}
```

3-1-2　插入節點

假設單向鏈結串列的初始狀態如下，其中 head、current、previous 三個指標分別指向首節點、目前節點及前一個節點：

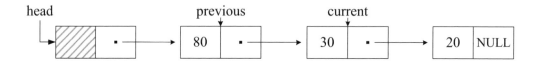

若要在目前節點 (current) 的前面插入一個新節點 (ptr)，其步驟如下：

1.　**配置記憶體空間**：呼叫 malloc() 函數動態配置記憶體空間給新節點 (ptr)，然後設定其 data 欄位 (ptr->data)，此處是設定為 50。

```
ptr = (list_pointer)malloc(sizeof(list_node));    /*配置記憶體空間給新節點*/
ptr->data = 50;                                   /*將新節點的 data 欄位設定為 50*/
```

2.　**掛上新節點的鏈結**：令新節點的鏈結 (ptr->next) 指向目前節點 (current)。

```
ptr->next = current;
```

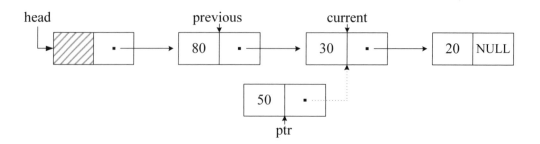

3. 改變舊節點的鏈結：令前一個節點的鏈結（previous->next）指向新節點
    （ptr）。

```
previous->next = ptr;
```

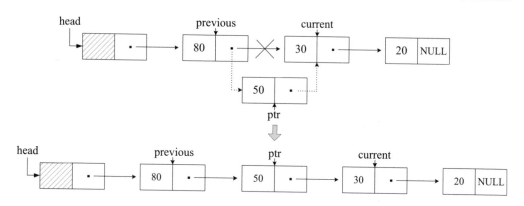

範例 3.2 [插入節點] 假設單向鏈結串列內的節點是依照 data 欄位的值由大
到小排列，試撰寫一個函數依序在串列內插入值為 value 的節點。

解答：這個函數的重點在於使用 while 迴圈，根據值由大到小排列的順序，找
出新節點要插入哪個節點的前面，而且在比較大小的同時，還要檢查是否抵
達串列的尾端。<\Ch03\ex3_2.c>

```c
void insert(int value)
{
  list_pointer ptr;
  ptr = (list_pointer)malloc(sizeof(list_node)); /*配置記憶體空間給新節點*/
  ptr->data = value;                             /*設定新節點的 data 欄位*/
  previous = head;                               /*令前一個節點指向首節點*/
  current = head->next;                          /*令目前節點指向首節點的下一個節點*/
  while ((current != NULL) && (current->data > ptr->data)){ /*找出新節點要插入的位置*/
    previous = current;
    current = current->next;
  }
  ptr->next = current;                           /*令新節點的鏈結指向目前節點*/
  previous->next = ptr;                          /*令前一個節點的鏈結指向新節點*/
}
```

3-1-3 建立串列

建立串列的首要步驟是將串列初始化，然後一一將新節點插入串列，而且新節點可以插入串列的前端、尾端或任意位置 (例如依照 data 欄位的值由大到小排列)。

範例 3.3 [建立串列] 使用前幾節宣告的結構、initialize()、traverse()、insert() 等函數實作單向鏈結串列，包括將串列初始化，然後一一插入 80、20、30、50 等節點 (由大到小排列)，再依序印出所有節點。

\Ch03\ex3_3.c (下頁續 1/2)

```c
#include <stdio.h>
#include <stdlib.h>

/*宣告 list_node 是單向鏈結串列的節點*/
typedef struct node{
  int data;                 /*節點的資料欄位*/
  struct node *next;        /*節點的鏈結欄位*/
}list_node;

/*宣告 list_pointer 是指向節點的指標*/
typedef list_node *list_pointer;

/*宣告三個指標，分別指向單向鏈結串列的首節點、目前節點及前一個節點*/
list_pointer head, current, previous;

/*這個函數會將串列初始化，即包含首節點的空串列*/
void initialize()
{
  head = (list_pointer)malloc(sizeof(list_node));
  head->next = NULL;
}

/*這個函數會依照由大到小的順序將參數 value 指定的值插入串列*/
void insert(int value)
{
```

\Ch03\ex3_3.c (接上頁 2/2)

```c
  list_pointer ptr;
  ptr = (list_pointer)malloc(sizeof(list_node));
  ptr->data = value;
  previous = head;
  current = head->next;
  while ((current != NULL) && (current->data > ptr->data)){
    previous = current;
    current = current->next;
  }
  ptr->next = current;
  previous->next = ptr;
}

/*這個函數會印出串列內所有節點的 data 欄位*/
void traverse()
{
  if (head->next == NULL)
    printf("串列是空的無法印出");
  else{
    current = head->next;
    while (current != NULL){
      printf("%d ", current->data);
      current = current->next;
    }
  }
}

/*主程式*/
int main()
{
  initialize();      /*將串列初始化為包含首節點的空串列*/
  insert(30);        /*插入 30*/
  insert(20);        /*插入 20*/
  insert(80);        /*插入 80*/
  insert(50);        /*插入 50*/
  traverse();        /*依序印出所有節點*/
}
```

```
[Running] cd
"c:\Users\Jean\Documents\Samples\Ch03\" &&
gcc ex3_3.c -o ex3_3 &&
"c:\Users\Jean\Documents\Samples\Ch03\"ex3_3
80 50 30 20
[Done] exited with code=0 in 0.266 seconds
```

3-1-4 刪除節點

假設單向鏈結串列的初始狀態如下，其中 head、current、previous 三個指標分別指向首節點、目前節點及前一個節點：

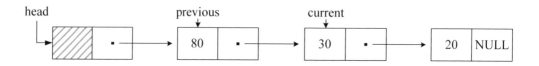

若要刪除目前節點 (current)，其步驟如下：

1. **改變舊節點的鏈結**：令前一個節點的鏈結 (previous->next) 指向目前節點的下一個節點。

```
previous->next = current->next;
```

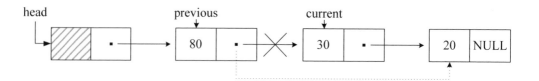

2. **釋放記憶體空間**：釋放目前節點 (current) 所占用的記憶體空間。

```
free(current);
```

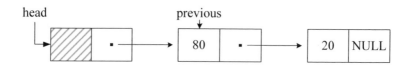

範例 3.4 [刪除節點] 假設單向鏈結串列內的節點是依照 data 欄位的值由大到小排列，試撰寫一個函數在串列內刪除值為 value 的節點。

解答：這個函數的重點在於使用 while 迴圈，根據值由大到小排列的順序，找出欲刪除的節點位於何處，而且在比較大小的同時，還要檢查是否抵達串列的尾端。<\Ch03\ex3_4.c>

```c
void delete(int value)
{
  if (head->next == NULL)                      /*檢查是否為空串列*/
    printf("串列是空的無法做刪除\n");            /*是就印出此訊息*/
  else{                                        /*否則找出欲刪除的節點*/
    previous = head;
    current = head->next;
    while ((current != NULL) && (current->data != value)){
      previous = current;
      current = current->next;
    }
    if (current != NULL){                      /*檢查找到的節點是否存在*/
      previous->next = current->next;          /*是就刪除該節點*/
      free(current);
    }
    else printf("%d 不存在無法做刪除\n", value); /*否則印出此訊息*/
  }
}
```

3-1-5 串列長度

串列長度指的是串列的節點個數,但不包含首節點,以下面的串列為例,它的長度為 3。當我們要計算串列長度時,可以從首節點的下一個節點開始,沿著鏈結依序拜訪各個節點,每拜訪一個節點,計數就加 1,直到抵達串列的尾端。

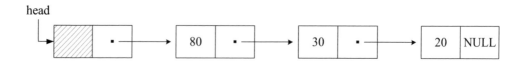

範例 3.5 [串列長度] 撰寫一個函數計算單向鏈結串列的節點個數 (不包含首節點)。

解答:<\Ch03\ex3_5.c>

```c
int count()
{
  int length = 0;
  current = head->next;          /*令目前節點指向首節點的下一個節點*/
  while (current != NULL){        /*當目前節點尚未抵達串列的尾端時*/
    length++;                     /*令長度遞增 1*/
    current = current->next;      /*令目前節點指向下一個節點*/
  }
  return length;
}
```

3-1-6　串列連接

串列連接（concatenate）指的是將兩個串列連接成一個串列，下面是一個例子，當我們要連接串列 A 與串列 B 時，只要將串列 A 的最後一個節點的鏈結指向串列 B 的首節點的下一個節點，然後釋放串列 B 的首節點所占用的記憶體空間即可。

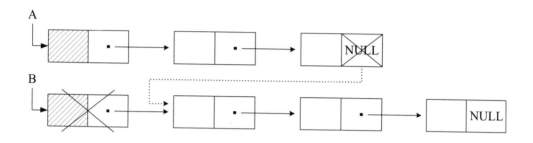

範例 3.6　[串列連接] 撰寫一個函數連接兩個串列。

解答：<\Ch03\ex3_6.c>

```c
void concatenate(list_pointer A, list_pointer B)
{
  list_pointer ptr = A;       /*令 ptr 指向串列 A*/
  while (ptr->next != NULL)    /*當 ptr 尚未抵達串列 A 的尾端時*/
    ptr = ptr->next;          /*令 ptr 指向下一個節點*/
  ptr->next = B->next;        /*令 ptr 指向串列 B 的首節點的下一個節點*/
  free(B);                    /*釋放串列 B 的首節點*/
}
```

3-1-7 串列反轉

串列反轉 (invert) 指的是將串列的鏈結方向反轉過來，下面是一個例子。

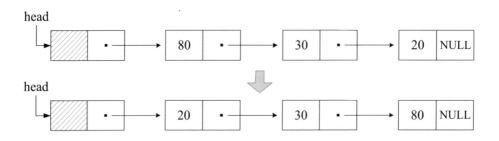

範例 3.7 ［串列反轉］撰寫一個函數將串列反轉。

解答：<\Ch03\ex3_7.c>

```c
void invert()
{
  list_pointer forward;
  current = NULL;
  forward = head->next;
  while (forward != NULL){
    previous = current;
    current = forward;
    forward = forward->next;
    current->next = previous;
  }
  head->next = current;
}
```

這個函數除了使用到之前宣告的 head、current、previous 三個指標，還另外宣告一個指標 forward，其中 head 指向首節點，current、previous、forward 分別指向目前節點、前一個節點及後一個節點。

現在，我們就以實際的例子，為您示範這個函數的運作過程：

1. 令目前節點（current）指向 NULL，令後一個節點（forward）指向首節點的下一個節點。

```
current = NULL;
forward = head->next;
```

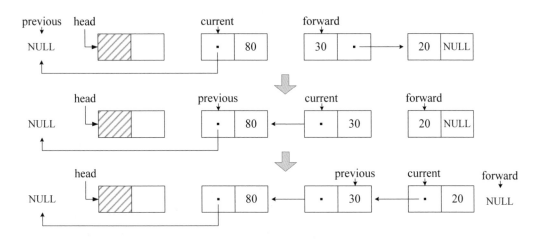

2. 使用 while 迴圈將串列反轉。

```
while (forward != NULL){
  previous = current;
  current = forward;
  forward = forward->next;
  current->next = previous;
}
```

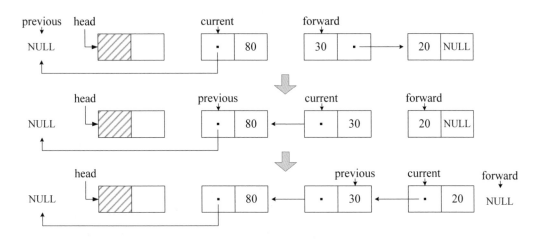

3. 令首節點指向反轉後的第一個節點，即完成串列反轉。

```
head->next = current;
```

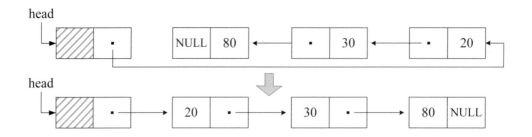

3-1-8　環狀鏈結串列

在前幾節所介紹的單向鏈結串列中，最後一個節點的鏈結均指向 **NULL**，屬於**線性鏈結串列** (linear linked list)，而本節所要討論的**環狀鏈結串列** (circular linked list) 和單向鏈結串列類似，差別在於它的最後一個節點的鏈結是指向首節點 (不是 NULL)，因而形成一個環，如下圖。

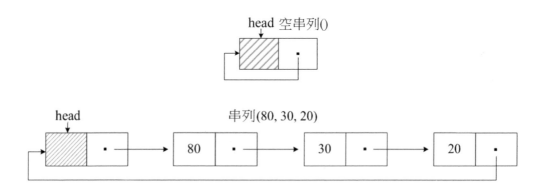

基本上，環狀鏈結串列的運算和單向鏈結串列大致相同，但是多了一個優點，無論您從環狀鏈結串列的哪個節點出發，都能拜訪所有節點 (繞一圈即可)，不像單向鏈結串列只能拜訪出發節點後面的節點，若要拜訪所有節點，就一定要從首節點出發。

範例 3.8　[環狀鏈結串列走訪] 撰寫一個函數從首節點開始走訪環狀鏈結串列，依序印出所有節點的 data 欄位。

解答：<\Ch03\ex3_8.c>

```
01:void traverse()
02:{
03:  if (head->next == head)           /*檢查是否為空串列*/
04:    printf("串列是空的無法印出");        /*是就印出此訊息*/
05:  else{                            /*否則印出所有節點的 data 欄位*/
06:    current = head->next;          /*令目前節點指向首節點的下一個節點*/
07:    while (current != head){        /*當目前節點尚未抵達串列的尾端時*/
08:      printf("%d ", current->data); /*印出目前節點的 data 欄位*/
09:      current = current->next;      /*令目前節點指向下一個節點*/
10:    }
11:  }
12:}
```

這個函數和單向鏈結串列的走訪函數大致相同，您可以拿它和 <\Ch03\ex3_1.c> 的 traverse() 函數做比較，不同之處如下：

◀ 03：if 的檢查條件由 head->next == NULL 改為 head->next == head，因為空串列的首節點的鏈結是指向自己。

◀ 07：while 迴圈的檢查條件由 current != NULL 改為 current != head，因為環狀鏈結串列的最後一個節點的鏈結是指向首節點。

╲ 隨堂練習 ╱

1. **[插入節點]** 撰寫一個函數在環狀鏈結串列內插入節點，如下圖，事實上，這個動作和在單向鏈結串列內插入節點大致相同，而且更為單純。

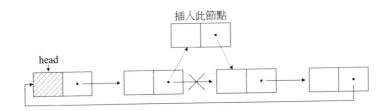

2. **[刪除節點]** 撰寫一個函數在環狀鏈結串列內刪除節點，如下圖，事實上，這個動作和在單向鏈結串列內刪除節點大致相同，而且更為單純。

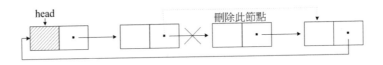

3. 根據第 3-1-1～3-1-7 節的函數，假設主程式的內容如下，則執行結果為何？

```c
int main()
{
  initialize();
  insert(30);
  insert(20);
  delete(30);
  insert(10);
  insert(60);
  printf("串列反轉前的資料：");
  traverse();
  invert();
  printf("\n 串列反轉後的資料：");
  traverse();
}
```

3-2 雙向鏈結串列

無論是單向鏈結串列或環狀鏈結串列，都只能沿著鏈結往同一個方向移動，就像單行道，不能逆向通行。然這種限制往往帶來諸多不便，比方說，當我們想要拜訪某個節點的前一個節點時，就必須在單向鏈結串列中從頭找起，或在環狀鏈結串列中繞一圈，實在沒有效率。

此時，我們可以改用**雙向鏈結串列** (doubly linked list)，也就是將每個節點的鏈結增加到兩個，分別指向前一個節點和下一個節點，如此便能沿著鏈結往左右兩個方向移動，就像雙向道。

下圖是一個**線性雙向鏈結串列** (linear doubly linked list)，它的最左邊節點的左鏈結和最右邊節點的右鏈結均指向 NULL，而且最左邊節點是首節點，該節點沒有存放資料，所有資料都是從首節點的下一個節點開始存放。

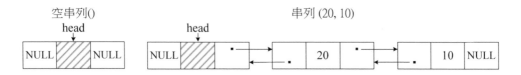

除了線性雙向鏈結串列，還有另一種更實用的**環狀雙向鏈結串列** (circular doubly linked list)，如下圖，它的最左邊節點的左鏈結指向最右邊節點，它的最右邊節點的右鏈結指向最左邊節點，而且最左邊節點是首節點。

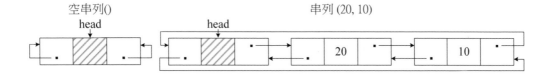

環狀雙向鏈結串列之所以比較實用，原因在於無論是要插入、刪除或走訪，每個節點的處理程序均相同，而線性雙向鏈結串列的最左邊節點和最右邊節點的處理程序和其它節點不同，必須另外處理，故本節的討論是以環狀雙向鏈結串列為主。

3-2-1　宣告節點的結構

假設環狀雙向鏈結串列的每個節點均有 llink、data 和 rlink 三個欄位，其中 llink
欄位用來存放左鏈結，即指向前一個節點的指標，data 欄位用來存放資料，rlink
欄位用來存放右鏈結，即指向下一個節點的指標，如下圖：

llink	data	rlink

我們可以將節點的結構宣告成如下：

```
/*宣告 dlist_node 是環狀雙向鏈結串列的節點*/
typedef struct dnode{
  struct dnode *llink;      /*節點的左鏈結欄位*/
  int data;                 /*節點的資料欄位*/
  struct dnode *rlink;      /*節點的右鏈結欄位*/
}dlist_node;

/*宣告 dlist_pointer 是指向節點的指標*/
typedef dlist_node *dlist_pointer;
```

為了方便後續的討論，我們還宣告如下兩個指標，分別指向環狀雙向鏈結串
列的首節點及目前節點，其中**首節點 (head node)** 是一個特殊的節點，它的
data 欄位沒有存放資料，所有資料都是從首節點的下一個節點開始存放，之
所以設立首節點，目的是要讓雙向鏈結串列的插入及刪除等運算一般化：

```
dlist_pointer head, current;
```

此外，我們撰寫了一個 initialize() 函數，它會將串列初始化，也就是包含首節
點的空串列：

```
void initialize()
{
  head = (dlist_pointer)malloc(sizeof(dlist_node));    /*配置記憶體空間給首節點*/
  head->llink = head;                                  /*令首節點的左鏈結指向自己*/
  head->rlink = head;                                  /*令首節點的右鏈結指向自己*/
}
```

在我們呼叫 initialize() 函數將串列初始化後，就會得到如下的空串列：

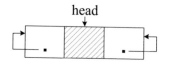

範例 3.9 [串列走訪] 撰寫一個函數從首節點開始走訪雙向鏈結串列，依序印出所有節點的 data 欄位。

解答：<\Ch03\ex3_9.c>

```
01:void traverse()
02:{
03:  if (head->rlink == head)        /*檢查是否為空串列*/
04:    printf("串列是空的無法印出");    /*是就印出此訊息*/
05:  else{                           /*否則印出所有節點的 data 欄位*/
06:    current = head->rlink;        /*令目前節點指向首節點的下一個節點*/
07:    while (current != head){      /*當目前節點尚未抵達串列的尾端時*/
08:      printf("%d ", current->data);  /*印出目前節點的 data 欄位*/
09:      current = current->rlink;   /*令目前節點指向下一個節點*/
10:    }
11:  }
12:}
```

這個函數和單向鏈結串列的走訪函數大致相同，您可以拿它和 <\Ch03\ex3_1.c> 的 traverse() 函數做比較，不同之處如下：

◀ 03：if 的檢查條件由 head->next == NULL 改為 head->rlink == head，因為空串列的首節點的右鏈結是指向自己。

◀ 07：while 迴圈的檢查條件由 current != NULL 改為 current != head，因為環狀鏈結串列的最後一個節點的右鏈結是指向首節點。

◀ 06、09：current = head->next; 改為 current = head->rlink;，current = current->next; 改為 current = current->rlink;，因為 next 欄位已經被 rlink 欄位取代。

3-2-2　插入節點

假設環狀雙向鏈結串列的初始狀態如下，其中 current 指標指向目前節點：

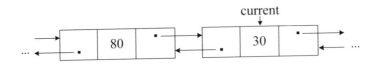

若要在目前節點 (current) 的前面插入一個新節點 (ptr)，其步驟如下：

1.　**配置記憶體空間**：呼叫 malloc() 函數動態配置記憶體空間給新節點 (ptr)，然後設定其 data 欄位 (ptr->data)，此處是設定為 50：

```
ptr = (dlist_pointer)malloc(sizeof(dlist_node));
ptr->data = 50;
```

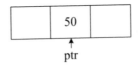

2.　**掛上新節點的鏈結**：掛上新節點的左右鏈結，令新節點的左鏈結 (ptr->llink) 指向目前節點的左節點 (current->llink)，令新節點的右鏈結 (ptr->rlink) 指向目前節點 (current)。

```
① ptr->llink = current->llink;
② ptr->rlink = current;
```

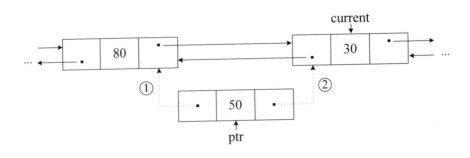

3. **改變舊節點的鏈結**：令目前節點的左節點的右鏈結（current->llink->rlink）指向新節點（ptr），令目前節點的左鏈結（current->llink）指向新節點（ptr）。

③ current->llink->rlink = ptr;
④ current->llink = ptr;

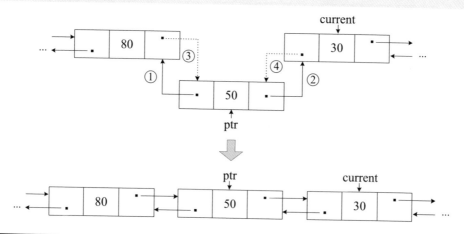

範例 3.10 [插入節點] 假設環狀雙向鏈結串列內的節點是依照 data 欄位的值由大到小排列，試撰寫一個函數依序在串列內插入值為 value 的節點。

解答：這個函數和在單向鏈結串列內插入節點的函數類似，差別在於透過 current->llink 便能存取前一個節點，無須維持 previous 指標。<\Ch03\ex3_10.c>

```
void insert(int value)
{
  dlist_pointer ptr;
  ptr = (dlist_pointer)malloc(sizeof(dlist_node)); /*配置記憶體空間給新節點*/
  ptr->data = value;                               /*設定新節點的 data 欄位*/
  current = head->rlink;                           /*令目前節點指向首節點的下一個節點*/
  while ((current != head) && (current->data > ptr->data)) /*找出新節點要插入的位置*/
    current = current->rlink;
  ptr->llink = current->llink;                     /*令新節點的左鏈結指向目前節點的左節點*/
  ptr->rlink = current;                            /*令新節點的右鏈結指向目前節點*/
  current->llink->rlink = ptr;                     /*令目前節點的左節點的右鏈結指向新節點*/
  current->llink = ptr;                            /*令目前節點的左鏈結指向新節點*/
}
```

3-2-3　刪除節點

假設環狀雙向鏈結串列的初始狀態如下，其中 current 指標指向目前節點：

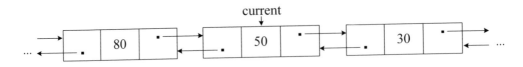

若要刪除目前節點 (current)，其步驟如下：

1.　令目前節點的左節點的右鏈結 (current->llink->rlink) 指向目前節點的右節點 (current->rlink)，即跳過目前節點。

```
current->llink->rlink = current->rlink;
```

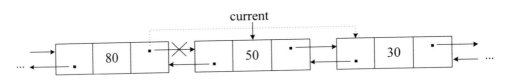

2.　令目前節點的右節點的左鏈結 (current->rlink->llink) 指向目前節點的左節點 (current->llink)，即跳過目前節點。

```
current->rlink->llink = current->llink;
```

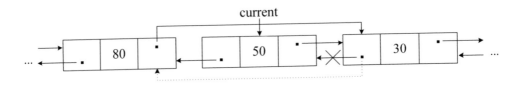

3.　釋放目前節點 (current) 所占用的記憶體空間。

```
free(current);
```

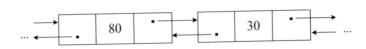

範例 3.11 [刪除節點] 假設環狀雙向鏈結串列內的節點是依照 data 欄位的值由大到小排列，試撰寫一個函數在串列內刪除值為 value 的節點。

解答：這個函數和在單向鏈結串列內刪除節點的函數類似，差別在於透過 current->llink 便能存取前一個節點，無須維持 previous 指標。<\Ch03\ex3_11.c>

```
void delete(int value)
{
  if (head->rlink == head)                    /*檢查是否為空串列*/
    printf("串列是空的無法做刪除\n");            /*是就印出此訊息*/
  else{                                        /*否則找出欲刪除的節點*/
    current = head->rlink;
    while ((current != head) && (current->data != value))
      current = current->rlink;
    if (current != head){                      /*檢查找到的節點是否存在*/
      current->llink->rlink = current->rlink;  /*是就刪除該節點*/
      current->rlink->llink = current->llink;
      free(current);
    }
    else printf("%d 不存在無法做刪除\n", value); /*否則印出此訊息*/
  }
}
```

＼隨堂練習／

1. [串列長度] 撰寫一個函數計算環狀雙向鏈結串列的節點個數 (不包含首節點)。

2. 根據第 3-2-1 ~ 3-2-3 節所撰寫的 initialize()、traverse()、insert()、delete() 等函數，試問，在經過下列函數呼叫後，執行結果為何？

```
initialize(); insert(15);  insert(20);  insert(30);  insert(25); insert(50);
delete(30);   insert(80);  insert(10);  delete(25);  insert(60); traverse();
```

3-3　鏈結串列的應用

鏈結串列本身不僅是資料結構，更可以用來實作其它抽象資料型別，包括多項式、矩陣、串列、堆疊、佇列、樹、圖形等。

我們在第 2-4-1 節曾使用陣列存放多項式，這麼做的缺點是預先配置給陣列的記憶體可能會不足或閒置不用，若要更有彈性地使用記憶體，可以改用鏈結串列存放多項式。

舉例來說，假設多項式的每個非零項均有 coef、exp 和 next 三個欄位，其中 coef 欄位用來存放非零項的係數，exp 欄位用來存放非零項的冪次，next 欄位用來存放非零項的鏈結，即指向下一個節點的指標，如下圖：

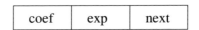

coef	exp	next

我們可以將非零項的結構宣告成如下：

```
/*宣告 poly_node 是多項式的非零項*/
typedef struct pnode{
  int coef;              /*非零項的係數*/
  int exp;               /*非零項的冪次*/
  struct pnode *next;    /*非零項的鏈結*/
}poly_node;

/*宣告 poly_ptr 是指向多項式的指標*/
typedef poly_node *poly_ptr;
```

以 A(X) = 8X⁴ - 6X² + 3X⁵ + 5 和 B(X) = 2X⁶ + 4X² + 1 為例，我們可以宣告三個型別為 poly_ptr 的變數 A、B、C，分別代表 A(X)、B(X)、C(X)，其中 C(X) = A(X) + B(X)：

```
poly_ptr A, B, C;
```

接下來依照冪次由高至低排列寫出 $A(X) = 3X^5 + 8X^4 - 6X^2 + 5X^0$ 和 $B(X) = 2X^6 + 4X^2 + 1X^0$，然後使用鏈結串列存放這兩個多項式，至於 $C(X)$ 的初始狀態則是一個包含首節點的空串列，如下圖。

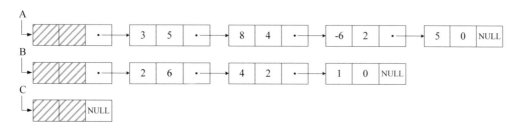

現在，我們將 $C(X) = A(X) + B(X)$ 的過程實際演練一次：

1. 令 A 指向 $A(X)$ 的第一個非零項，令 B 指向 $B(X)$ 的第一個非零項，令 C 和 tail 指向空串列的首節點（註：tail 用來指向 $C(X)$ 鏈結串列的最後一個節點）。

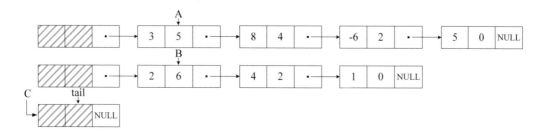

2. 比較 A->exp (5) 與 B->exp (6)，發現 A->exp 小於 B->exp，於是將 B 所指向的非零項加入 C，並令 tail 指向新節點，然後將 B 移往下一個非零項。

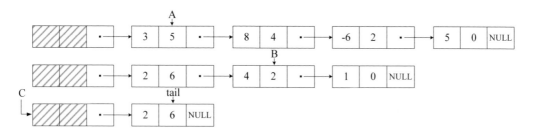

3. 比較 A->exp (5) 與 B->exp (2)，發現 A->exp 大於 B->exp，於是將 A 所指向的非零項加入 C，並令 tail 指向新節點，然後將 A 移往下一個非零項。

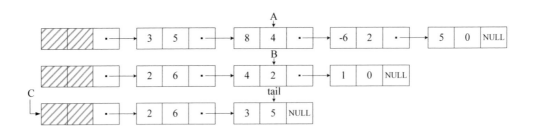

4. 比較 A->exp (4) 與 B->exp (2)，發現 A->exp 大於 B->exp，於是將 A 所指向的非零項加入 C，並令 tail 指向新節點，然後將 A 移往下一個非零項。

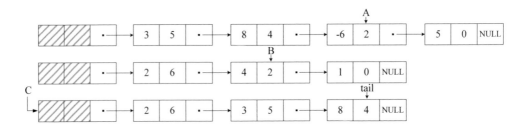

5. 比較 A->exp (2) 與 B->exp (2)，發現 A->exp 等於 B->exp，且 A->coef 與 B->coef 的和不等於零，於是將 A、B 所指向的非零項相加後加入 C，並令 tail 指向新節點，然後將 A、B 移往下一個非零項。

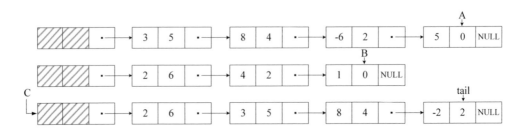

6. 比較 A->exp (0) 與 B->exp (0)，發現 A->exp 等於 B->exp，且 A->coef 與 B->coef 的和不等於零，於是將 A、B 所指向的非零項相加後加入 C，並令 tail 指向新節點，然後將 A、B 移往下一個非零項。由於 A、B 的下一個非零項均為 NULL，表示相加完畢，若 A 或 B 任一者還有剩餘的非零項，就將這些非零項加入 C。

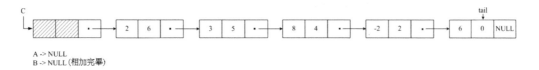

A -> NULL
B -> NULL (相加完畢)

範例 3.12 [多項式相加] 使用前面定義的 poly_node 結構，撰寫一個將兩個多項式相加的函數，然後令它將 A(X) = 3X⁵ + 8X⁴ - 6X² + 5X⁰ 和 B(X) = 2X⁶ + 4X² + 1X⁰ 兩個多項式相加，再印出類似如下的結果。

```
[Running] cd
"c:\Users\Jean\Documents\Samples\Ch03\" &&
gcc ex3_12.c -o ex3_12 &&
"c:\Users\Jean\Documents\Samples\Ch03\"ex3_12
非零項的係數： 2      冪次： 6
非零項的係數： 3      冪次： 5
非零項的係數： 8      冪次： 4
非零項的係數： -2     冪次： 2
非零項的係數： 6      冪次： 0
[Done] exited with code=0 in 0.336 seconds
```

解答：假設 C(X) = A(X) + B(X)，其運算法則如下：

1. 將 A(X)、B(X) 依照冪次由高至低進行掃瞄。

2. 比較 A(X)、B(X) 目前非零項的冪次，將冪次較大的非零項複製到 C(X)，若冪次相等且相加後的係數和不等於零，就將相加後的非零項複製到 C(X)。

3. 凡已經被複製到 C(X) 的非零項，其多項式就往前移動一項。

4. 重複 1. ~ 3.，直到兩個多項式的非零項都掃瞄完畢為止。

在這個例子中，我們撰寫了兩個函數，其中 poly_ptr PolyAdd(poly_ptr A, poly_ptr B) 會將兩個參數所代表的多項式 A(X)、B(X) 相加，然後傳回相加後所得到的多項式 C(X)；而 poly_ptr attach(poly_ptr tail, int coef, int exp) 會在存放多項式的鏈結串列尾端加入一個非零項，然後傳回指向最後一個節點的指標 (tail)，屆時不僅可以呼叫 attach() 進行 A(X) 和 B(X) 的初始化，同時可以將相加後的非零項加入 C(X)。

\Ch03\ex3_12.c（下頁續 1/3）

```c
#include <stdio.h>
#include <stdlib.h>
/*這個巨集用來比較 x、y，若 x < y，傳回-1；若 x == y，傳回 0；若 x > y，傳回 1*/
#define COMPARE(x, y) ((x < y) ? -1 : (x == y) ? 0 : 1)

/*宣告 poly_node 是多項式的非零項*/
typedef struct pnode{
  int coef;               /*非零項的係數*/
  int exp;                /*非零項的冪次*/
  struct pnode *next;     /*非零項的鏈結*/
}poly_node;

/*宣告 poly_ptr 是指向多項式的指標*/
typedef poly_node *poly_ptr;

/*這個函數會在鏈結串列的尾端加入一個非零項，然後傳回指向最後一個節點的指標*/
poly_ptr attach(poly_ptr tail, int coef, int exp)
{
  poly_ptr ptr;
  ptr = (poly_ptr)malloc(sizeof(poly_node));
  ptr->coef = coef;
  ptr->exp = exp;
  ptr->next = NULL;
  tail->next = ptr;
  tail = ptr;
  return tail;
}
```

\Ch03\ex3_12.c （下頁續 2/3）

```c
/*這個函數會計算 C(X) = A(X) + B(X)，然後傳回指向 C(X) 的指標*/
poly_ptr PolyAdd(poly_ptr A, poly_ptr B)
{
  poly_ptr C, tail;
  C = (poly_ptr)malloc(sizeof(poly_node));
  tail = C;
  A = A->next;
  B = B->next;
  while ((A != NULL) && (B != NULL)){
    switch (COMPARE(A->exp, B->exp)){
      case -1:    /*當 A 的冪次小於 B 的冪次時，將 B 的非零項加入 C*/
        tail = attach(tail, B->coef, B->exp);
        B = B->next;
        break;
      case 0:     /*當 A 的冪次等於 B 的冪次時，將兩者相加後的非零項加入 C*/
        if ((A->coef + B->coef) != 0)
          tail = attach(tail, A->coef + B->coef, A->exp);
        A = A->next;
        B = B->next;
        break;
      case 1:     /*當 A 的冪次大於 B 的冪次時，將 A 的非零項加入 C*/
        tail = attach(tail, A->coef, A->exp);
        A = A->next;
    }
  }
  while (A){       /*將 A 剩下的非零項加入 C*/
    tail = attach(tail, A->coef, A->exp);
    A = A->next;
  }
  while (B){       /*將 B 剩下的非零項加入 C*/
    tail = attach(tail, B->coef, B->exp);
    B = B->next;
  }
  return C;
}
```

\Ch03\ex3_12.c（接上頁 3/3）

```c
/*主程式*/
int main()
{
    poly_ptr A, B, C, tail;

    /*將 A(X) = 3X⁵ + 8X⁴ - 6X² + 5X⁰ 加以初始化*/
    A = (poly_ptr)malloc(sizeof(poly_node));
    tail = attach(A, 3, 5);
    tail = attach(tail, 8, 4);
    tail = attach(tail, -6, 2);
    tail = attach(tail, 5, 0);

    /*將 B(X) = 2X⁶ + 4X² + 1X⁰ 加以初始化*/
    B = (poly_ptr)malloc(sizeof(poly_node));
    tail = attach(B, 2, 6);
    tail = attach(tail, 4, 2);
    tail = attach(tail, 1, 0);

    /*呼叫函數計算 C(X) = A(X) + B(X)*/
    C = PolyAdd(A, B);

    /*印出 C(X) 的結果*/
    tail = C->next;
    while (tail != NULL){
        printf("非零項的係數： %d\t 冪次： %d\n", tail->coef, tail->exp);
        tail = tail->next;
    }
}
```

＼ 隨 堂 練 習 ／

以本節定義的 poly_node 結構存放多項式 $A(X) = 7X^2 + 2X^5 - 3X^3$、$B(X) = 3X^3 + 2X^2 + 3 - X$ 和 $C(X) = A(X) + B(X)$，然後以紙筆模擬 $A(X) + B(X)$ 的過程。

＼學習評量／

一、選擇題

( )1. 假設鏈結串列 $(a_0, a_1, \cdots, a_{n-1})$ 由大到小排列，下列敘述何者正確？（複選）

　A. 刪除任意節點的時間複雜度為 $O(1)$

　B. 找出第 k 大節點的時間複雜度為 $O(n^2)$

　C. 插入一個節點的時間複雜度為 $O(n)$

　D. 走訪所有節點的時間複雜度為 $O(n)$

( )2. 下列有關陣列與鏈結串列的比較，何者正確？(複選)

　A. 陣列只支援循序存取

　B. 陣列不能在執行當中增加長度

　C. 在鏈結串列內插入節點較快

　D. 鏈結串列必須占用連續的記憶體

( )3. 若要在單向鏈結串列內插入一個節點，下列敘述何者正確？

　A. 一定會變更首節點的指標

　B. 無須變更任何指標

　C. 最多只需變更兩個指標

　D. 一定會變更最後一個節點的指標

( )4. 下列哪種資料結構用來存放高次少項的多項式（例如 $5X^{100} + 2$），可以更有彈性地使用記憶體，而不會有記憶體不足或閒置不用的情況？

　A. 陣列　　　　B. 鏈結串列　　C. 堆疊 (stack)　　D. 佇列 (queue)

( )5. 使用鏈結串列存放一包含 10 個整數元素的串列，假設整數變數與指標變數均占用 4 個位元組，試問，此串列的大小至少有幾個位元組？

　A. 80　　　　　　B. 40　　　　　　　C. 20　　　　　　　D. 10

二、練習題

1. 簡單說明何謂串列並舉出一個實例。

2. 在串列常見的運算中，簡單說明何謂走訪、插入、刪除？

3. 簡單說明使用陣列存放串列的優缺點。

4. 簡單說明使用鏈結串列存放串列的優缺點。

5. 假設單向鏈結串列的狀態如下圖，指標欄位的名稱為 **next**，試使用指標 P、Q 寫出一行敘述，將下圖中打 X 的指標變更成虛線的指標。

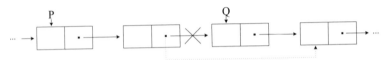

6. 簡單說明何謂環狀鏈結串列？它比單向鏈結串列多了什麼優點？

7. 簡單說明何謂雙向鏈結串列？它又分成哪兩種？何者較實用？為什麼？

8. 假設單向鏈結串列的狀態如下圖，試問，下列程式碼會印出何種結果？

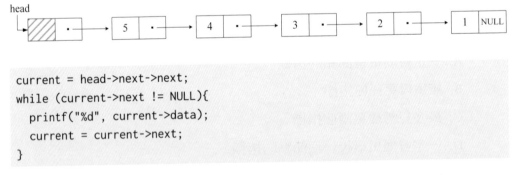

```
current = head->next->next;
while (current->next != NULL){
  printf("%d", current->data);
  current = current->next;
}
```

9. 在雙向鏈結串列內插入節點最多需要變更幾個指標？相反的，在雙向鏈結串列內刪除節點最多需要變更幾個指標？

10. 假設環狀鏈結串列的狀態如下圖，試問，下列程式碼會印出何種結果？

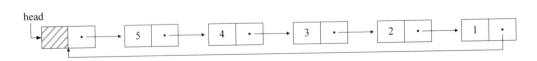

```
current = head->next->next;
for (i = 0; i < 5; i++) current = current->next;
printf("%d", current->data);
```

11. 假設雙向鏈結串列的節點結構及狀態如下圖，試寫出幾行敘述，在 current 節點的後面插入一個新節點 ptr。

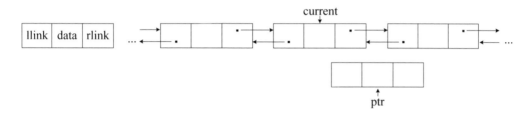

12. 假設雙向鏈結串列的狀態如下圖，試寫出在下面的插入節點和刪除節點函數中，空格 (1) ~ (4) 分別為何？

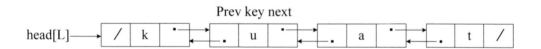

```
list_insert(L, x)
{
  next[x] ← head[L];
  if head[L]≠NIL then _____(1)_____;
  head[L] ← x;
  _____(2)_____;
}


list_delete(L, x)
{
  if prev[x]≠NIL then _____(3)_____;
  else head[L] ← next[x];
  if next[x]≠NIL then _____(4)_____;
}
```

13. 假設以 C 語言宣告一個鏈結串列如下：

```
typedef struct node{
  int data;
  struct node *next;
}NODE;
NODE *new, *back, *pointer, *forward;
```

目前已經產生一個名稱為 new 的鏈結串列共有 n 個節點，已知指標 back 指向串列中間的某個節點，指標 pointer 指向 back 的下一個節點，指標 forward 指向 back 的前一個節點，試寫出在下面的串列反轉函數中，空格 (1) ~ (4) 分別為何？

```
while (pointer->next != NULL){
  forward = _____(1)_____;
  pointer->next = _____(2)_____;
  _____(3)_____ = pointer;
  pointer = _____(4)_____;
}
```

14. 假設資料內容存放在如下表的陣列 Data 中，若要將資料依照內容的英文字母順序建立雙向鏈結串列，寫出指標陣列 Link_f 和 Link_b 的內容。

Index	Data	Link_f	Link_b
1	Eat		
2	Date		
3	Can		
4	Hat		
5	Fat		
6	Kid		
7	Man		
8	Bob		
9	Gate		

15. 撰寫一個函數計算單向鏈結串列的節點個數 (不包含首節點)。

04
CHAPTER

堆　疊

4-1 認識堆疊

堆疊（stack）是一個線性串列，兩端分別稱為**頂端**（top）與**底端**（bottom），無論要新增或刪除資料，都必須從堆疊的頂端開始。舉例來說，假設堆疊 S = $(d_0, d_1, \cdots, d_{n-2}, d_{n-1})$，其中 d_0 為底端，d_{n-1} 為頂端，若要新增資料 d_n，必須從堆疊的頂端開始，得到 S = $(d_0, d_1, \cdots, d_{n-2}, d_{n-1}, d_n)$，這個動作稱為**推入**（push）。

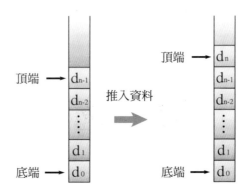

相反的，若要刪除資料，必須從堆疊的頂端開始，得到 S = $(d_0, d_1, \cdots, d_{n-2})$，這個動作稱為**彈出**（pop）。由於愈晚推入堆疊的資料愈早被彈出，故堆疊又稱為**後進先出串列**（LIFO list，Last-In-First-Out list）。

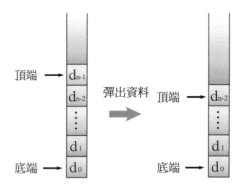

您不妨將堆疊想像成一疊盤子，當有髒的盤子洗乾淨時，它會被放在這疊盤子的頂端，而當需要乾淨的盤子盛裝菜餚時，它會被從這疊盤子的頂端拿走，換句話說，愈晚被放入的盤子愈早被取出，符合堆疊後進先出的特質。

4-2 堆疊的實作

實作堆疊最簡單的方式是使用陣列，但我們通常無法掌握堆疊的實際大小，若陣列太小，可能會產生溢位，若陣列太大，可能會導致記憶體閒置不用，變通之道是改用鏈結串列實作堆疊，優點是能夠更有彈性地使用記憶體，缺點則是推入、彈出等動作較為複雜，而且每個節點必須額外維持一個鏈結。

4-2-1 使用陣列實作堆疊

當使用陣列實作堆疊時，可以定義如下結構表示堆疊，其中變數 top 用來記錄堆疊的頂端在哪個位置，初始值設定為 -1，每次推入一個資料，top 的值就遞增 1，每次彈出一個資料，top 的值就遞減 1。當 top 等於 -1 時，表示堆疊已空，當 top 等於 MAX_SIZE - 1 時，表示堆疊已滿（MAX_SIZE 是堆疊最多可以存放幾個資料，因為是使用陣列存放資料，故索引為 0 ~ MAX_SIZE - 1）：

```
/*定義堆疊最多可以存放 MAX_SIZE 個資料*/
#define MAX_SIZE 5

/*宣告 stack 是堆疊資料結構*/
typedef struct stk{
  char data[MAX_SIZE];    /*存放堆疊的資料*/
  int top;                /*記錄堆疊的頂端*/
}stack;
```

堆疊的初始狀態

[4]
[3]
[2]
[1]
[0]
← top = -1

在決定如何存放堆疊後，我們還要提供相關運算的定義及函數，原則上，一個完整的堆疊資料結構應該要提供下列運算的定義及函數：

◀ **判斷堆疊已滿（isFull）**：若堆疊已經沒有空間能夠存放資料，就傳回 1，否則傳回 0。

◀ **判斷堆疊已空（isEmpty）**：若堆疊已經沒有資料，就傳回 1，否則傳回 0。

◀ **推入（push）**：將資料放在堆疊的頂端。

◀ **彈出（pop）**：從堆疊的頂端拿走一個資料。

範例 4.1　　撰寫一個函數實作堆疊的［判斷堆疊已滿］運算。

解答：<\Ch04\ex4_1.c>

```c
int isFull(stack *S)
{
  /*若 top 等於陣列的最大索引，表示堆疊已滿，就傳回 1，否則傳回 0*/
  if (S->top == (MAX_SIZE - 1)) return 1;
  else return 0;
}
```

範例 4.2　　撰寫一個函數實作堆疊的［推入］運算。

解答：<\Ch04\ex4_1.c>，為了讓您瞭解 push() 函數的運作過程，我們來看它的實際應用，如下圖。

```c
void push(stack *S, char value)
{
  if (isFull(S)) printf("堆疊已滿！"); /*若堆疊已滿，就印出此訊息*/
  else S->data[++S->top] = value;        /*否則將 top 遞增 1，再將值存入 data[S->top]*/
}
```

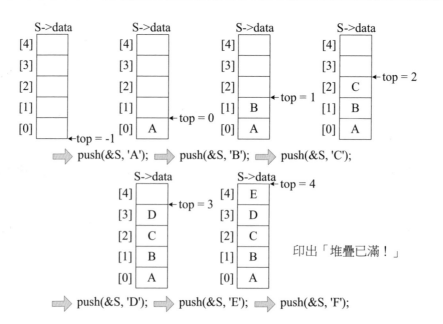

範例 4.3 撰寫一個函數實作堆疊的 [判斷堆疊已空] 運算。

解答：<\Ch04\ex4_1.c>

```c
int isEmpty(stack *S)
{
  /*若 top 等於-1，表示堆疊已空，就傳回 1，否則傳回 0*/
  if (S->top == -1) return 1;
  else return 0;
}
```

範例 4.4 撰寫一個函數實作堆疊的 [彈出] 運算。

解答：<\Ch04\ex4_1.c>，為了讓您瞭解 pop() 函數的運作過程，我們來看它的實際應用，如下圖。

```c
void pop(stack *S)
{
  if (isEmpty(S)) printf("堆疊已空！"); /*若堆疊已空，就印出此訊息*/
  else printf("%c ", S->data[S->top--]); /*否則印出 data[S->top]，再將 top 遞減 1*/
}
```

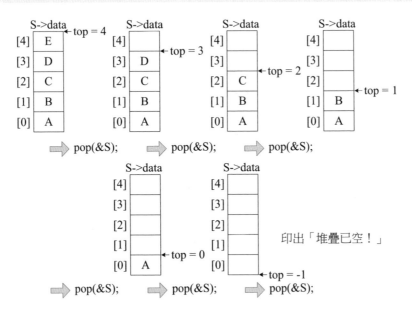

4-2-2 使用鏈結串列實作堆疊

當使用鏈結串列實作堆疊時，可以沿用第 3-1-1 節所宣告的結構，原則上，下面的程式碼和第 3-1-1 節的程式碼大致相同，差別在於沒有宣告指向前一個節點的 previous 指標，因為堆疊的推入及彈出均發生在堆疊的頂端，即串列前端，所以就沒有必要再維持 previous 指標，而且為了方便解說，我們將以垂直的鏈結串列表示堆疊，例如：

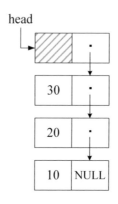

```
/*宣告 list_node 是單向鏈結串列的節點*/
typedef struct node{
  int data;            /*節點的資料欄位*/
  struct node *next;   /*節點的鏈結欄位*/
}list_node;

/*宣告 list_pointer 是指向節點的指標*/
typedef list_node *list_pointer;

/*宣告兩個指標，分別指向單向鏈結串列的首節點及目前節點*/
list_pointer head, current;

/*這個函數會將串列初始化，即包含首節點的空串列*/
void initialize()
{
  head = (list_pointer)malloc(sizeof(list_node));
  head->next = NULL;
}
```

範例 4.5 根據本節宣告的單向鏈結串列撰寫一個函數實作堆疊的 [推入] 運算。

解答：<\Ch04\ex4_5.c>，為了讓您瞭解 push() 函數的運作過程，我們來看它的實際應用，如下圖。

```c
/*這個函數會將新節點推入串列前端*/
void push(int value)
{
  list_pointer ptr;
  ptr = (list_pointer)malloc(sizeof(list_node)); /*配置記憶體空間給新節點*/
  if (ptr == NULL)                                /*檢查是否配置失敗*/
    printf("記憶體配置失敗！");                     /*是就印出此訊息*/
  else{                                           /*否則將新節點推入串列前端*/
    ptr->data = value;                            /*設定新節點的值*/
    ptr->next = head->next;                       /*令新節點指向首節點的下一個節點*/
    head->next = ptr;                             /*令首節點指向新節點*/
  }
}
```

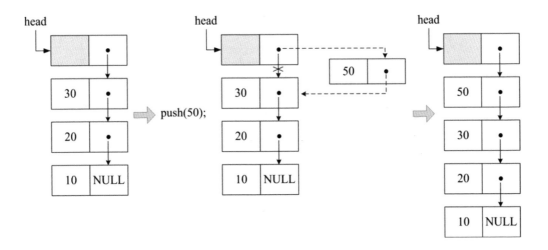

範例 4.6 　根據本節宣告的單向鏈結串列撰寫一個函數實作堆疊的 [彈出]
運算。

解答：<\Ch04\ex4_5.c>，為了讓您瞭解 push() 函數的運作過程，我們來看它
的實際應用，如下圖。

```
/*這個函數會彈出串列前端的節點*/
void pop()
{
  current = head->next;              /*令目前節點指向首節點的下一個節點*/
  if (current == NULL)               /*檢查目前節點是否為 NULL*/
    printf("串列已空！");            /*是就印出此訊息*/
  else{                              /*否則彈出目前節點，然後釋放*/
    printf("%d ", current->data);    /*印出目前節點的值*/
    head->next = current->next;      /*令首節點指向目前節點的下一個節點*/
    free(current);                   /*釋放目前節點*/
  }
}
```

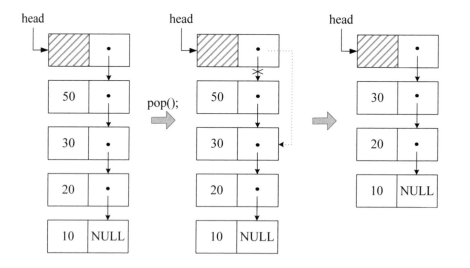

＼隨堂練習／

1.　請您想想看，生活中有哪些例子屬於堆疊的應用呢？

2.　在第 4-2-1 節所宣告的 stack 結構中，變數 top 的用途為何？初始值為何？
　　其意義何在？

3.　假設堆疊 S = (A, B)，其中 A 為底端，B 為頂端，試問，在經過下面推入
　　及彈出的動作後，堆疊的最終狀態為何？

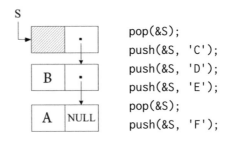

```
pop(&S);
push(&S, 'C');
push(&S, 'D');
push(&S, 'E');
pop(&S);
push(&S, 'F');
```

4.　假設堆疊 S = (10, 20, 30)，其中 10 為底端，30 為頂端，試問，在經過下
　　面推入及彈出的動作後，堆疊的最終狀態為何？

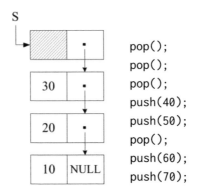

```
pop();
pop();
pop();
push(40);
push(50);
pop();
push(60);
push(70);
```

5.　將第 4-2-1 節的 pop(stack *S) 函數改寫成 pop(stack *S, char *value) 的形
　　式，令它藉由參數 value 傳回堆疊頂端的資料，而不是將它印出。

4-3 堆疊的應用

由於堆疊具有後進先出 (LIFO) 的特點，因此，凡是需要後進來先處理的情況，都可以使用堆疊，下面是幾個例子：

◀ **資料剖析** (parsing)：根據指定的邏輯將資料分割成獨立片段來做處理，例如將運算式由中序表示法轉換成後序表示法，以提升編譯器的執行效率。

◀ **資料反轉** (reversing)：例如將字串 "abcde" 反轉為 "edcba"。

◀ **回溯** (backtracking)：將進入系統後所執行的動作顛倒過來，以退出系統或恢復之前的狀態，例如系統堆疊、遞迴、迷宮問題等。

4-3-1 轉換運算式表示法

運算式表示法有下列三種，視運算子的位置而定：

◀ **中序表示法** (infix)：運算子位於運算元的中間，例如 a + b。

◀ **前序表示法** (prefix)：運算子位於運算元的前面，例如 +ab。

◀ **後序表示法** (postfix)：運算子位於運算元的後面，例如 ab+。

中序表示法在運算時必須考量下列事項，而前序表示法和後序表示法因為沒有這些顧慮，使得編譯器的執行效率較佳：

◀ 運算子的優先順序 (precedence) 愈高，就愈先計算，例如在 a + b * c 中，乘法運算子的優先順序比加法運算子高，所以會先計算 b * c，得到的結果再和 a 相加。

◀ 運算子的結合性 (associativity)，左結合表示左邊的符號先做，而右結合表示右邊的符號先做，例如在 a + b + c 中，加法運算子採取左結合，所以會先計算 a + b，得到的結果再和 c 相加。

◀ 括號內優先處理，例如在 (a + b) * c 中，括號內的 a + b 會先計算，得到的結果再和 c 相乘。

我們可以使用**括號法**或**堆疊法**轉換運算式表示法，其中括號法適合以紙筆模擬，但不容易以程式實作，如欲將轉換過程撰寫成程式，最好是使用堆疊法。

括號法

範例 4.7　使用〔括號法〕將 a * (b + c) - d 由中序表示法轉換成後序表示法。

1.　使用括號將運算子及所屬的運算元依照優先順序括起來，例如：

((a * (b + c)) - d)

2.　依照如下箭頭方向將運算子移到所屬的右括號後面：

((a * (b + c)) - d)

((a(bc)+)*d)-

3.　由左向右寫出運算元及運算子（去掉括號），得到 abc+*d-。

範例 4.8　使用〔括號法〕將 a * (b + c) - d 由中序表示法轉換成前序表示法。

1.　使用括號將運算子及所屬的運算元依照優先順序括起來，例如：

((a * (b + c)) - d)

2.　依照如下箭頭方向將運算子移到所屬的左括號前面：

((a * (b + c)) - d)

-(*(a+(bc))d)

3.　由左向右寫出運算元及運算子（去掉括號），得到 -*a+bcd。

堆疊法

堆疊法的運算原則如下，為了方便討論，我們將**運算元** (operand) 限制為 a ~ z 等 26 個小寫英文字母，將**運算子** (operator) 限制為 + - * / 等四種：

1. 由左向右掃瞄中序表示法，一次讀取一個 token (符號)，可能是運算元、左右括號或運算子。

2. 若 token 是 a ~ z 等運算元，就將 token 直接輸出到後序表示法。

3. 若 token 是左右括號或 + - * / 等運算子，就依照如下原則操作堆疊：

    i.   若 token 是左括號 (，就將 token 推入堆疊。

    ii. 若 token 是右括號)，就將堆疊頂端的運算子一一彈出到後序表示法，直到遇見左括號 (，才能將左右括號成對去掉。

    iii. 若 token 是 + - * / 等運算子，就比較 token 與堆疊頂端的運算子何者的優先順序較高，若 token 的優先順序較高，就將 token 推入堆疊，否則將堆疊頂端的運算子一一彈出到後序表示法，直到遇見優先順序較低的運算子或堆疊已空，才停止彈出，然後將 token 推入堆疊 (註：堆疊內的運算子其優先順序以左括號最低，+ - 次之，* / 最高)。

4. 若中序表示法已經掃瞄完畢，但堆疊不是空的，就將堆疊內的運算子一一彈出到後序表示法。

範例 4.9 使用 [**堆疊法**] 將 a * (b + c) - d 由中序表示法轉換成後序表示法。

解答：轉換過程如下：

token	堆疊	後序表示法	說明
a		a	當 token 為運算元時，將它直接輸出。

token	堆疊	後序表示法	說明
*	*	a	當 token 為運算子時，將它推入堆疊。
(	(*	a	當 token 為左括號時，將它推入堆疊。
b	(*	ab	當 token 為運算元時，將它直接輸出。
+	+ (*	ab	當 token 為運算子且優先順序高於堆疊頂端的運算子時，將它推入堆疊，否則將堆疊頂端的運算子一一彈出到後序表示法，直到遇見優先順序較低的運算子或堆疊已空，才停止彈出，然後將 token 推入堆疊。由於 + 的優先順序大於 (，故將 + 推入堆疊。
c	+ (*	abc	當 token 為運算元時，將它直接輸出。
)	*	abc+	當 token 為右括號) 時，就將堆疊頂端的運算子一一彈出到後序表示法，直到遇見左括號 (，才能將左右括號成對去掉。
-	-	abc+*	由於 - 的優先順序低於 *，故將 * 彈出，此時，堆疊已空，然後將 - 推入堆疊。
d	-	abc+*d	當 token 為運算元時，將它直接輸出。
		abc+*d-	當中序表示法已經掃瞄完畢，但堆疊不是空的時，就將堆疊內的運算子一一彈出到後序表示法。

範例 4.10 使用 [**堆疊法**] 將 ((a - (b + c)) * d) / (e - f) 由中序表示法轉換成後序表示法。

解答：轉換過程如下：

token	堆疊 (底端…頂端)	後序表示法
(	(	
(	((	
a	((	a
-	((-	a
(	((-(	a
b	((-(	ab
+	((-(+	ab
c	((-(+	abc
)	((-	abc＋
)	(	abc＋-
*	(*	abc＋-
d	(*	abc＋-d
)		abc＋-d*
/	/	abc＋-d*
(	/(	abc＋-d*
e	/(	abc＋-d*e
-	/(-	abc＋-d*e
f	/(-	abc＋-d*ef
)	/	abc＋-d*ef-
		abc＋-d*ef-/

範例 4.11 [實作堆疊法] 撰寫一個函數將運算式由中序表示法轉換成後序
表示法。

解答：在這個程式中，比較重要的函數為 get_precedence(char c) 和
infix_to_postfix (char *infix, char *postfix)，前者會根據參數指定的運算子傳回其
優先順序，由於左括號最低，+ - 次之，* / 最高，故將其優先順序設定為 0、
1、1、2、2；後者會根據堆疊法的運算原則將中序表示法轉換成後序表示法。

\Ch4\ex4_11.c（下頁續 1/3）

```c
#include <stdio.h>
#define MAX_SIZE 100      /*定義堆疊最多可以存放 MAX_SIZE 個資料*/
typedef struct stk{       /*宣告 stack 是堆疊資料結構*/
  char data[MAX_SIZE];    /*存放堆疊的資料*/
  int top;                /*記錄堆疊的頂端*/
}stack;
stack S;                  /*宣告一個堆疊 S 存放運算子和左括號*/

/*這個函數會將參數推入堆疊*/
void push(char c)
{
  if (S.top < MAX_SIZE - 1) S.data[++S.top] = c;
}

/*這個函數會從堆疊彈出一個資料並存放在參數指定的位址*/
void pop(char *c)
{
  if (S.top > -1) *c = S.data[S.top--];
}

/*這個函數會檢查參數是否為 + - * / 等運算子，是就傳回 1，否則傳回 0*/
int is_operator(char c)
{
  if ((c == '+') || (c == '-') || (c == '*') || (c == '/')) return 1;
  else return 0;
}
```

\Ch4\ex4_11.c （下頁續 2/3）

```c
/*這個函數會檢查參數是否為 a ~ z 等運算元，是就傳回 1，否則傳回 0*/
int is_operand(char c)
{
  if (c >= 'a' && c <= 'z') return 1;
  else return 0;
}


/*這個函數會根據參數指定的運算子傳回其優先順序*/
int get_precedence(char c)
{
  switch (c){
    case '(': return 0;
    case '+': return 1;
    case '-': return 1;
    case '*': return 2;
    case '/': return 2;
    default: return -1;
  }
}
```

```c
/*這個函數會將中序表示法轉換成後序表示法*/
void infix_to_postfix(char *infix, char *postfix)
{
  int i = 0, j = 0;
  char token, item;
  while ((token = infix[i++]) != '\0'){
    if (is_operand(token)) postfix[j++] = token;   /*若 token 是運算元，就直接輸出*/
    else if (token == '(') push(token);            /*若 token 是左括號，就推入堆疊*/
    else if (token == ')')                         /*若 token 是右括號*/
      while (S.top > -1){                          /*就重複彈出，直到遇見左括號*/
        pop(&item);
        if (item == '(') break;
        postfix[j++] = item;
      }
```

\Ch4\ex4_11.c (接上頁 3/3)

```
    else if (is_operator(token)){        /*若 token 是運算子*/
      while (S.top > -1){                /*若 token 的優先順序較高，就推入堆疊*/
        if (get_precedence(token) > get_precedence(S.data[S.top])) break;
        else{                            /*否則重複彈出，直到遇見較低的運算子*/
          pop(&item);
          postfix[j++] = item;
        }
      }
      push(token);
    }
  }
  /*若中序表示法已經掃瞄完畢，但堆疊不是空的，就將堆疊內的運算子一一彈出*/
  while (S.top > -1){
    pop(&item);
    postfix[j++] = item;
  }
  postfix[j] = '\0';
}

/*主程式*/
int main()
{
  /*宣告變數 infix 存放中序表示法，您亦可變更為其它運算式*/
  char infix[MAX_SIZE] = "a*(b+c)-d";
  /*宣告變數 postfix 存放後序表示法*/
  char postfix[MAX_SIZE];
  infix_to_postfix(infix, postfix);
  printf("%s 轉換成後序表示法會得到%s", infix, postfix);
}
```

```
[Running] cd
"c:\Users\Jean\Documents\Samples\Ch04\" && gcc
ex4_11.c -o ex4_11 &&
"c:\Users\Jean\Documents\Samples\Ch04\"ex4_11
a*(b+c)-d轉換成後序表示法會得到abc+*d-
[Done] exited with code=0 in 0.264 seconds
```

4-3-2　計算後序表示法

前一節之所以要討論如何將運算式由中序表示法轉換成後序表示法，主要的
原因就是計算後序表示法的效率較佳 (無須考量優先順序與結合性)，其運算
規則如下，同樣的，我們也會使用堆疊，但這次堆疊所存放的是運算元：

1.　由左向右掃瞄後序表示法，一次讀取一個 token，可能是運算元或運算子。

2.　若 token 是運算元，就將 token 推入堆疊。

3.　若 token 是 + - * / 等運算子，就從堆疊彈出兩個資料，第一個資料為第
二個運算元，第二個資料為第一個運算元，然後將兩者依照 token 所指定
的運算子進行運算，再將結果推入堆疊，最後的結果會位於堆疊頂端。

範例 4.12　[計算後序表示法] 假設 a = 5、b = 6、c = 7、d = 8，試計算後序表
示法 abc+*d- 的結果。

解答：計算過程如下：

token	堆疊	說明
a (5)	5	當 token 為運算元時，將它推入堆疊。
b (6)	6 5	當 token 為運算元時，將它推入堆疊。
c (7)	7 6 5	當 token 為運算元時，將它推入堆疊。
+	13 5	當 token 為運算子時，從堆疊彈出兩個資料 7 (c)、6 (b)，做為第二個和第一個運算元，然後依照 token 所指定的運算子進行運算，即 6 + 7 = 13，再將結果推入堆疊。

token	堆疊	說明
*	65	當 token 為運算子時，從堆疊彈出兩個資料 13、5 (a)，做為第二個和第一個運算元，然後依照 token 所指定的運算子進行運算，即 5 * 13 = 65，再將結果推入堆疊。
d (8)	8 65	當 token 為運算元時，將它推入堆疊。
-	57	當 token 為運算子時，從堆疊彈出兩個資料 8、65，做為第二個和第一個運算元，然後依照 token 所指定的運算子進行運算，得到 65 - 8 = 57，再將結果推入堆疊，此時，運算結果就是位於堆疊頂端的 57。

範例 4.13 [實作計算後序表示法] 撰寫一個函數計算後序表示法的結果。

解答：在這個程式中，比較重要的函數為 float eval_postfix(char *postfix)，它會根據前述的運算原則及運算元 a、b、c…的值 (存放在 op[] 陣列)，計算後序表示法的結果；此外，由於堆疊是用來存放運算元和計算結果，因此，stack 結構內的 data[MAX_SIZE] 陣列必須改宣告為 float 型別，包括其相關的 push() 和 pop() 函數也要跟著改。

\Ch04\ex4_13.c（下頁續 1/3）

```c
#include <stdio.h>
/*定義堆疊最多可以存放 MAX_SIZE 個資料*/
#define MAX_SIZE 100
/*宣告 stack 是堆疊資料結構*/
typedef struct stk{
  float data[MAX_SIZE];      /*存放堆疊的資料*/
  int top;                   /*記錄堆疊的頂端*/
}stack;

/*宣告一個堆疊 S 存放運算元*/
stack S;
```

\Ch04\ex4_13.c (下頁續 2/3)

```
/*這個函數會將參數推入堆疊*/
void push(float f)
{
   if (S.top < MAX_SIZE - 1) S.data[++S.top] = f;
}


/*這個函數會從堆疊彈出一個資料並存放在參數指定的位址*/
void pop(float *f)
{
   if (S.top > -1) *f = S.data[S.top--];
}


/*這個函數會檢查參數是否為運算元，是就傳回 1，否則傳回 0*/
int is_operand(char c)
{
   if (c >= 'a' && c <= 'z') return 1;
   else return 0;
}


/*指定運算元 a,b,…,k 的值並存放在 op[] 陣列，您亦可變更為其它值*/
float op[] = {5, 6, 7, 8, 9, 10, 11, 12, 13, 14, 15};
```

```
float eval_postfix(char *postfix)
{
   int i = 0;
   char token;
   float op1, op2, result;
   while ((token = postfix[i++]) != '\0'){
     if (is_operand(token))
       push(op[token - 'a']);
     else{
       pop(&op2);
       pop(&op1);
       switch (token){
         case '+':
```

\Ch04\ex4_13.c (接上頁 3/3)

```
            result = op1 + op2;
            break;
        case '-':
            result = op1 - op2;
            break;
        case '*':
            result = op1 * op2;
            break;
        case '/':
            result = op1 / op2;
            break;
        }
        push(result);
      }
    }
    pop(&result);
    return result;
}

/*主程式*/
int main()
{
    /*宣告後序表示法為 "abc+*d-"，您亦可變更為其它運算式*/
    char postfix[MAX_SIZE] = "abc+*d-";

    printf("假設 a = 5、b = 6、c = 7、d = 8，則 abc+*d-的值為%f", eval_postfix(postfix));
}
```

```
[Running] cd "c:\Users\Jean\Documents\Samples\Ch04\" &&
gcc ex4_13.c -o ex4_13 &&
"c:\Users\Jean\Documents\Samples\Ch04\"ex4_13
假設a = 5、b = 6、c = 7、d = 8，則abc+*d-的值為57.000000
[Done] exited with code=0 in 0.351 seconds
```

4-3-3 系統堆疊

系統堆疊（system stack）是程式在執行期間用來處理函數呼叫的結構，只要程式一呼叫函數，就會在系統堆疊內產生一個包含指標、返回位址與區域變數的記錄，其中**指標**是指向呼叫該函數的程式，**返回位址**是該函數執行完畢後會返回程式的哪個敘述，**區域變數**是在該函數內所宣告的變數。基本上，系統堆疊頂端的記錄就是目前正在執行的函數，而在該函數執行完畢後，就會從系統堆疊頂端刪除其記錄，然後返回呼叫該函數的程式。

以圖 (a) 為例，當主程式 Main 開始執行時，系統堆疊內只有一個記錄，裡面包含指標、返回位址與 Main 的區域變數；在 Main 呼叫函數 F1 後，系統堆疊頂端會新增一個記錄，如圖 (b)，裡面同樣包含指標、返回位址與 F1 的區域變數，其中指標是指向呼叫 F1 的程式，即 Main，返回位址則是 F1 執行完畢後會返回 Main 的哪個敘述。

若 F1 又呼叫另一個函數 F2，則系統堆疊頂端會新增一個記錄，如圖 (c)，裡面同樣包含指標、返回位址與 F2 的區域變數，其中指標是指向呼叫 F2 的程式，即 F1，返回位址則是 F2 執行完畢後會返回 F1 的哪個敘述。由於系統堆疊頂端的記錄為 F2，所以會優先執行 F2，完畢後再將其記錄從系統堆疊頂端刪除，此時，系統堆疊頂端的記錄變成 F1，於是繼續執行 F1，完畢後一樣將其記錄從系統堆疊頂端刪除，待系統堆疊頂端的記錄變成 Main，再接著將 Main 執行完畢。

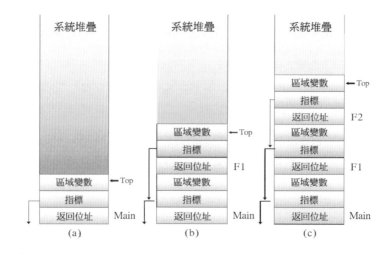

4-3-4　遞迴

許多演算法在因素少或範圍小的時候，都會比較容易解決，因此，我們可以試著將問題分割成多個小範圍的問題，個別解決這些小問題，會比一次解決一個大問題來得容易，這種解決問題的方式叫做**個個擊破**（divide and conquer），其所對應的演算法撰寫方式就是**遞迴**（recursive）。我們在第 1 章已經講解過數個典型的遞迴範例，包括 n!（n 階乘）、費伯納西數列、兩個自然數的最大公因數（GCD），現在就為您介紹另一個知名的遞迴範例－**河內塔**（towers of hanoi），這是法國數學家於 1883 年所提出，其定義如下：

假設有三根柱子 A、B、C，一開始有 n 個圓盤放在柱子 A，順序依照直徑由小到大排列，現在想要將這 n 個圓盤移到柱子 C，順序維持直徑由小到大排列，可以借助於柱子 B，而且移動圓盤時必須遵循下列兩個條件限制：

i.　　一次只能移動一個圓盤。

ii.　　小圓盤必須疊在大圓盤上。

當河內塔有三個圓盤時，開始與結束情況如下：

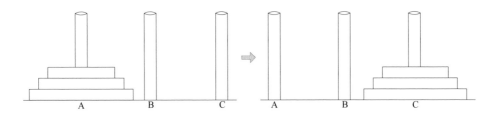

我們可以試著從 1、2、3 個圓盤類推到 n 個圓盤：

◀　　當有 1 個圓盤時，直接將圓盤從柱子 A 移到柱子 C 即可。

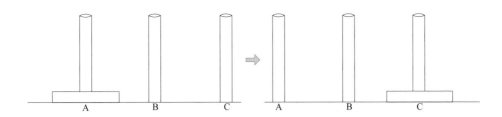

◀ 當有 2 個圓盤時 (假設由小到大，依序編號為 1、2)，搬移順序如下：

1. 將 1 號圓盤從柱子 A 移到柱子 B。

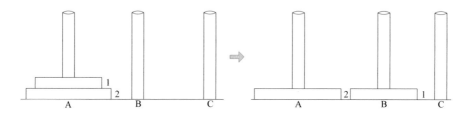

2. 將 2 號圓盤從柱子 A 移到柱子 C。

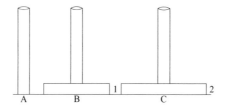

3. 將 1 號圓盤從柱子 B 移到柱子 C，即大功告成。

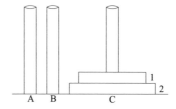

◀ 當有 3 個圓盤時 (假設由小到大，依序編號為 1、2、3)，搬移順序如下：

1. 仿照當有 2 個圓盤時的 3 個步驟 (但目標柱子由 C 改為 B)，將 1、2 號圓盤從柱子 A 經由柱子 C 移到柱子 B。

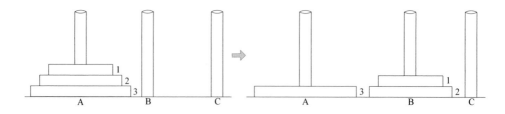

2. 將 3 號圓盤從柱子 A 移到柱子 C。

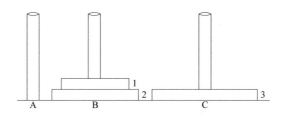

3. 仿照當有 2 個圓盤時的 3 個步驟 (但起始柱子由 A 改為 B)，將 1、2 號圓盤從柱子 B 經由柱子 A 移到柱子 C。

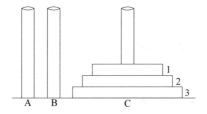

◀ 當有 n 個圓盤時 (假設由小到大，依序編號為 1、2、⋯、n)，搬移順序如下：

1. 將 1、2、⋯、n-1 號圓盤從柱子 A 經由柱子 C 移到柱子 B。

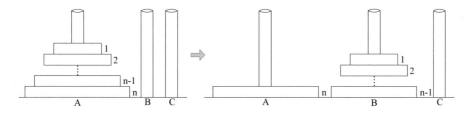

2. 將 n 號圓盤從柱子 A 移到柱子 C。

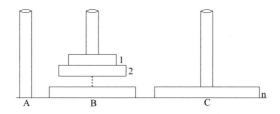

3. 將 1、2、…、n-1 號圓盤從柱子 B 經由柱子 A 移到柱子 C。

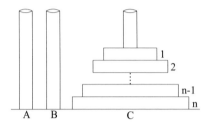

範例 4.14 [河內塔] 撰寫一個函數實作河內塔的解法，然後分析當有 n 個圓盤時，需搬移幾次才能將圓盤由柱子 A 移到柱子 C。

解答：<\Ch04\ex4_14.c>

```c
void hanoi(int n, char from, char through, char to)
{
  if (n > 0){
    hanoi(n - 1, from, to, through);
    printf("將%d 號圓盤從柱子%c 移到柱子%c\n", n, from, to);
    hanoi(n - 1, through, from, to);
  }
}
```

假設 X_n 和 X_{n-1} 分別為搬移 n、n-1 個圓盤所需的次數，則 $X_n = X_{n-1} + 1 + X_{n-1}$，且 $X_1 = 1$（搬移 1 個圓盤所需的次數為 1），解出遞迴關係式的過程如下：

$X_n = X_{n-1} + 1 + X_{n-1}$

$\quad = 2X_{n-1} + 1$

$\quad = 2(2 \times X_{n-2} + 1) + 1$

$\quad = 2^2 \times X_{n-2} + 2 + 1$

$\quad \cdots$

$\quad = 2^k \times X_{n-k} + 2^{k-1} + 2^{k-2} + \cdots + 2 + 1$

當 k = n - 1 時

$X_n = 2^{n-1} \times X_1 + 2^{n-2} + 2^{n-3} + \cdots + 2 + 1$

$\quad = 2^{n-1} \times 1 + 2^{n-2} + 2^{n-3} + \cdots + 2 + 1$

$\quad = 2^{n-1} + 2^{n-2} + 2^{n-3} + \cdots + 2 + 1$

$\quad = 2^n - 1$

> 將1號圓盤從柱子A移到柱子C
> 將2號圓盤從柱子A移到柱子B
> 將1號圓盤從柱子C移到柱子B
> 將3號圓盤從柱子A移到柱子C
> 將1號圓盤從柱子B移到柱子A
> 將2號圓盤從柱子B移到柱子C
> 將1號圓盤從柱子A移到柱子C

呼叫 hanoi(3, 'A', 'B', 'C'); 的執行結果，搬移次數為 $2^3 - 1 = 7$

＼學習評量／

一、選擇題

( )1. 下列何者與堆疊的應用無關？

A. 排隊購物　　　　　　　B. 將中序表示法轉換成後序表示法

C. 呼叫函數　　　　　　　D. 解決迷宮問題

( )2. 將 (A - B) * (C + D) 由中序表示法轉換成後序表示法的結果為何？

A. AB-CD+*　　　　　　　B. ABCD-+*

C. (AB-)(CD+)*　　　　　　D. ((ABCD-)+)*

( )3. 將 (AB/CD+EA-*C*-) 由後序表示法轉換成中序表示法的結果為何？

A. A/B-C+D*E-A*C　　　　B. (A/B)-C+(D*E)-A*C

C. (A/B)-(C+D)*(E-A)*C　　D. A/(B-C)+D*(E-A)*C

( )4. 求出後序運算式 AB*CD+-A/ 的值，其中 A = 2、B = 3、C = 4、D = 5。

A. -1.5　　　　B. 2　　　　C. -2.5　　　　D. 10

( )5. 當河內塔有 5 個圓盤時，需搬移幾次才能將圓盤由柱子 A 移到柱子 C？

A. 15　　　　B 31　　　　C. 63　　　　D. 7

二、練習題

1. 假設堆疊 S = (A, B, C, D, E)，其中 A 為底端，E 為頂端，試問，在經過下面推入及彈出的動作後，堆疊的最終狀態為何？

pop	pop	push F	push G	push H	pop

2. 假設堆疊 S = (A, B, C)，其中 A 為底端，C 為頂端，試問，在經過下面推入及彈出的動作後，堆疊的最終狀態為何？請以鏈結堆疊模擬此過程。

pop	push D	push E	pop	push F

3. 簡單說明何謂堆疊？它有何特質？舉出其應用三種。

4. 將 $(A + B) * 5 + (15 * C + 2) / 7 + 6$ 由中序表示法轉換成後序表示法。

5. 將 $(8 + 2 * 5) / (1 + 3 * 2 - 4)$ 由中序表示法轉換成後序表示法。

6. 將 $((A + B) * C + D) / (E + F + G)$ 由中序表示法轉換成前序表示法。

7. 將 $A / B - C + D * E - A * C$ 由中序表示法轉換成後序表示法。

8. 求出 AB+C+DE-*F/ 和 ABC+D-*EF+/ 兩個後序運算式的值,其中 $A = 5$、
   $B = 6$、$C = 7$、$D = 8$、$E = 2$、$F = 2$。

9. 假設有下列函數,試問,f(4) 的值為何?該遞迴函數的用途為何?

```c
int f(int n)
{
  if (n == 0) return 1;
  else return 2 * f(n - 1);
}
```

10. 將 /*+ABC/D-EF 由前序表示法轉換成中序表示法。

11. 使用堆疊法將 $(A + B) * (C + D) - E / F$ 由中序表示法轉換成後序表示法。

12. 假設有下列函數,試問,該遞迴函數有何問題?

```c
int f(int n)
{
  if (n == 0 || n == 1) return 1;
  else return f(n + 1) / (n + 1);
}
```

13. 假設下列函數欲從堆疊頂端彈出一個資料,試問,空格的內容為何?

```c
char pop(int *top)
{
  if (*top == -1) return '\0';
  else return S[_____];
}
```

14. 當河內塔有 4 個圓盤時,搬移次數和搬移順序為何?

佇　列

5-1　認識佇列

佇列 (queue) 是一個線性串列,兩端分別稱為**前端** (front) 與**後端** (rear),當要新增資料時,必須放入佇列的後端,當要刪除資料時,必須從佇列的前端開始。舉例來說,假設佇列 $Q = (d_0, d_1, \cdots, d_{n-2}, d_{n-1})$,其中 d_{n-1} 為後端,d_0 為前端,若要新增資料 d_n,必須放入佇列的後端,得到 $Q = (d_0, d_1, \cdots, d_{n-2}, d_{n-1}, d_n)$,這個動作稱為 enqueue 或**新增** (add)。

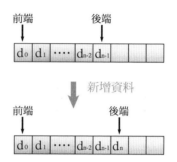

相反的,若要刪除資料,必須從佇列的前端開始,得到 $Q = (d_1, \cdots, d_{n-2}, d_{n-1})$,這個動作稱為 dequeue 或**刪除** (delete)。由於愈早放入佇列的資料愈早被刪除,故佇列又稱為**先進先出串列** (FIFO list,First-In-First-Out list)。

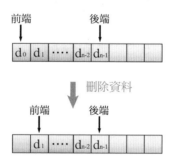

您不妨將佇列想像成排隊買電影票的隊伍,當有人要買電影票時,必須排在隊伍的後端,當電影院開始販售電影票時,必須從隊伍的前端開始,換句話說,愈早來排隊的人,愈早買到電影票離開隊伍,符合佇列先進先出的特質。除了生活中排隊的例子之外,佇列在資訊科學領域的應用則以**工作排程** (job sheduling) 為主,例如多工系統的 CPU 排程。

5-2 佇列的實作

實作佇列最簡單的方式是使用陣列，但我們通常無法掌握佇列的實際大小，若陣列太小，可能會產生溢位，若陣列太大，可能會導致記憶體閒置不用，變通之道是改用鏈結串列實作佇列，優點是能夠更有彈性地使用記憶體，缺點則是新增、刪除等動作較為複雜，而且每個節點必須額外維持一個鏈結。

5-2-1 使用陣列實作佇列

當使用陣列實作佇列時，可以定義如下結構表示佇列，其中變數 front 用來記錄佇列的前端在哪個位置，初始值為 -1，每次刪除一個資料，front 的值就遞增 1；相反的，變數 rear 用來記錄佇列的後端在哪個位置，初始值為 -1，每次新增一個資料，rear 的值就遞增 1。

```c
/*定義佇列最多可以存放 MAX_SIZE 個資料*/
#define MAX_SIZE 6

/*宣告 queue 是佇列資料結構*/
typedef struct que{
  char data[MAX_SIZE];    /*存放佇列的資料*/
  int front;              /*記錄佇列的前端*/
  int rear;               /*記錄佇列的後端*/
}queue;

queue Q;                  /*宣告一個佇列 Q*/
Q.front = -1;             /*變數 front 的初始值為 -1*/
Q.rear = -1;              /*變數 rear 的初始值為 -1*/
```

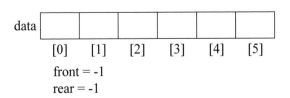

在決定如何存放佇列後,我們還要提供相關運算的定義及函數,原則上,一個完整的佇列資料結構應該要提供下列運算的定義及函數:

◀ **判斷佇列已滿** (isFull):若佇列已經沒有空間能夠存放資料,就傳回 1,否則傳回 0。

◀ **判斷佇列已空** (isEmpty):若佇列已經沒有資料,就傳回 1,否則傳回 0。

◀ enqueue **或新增** (add):將資料放入佇列的後端,例如:

```
void enqueue(queue *Q, char value)
{
  /*若佇列的後端 rear 等於佇列的最大索引,就印出 "佇列已滿!" */
  if (Q->rear == (MAX_SIZE - 1))
    printf("佇列已滿!");
  /*否則將 rear 遞增 1,再將資料放入佇列的後端*/
  else
    Q->data[++Q->rear] = value;
}
```

◀ dequeue **或刪除** (delete):從佇列的前端拿出一個資料,例如:

```
void dequeue(queue *Q)
{
  /*若佇列的前端 front 和佇列的後端 rear 相等,就印出 "佇列已空!" */
  if (Q->front == Q->rear)
    printf("佇列已空!");
  /*否則將 front 遞增 1,再印出資料*/
  else
    printf("%c ", Q->data[++Q->front]);
}
```

假設佇列的最大長度為 6,依序新增 A、B、C、D 等四個資料,然後刪除兩個資料,再新增 E、F、G 等三個資料,則變數 front、rear 的值與佇列的內容如下:

運算	佇列						front	rear
一開始為空佇列 (front == rear)							-1	-1
	[0]	[1]	[2]	[3]	[4]	[5]		
enqueue(&Q, 'A')	A						-1	0
	[0]	[1]	[2]	[3]	[4]	[5]		
enqueue(&Q, 'B')	A	B					-1	1
	[0]	[1]	[2]	[3]	[4]	[5]		
enqueue(&Q, 'C')	A	B	C				-1	2
	[0]	[1]	[2]	[3]	[4]	[5]		
enqueue(&Q, 'D')	A	B	C	D			-1	3
	[0]	[1]	[2]	[3]	[4]	[5]		
dequeue(&Q)		B	C	D			0	3
	[0]	[1]	[2]	[3]	[4]	[5]		
dequeue(&Q)			C	D			1	3
	[0]	[1]	[2]	[3]	[4]	[5]		
enqueue(&Q, 'E')			C	D	E		1	4
	[0]	[1]	[2]	[3]	[4]	[5]		
enqueue(&Q, 'F')			C	D	E	F	1	5
	[0]	[1]	[2]	[3]	[4]	[5]		
enqueue(&Q, 'G')	rear 等於佇列的最大索引，即使佇列的前端仍有空位，卻會印出 "佇列已滿！"。						1	5

很明顯的，經過多次 enqueue 或 dequeue 後，佇列的資料會逐漸往後端存放，待變數 rear 的值等於佇列的最大索引，就會被判斷為佇列已滿，但實際上，佇列的前端卻可能還有空位。為了解決這個問題，遂有人提出 **環狀佇列** (circular queue) 的概念，也就是將第一個資料和最後一個資料視為連在一起，此時，變數 front、rear 的初始值均為 0，front 指向佇列前端第一個資料逆時針方向的下一個位置，rear 指向佇列後端最後一個資料的位置，如下圖，而且為了判斷佇列已滿或已空，必須保留一個空位不用，即最大長度為 MAX_SIZE 的環狀佇列最多只能存放 MAX_SIZE - 1 個資料。

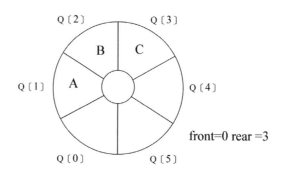

此時，enqueue() 函數必須改寫成如下，以適用於環狀佇列。

```c
queue Q;                    /*宣告一個佇列 Q*/
Q.front = 0;                /*變數 front 的初始值為 0*/
Q.rear = 0;                 /*變數 rear 的初始值為 0*/

void enqueue(queue *Q, char value)
{
  /*檢查 rear 往順時針方向移動一個位置是否會碰到 front，是就印出佇列已滿*/
  if ((Q->rear + 1) % MAX_SIZE == Q->front)
    printf("佇列已滿！");
  else{
    Q->rear = (Q->rear + 1) % MAX_SIZE; /*否則將 rear 往順時針方向移動一個位置*/
    Q->data[Q->rear] = value;           /*再將資料放入佇列的後端*/
  }
}
```

而 dequeue() 函數必須改寫成如下，以適用於環狀佇列。

```
void dequeue(queue *Q)
{
    /*檢查 front 是否等於 rear，是就印出佇列已空*/
    if (Q->front == Q->rear)
        printf("佇列已空！");
    else{
        Q->front = (Q->front + 1) % MAX_SIZE;    /*否則將 front 往順時針方向移動一個位置*/
        printf("%c ", Q->data[Q->front]);        /*再印出佇列前端的資料*/
    }
}
```

前面的例子改成環狀佇列後，變數 front、rear 的值與佇列的內容如下，我們將相關的程式碼儲存在 <\Ch05\queue1.c>。

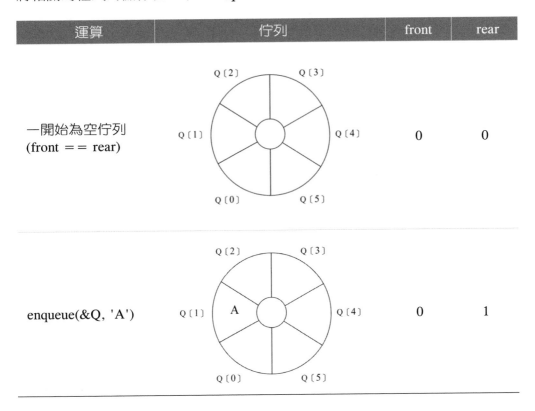

運算	佇列	front	rear
一開始為空佇列 (front == rear)		0	0
enqueue(&Q, 'A')		0	1

運算	佇列	front	rear
enqueue(&Q, 'B')	Q[2] Q[3] / B / Q[1] A / Q[4] / Q[0] Q[5]	0	2
enqueue(&Q, 'C')	Q[2] Q[3] / B C / Q[1] A / Q[4] / Q[0] Q[5]	0	3
enqueue(&Q, 'D')	Q[2] Q[3] / B C / Q[1] A D / Q[4] / Q[0] Q[5]	0	4
dequeue(&Q)	Q[2] Q[3] / B C / Q[1] D / Q[4] / Q[0] Q[5]	1	4

運算	佇列	front	rear
dequeue(&Q)	Q[2] Q[3] C D / Q[1] Q[4] / Q[0] Q[5]	2	4
enqueue(&Q, 'E')	Q[2] Q[3] C D / Q[1] Q[4] / E / Q[0] Q[5]	2	5
enqueue(&Q, 'F')	Q[2] Q[3] C D / Q[1] Q[4] / F E / Q[0] Q[5]	2	0
enqueue(&Q, 'G')	Q[2] Q[3] C D / Q[1] G Q[4] / F E / Q[0] Q[5]	2	1

5-2-2 使用鏈結串列實作佇列

當使用鏈結串列實作佇列時，可以沿用第 3-1-1 節所宣告的結構，如下，此處還宣告了 front 和 rear 兩個指標，分別指向佇列的前端與後端：

```
/*宣告 list_node 是單向鏈結串列的節點*/
typedef struct node{
  int data;              /*節點的資料欄位*/
  struct node *next;     /*節點的鏈結欄位*/
}list_node;

/*宣告 list_pointer 是指向節點的指標*/
typedef list_node *list_pointer;

/*宣告兩個指標，分別指向佇列的前端與後端*/
list_pointer front, rear;
```

若要新增資料，必須將資料放入佇列的後端，如下圖：

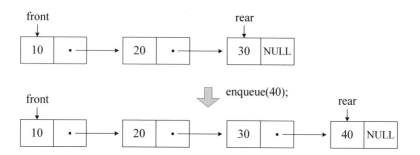

若要刪除資料，必須從佇列的前端開始，如下圖：

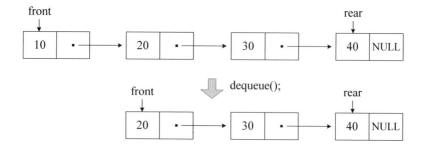

範例 5.1　[enqueue] 根據本節宣告的單向鏈結串列，撰寫一個函數實作佇列的新增資料運算。

解答：<\Ch05\queue2.c>

```
/*這個函數會將資料放入佇列的後端*/
void enqueue(int value)
{
  list_pointer ptr;
  ptr = (list_pointer)malloc(sizeof(list_node)); /*配置記憶體空間給新節點*/
  ptr->data = value;                             /*設定新節點的 data 欄位*/
  ptr->next = NULL;                              /*設定新節點的 next 欄位*/
  if (rear == NULL) front = ptr;                 /*若為空佇列，就令 front 指向新節點*/
  else rear->next = ptr;                         /*否則將新節點插入 rear 後面*/
  rear = ptr;                                    /*令 rear 指向新節點*/
}
```

在佇列的後端新增資料時必須考慮到下列兩種情況：

◀　當 rear == NULL 時（表示為空佇列）

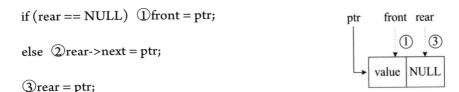

　　if (rear == NULL)　①front = ptr;

　　else　②rear->next = ptr;

　　③rear = ptr;

◀　當 rear != NULL 時（表示不為空佇列）

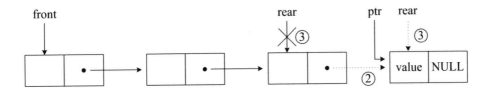

範例 5.2　　[dequeue] 根據本節宣告的單向鏈結串列，撰寫一個函數實作佇列
　　　　　　的刪除資料運算。

解答：<\Ch05\queue2.c>

```
/*這個函數會從佇列的前端刪除資料*/
void dequeue()
{
  list_pointer ptr;
  if (front == NULL) printf("佇列已空！");   /*若為空佇列，就印出此訊息*/
  else{                                      /*否則刪除佇列前端的資料*/
    printf("%d ", front->data);
    ptr = front;
    front = front->next;
    free(ptr);
  }
}
```

在佇列的前端刪除資料如下圖：

①ptr = front;

②front = front->next;

③free(ptr);

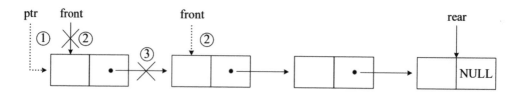

5-3　雙向佇列

雙向佇列（deque，double-ended queue）是一般佇列的延伸，其左右兩方均能進行 enqueue 和 dequeue 等動作，我們將左右兩方稱為**左佇列**與**右佇列**。

當使用陣列實作雙向佇列時，可以定義如下結構表示雙向佇列，其中 frontL 和 rearL 兩個變數用來記錄左佇列的前端與後端在哪個位置，初始值均為 -1，每次在左佇列刪除一個資料，frontL 的值就遞增 1，每次在左佇列新增一個資料，rearL 的值就遞增 1；相反的，frontR 和 rearR 兩個變數用來記錄右佇列的前端與後端在哪個位置，初始值均為 MAX_SIZE，每次在右佇列刪除一個資料，frontR 的值就遞減 1，每次在右佇列新增一個資料，rearL 的值就遞減 1。

```
/*定義雙向佇列最多可以存放 MAX_SIZE 個資料*/
#define MAX_SIZE 100

/*宣告 deque 是雙向佇列資料結構*/
typedef struct deq{
  char data[MAX_SIZE];      /*存放雙向佇列的資料*/
  int frontL;               /*記錄左佇列的前端*/
  int rearL;                /*記錄左佇列的後端*/
  int frontR;               /*記錄右佇列的前端*/
  int rearR;                /*記錄右佇列的後端*/
}deque;

queue Q;                    /*宣告一個雙向佇列 Q*/
Q.frontL = -1;              /*變數 frontL 的初始值為 -1*/
Q.rearL = -1;              /*變數 rearL 的初始值為 -1*/
Q.frontR = MAX_SIZE;        /*變數 frontR 的初始值為 MAX_SIZE*/
Q.rearR = MAX_SIZE;         /*變數 rearR 的初始值為 MAX_SIZE*/
```

假設 MAX_SIZE 等於 n，則雙向佇列的初始狀態如下：

在決定如何存放雙向佇列後，我們還要提供相關運算的定義及函數，原則上，一個完整的雙向佇列資料結構應該要提供下列運算的定義及函數：

◀ **判斷雙向佇列已滿** (isFull)：若 rearL == rearR，表示雙向佇列已滿。

◀ **判斷雙向佇列已空** (isEmpty)：若 rearL == frontL，表示左佇列已空；若 rearR == frontR，表示右佇列已空。

◀ enqueueL：將資料放入左佇列的後端 (rearL 先遞增 1，再寫入資料)。

◀ enqueueR：將資料放入右佇列的後端 (rearR 先遞減 1，再寫入資料)。

◀ dequeueL：從左佇列的前端拿出一個資料 (frontL 先遞增 1，再讀出資料)。

◀ dequeueR：從右佇列的前端拿出一個資料 (frontR 先遞減 1，再讀出資料)。

以下就為您示範如何在雙向佇列內新增資料或刪除資料：

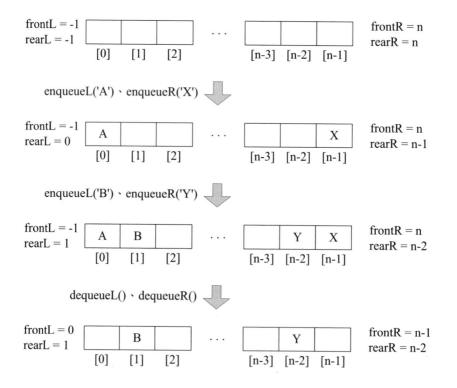

＼學習評量／

一、選擇題

( )1. 下列關於資料結構的敘述何者正確？

    A. 佇列可以用來處理遞迴呼叫　　B. 堆疊是 FIFO 串列

    C. 佇列是 FILO 串列　　D. 排隊買票是佇列的觀念

( )2. 下列何者不是使用鏈結串列實作佇列的優點？(複選)

    A. 可以隨機存取資料　　B. 更有彈性地使用記憶體

    C. 佇列的長度可以動態決定　　D. 實作方式比使用陣列簡單

( )3. 下列關於佇列的敘述何者正確？(複選)

    A. FILO　　B. FIFO

    C. 應用於工作排程　　D. 應用於資料反轉

( )4. 假設以環狀鏈結串列實作佇列，如下圖，其中 front 指向佇列的前端，
rear 指向佇列的後端，則下列何者表示進行一次 dequeue？

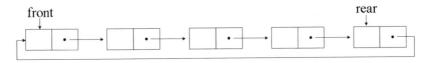

    A. front = rear->next;　　B. rear = front->next;

    C. rear->next = front->next;　　D. front->next = rear->next->next;

( )5. 下列哪組資料在被分別放入堆疊和佇列，然後再拿出的結果會相同？

    A. AABBCCDD　　B. ABCDABCD　　C. ABCDDCBA　　D. ABABABAB

二、練習題

1. 簡單說明何謂佇列？請您想想看，生活中有哪些例子屬於佇列的應用呢？

2. 簡單說明一個完整的佇列資料結構應該要提供哪些運算的定義及函數？

3. 簡單說明使用陣列和鏈結串列實作佇列的優缺點為何？

4. 在第 5-2-1 節所宣告的 queue 結構中，變數 front 的用途為何？初始值為何？其意義何在？又變數 rear 的用途為何？初始值為何？其意義何在？

5. 簡單說明為何發展出環狀佇列？以及環狀佇列為何保留一個空位不用？

6. 簡單說明何謂雙向佇列？

7. 簡單說明如何判斷雙向佇列已空？以及如何判斷雙向佇列已滿？

8. 假設環狀佇列的初始狀態如下圖，試問，在經過下面新增及刪除的動作後，front、rear 的值與環狀佇列的最終狀態為何？

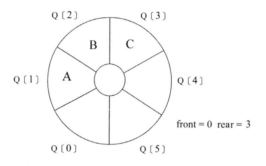

```
dequeue(&Q); dequeue(&Q); enqueue(&Q, 'D'); enqueue(&Q, 'E'); enqueue(&Q, 'F');
```

9. 假設下列函數欲在環狀佇列內新增資料，試問，空格的內容為何？

```c
void enqueue(queue *Q, char value)
{
  if ((Q->rear + 1) % MAX_SIZE == Q->front) printf("佇列已滿！");
  else Q->data[_____] = value;
}
```

10. 假設雙向佇列的初始狀態如下圖，試問，在經過下面新增及刪除的動作後，frontL、rearL、frontR、rearR 的值與雙向佇列的最終狀態為何？

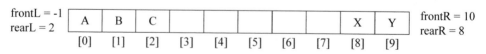

```
dequeueL();    enqueueR('P');  enqueueL('Q');  enqueueR('R');  dequeueL();
enqueueR('S'); enqueueR('T');
```

06
CHAPTER

樹狀結構

6-1 認識樹

樹（tree）是由一個或多個**節點**（node）所組成的有限集合，其特質如下：

◀　　有一個特殊節點，稱為**樹根**（root）。

◀　　其餘節點可以分成 n 個互斥集合 T_1、T_2、$\cdots$、T_n（$n \geq 0$），而且每個集合也都是一棵樹，稱為樹根的**子樹**（subtree）。

樹狀結構適合用來存放具有分支關係的資料，例如家族成員圖、機關企業的組織圖、運動項目的賽程表、事物的歸類分項等。以圖 6.1(a) 的家族成員圖為例，陳大明的子女有陳家榮和陳家美，陳家榮的子女有陳志明、陳志成和陳志玲，而圖 6.1(b) 是電腦軟體的歸類分項。

(a)

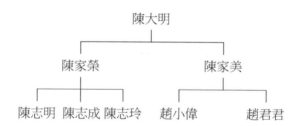

(b)

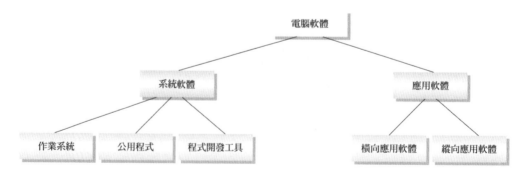

圖 6.1 (a) 家族成員圖 (b) 電腦軟體的歸類分項

6-1-1 　樹的相關名詞

我們以圖 6.2 為例，說明樹的相關名詞：

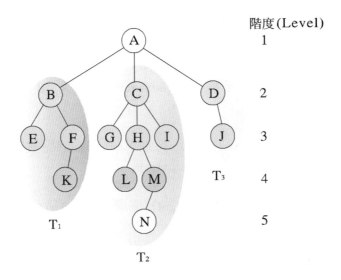

圖 6.2 樹

◀ 樹的每個圓圈代表一個**節點** (node)，裡面可以用來存放資料，而節點與
節點之間的直線稱為**邊** (edge)，例如圖 6.2 的樹有 14 個節點和 13 個邊，
節點裡面的資料是英文字母 A、B、…、N。

◀ 節點有幾棵子樹稱為**節點的分支度** (degree of a node)，例如 A 的分支度
為 3、B 的分支度為 2。

◀ 在樹的所有節點中，分支度最大者即為**樹的分支度** (degree of a tree)，例
如 A 和 C 的分支度最大，均為 3，故樹的分支度為 3。

◀ 分支度為零的節點稱為**終端節點** (terminal node) 或**樹葉** (leaf)，例如 E、
K、G、L、N、I、J 均為終端節點，也就是沒有子樹的節點，而終端節
點以外的節點稱為**非終端節點** (nonterminal node)，例如 A、B、C、D、
F、H、M 均為非終端節點。

◀ 某個節點的所有子樹的樹根均為其**子節點** (children)，例如 G、H、I 為 C 的子節點；相反的，若某甲為某乙的子節點，那麼某乙為某甲的**父節點** (parent)，例如 C 為 G、H、I 的父節點。

◀ 父節點相同的節點稱為**兄弟** (sibling)，例如 G、H、I 為兄弟。

◀ 從樹根往下到某個節點之前所經過的所有節點均為該節點的**祖先** (ancestor)，而該節點為**子孫** (descendant)，例如 A、B 均為 E 的祖先，而 E 為 A、B 的子孫。

◀ 從樹根開始，其**階度** (level) 為 1，每往下一層的節點，其階度就遞增 1，例如 A 的階度為 1，B、C、D 的階度為 2。

◀ 一棵樹的最大階度稱為**高度** (height) 或**深度** (depth)，例如圖 6.2 的樹，其高度或深度為 5。

◀ **樹林** (forest) 是由 n 棵互斥樹所組成的集合 (n ≥ 0)，事實上，樹林和樹類似，只要把樹的樹根去掉，剩下的便是樹林，例如圖 6.2 的樹若去掉 A，就會變成一個包含 T_1、T_2、T_3 三棵樹的樹林，如圖 6.3，其樹根分別為 B、C、D。

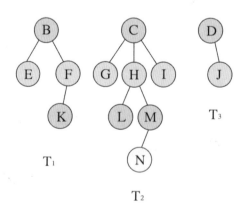

圖 6.3 樹林

範例 6.1 [V = E + 1] 假設樹的節點個數為 V、邊數為 E，試證明 V = E + 1，即節點個數等於邊數加 1。

解答：我們使用數學歸納法來加以證明：

1. 當 V = 1 時，E = 0，故 V = E + 1 成立。

2. 假設當 $1 \leq V \leq k$ 時，V = E + 1 成立。

3. 證明當 V = k + 1 時，V = E + 1 亦成立。

假設樹的樹根有 n 棵子樹 T_1、T_2、…、T_n，其節點個數為 V_1、V_2、…、V_n，邊數為 E_1、E_2、…、E_n，$V_1 + V_2 + \cdots + V_n = k$，加上樹根後共有 k + 1 個節點，每棵子樹均藉由一個邊和樹根相連，因此，將這 n 棵子樹連接到樹根總共需要 n 個邊，如下圖：

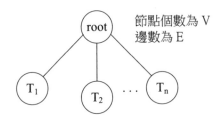

已知　$V_1 = E_1 + 1$ .... ①

　　　$V_2 = E_2 + 1$ .... ②

　　　…

　　　$V_n = E_n + 1$ .... ⓝ

而　　$V = V_1 + V_2 + \cdots + V_n + 1$ .... ⓐ

　　　$E = E_1 + E_2 + \cdots + E_n + n$ .... ⓑ

將① ~ ⓝ代入ⓐ，得到 $V = E_1 + E_2 + \cdots + E_n + n + 1$ .... ⓒ

將ⓑ代入ⓒ，得到 V = E + 1，故得證。

6-1-2　樹的表示方式

我們可以使用串列表示樹，例如下圖的樹可以表示成 (A(B(E, F(K)), C(G, H(L, M(N)), I), D(J)))，其中 D 有一個子節點 J，M 有一個子節點 N，H 有兩個子節點 L、M，C 有三個子節點 G、H、I，⋯，依此類推，直到 A 有三個子節點 B、C、D。

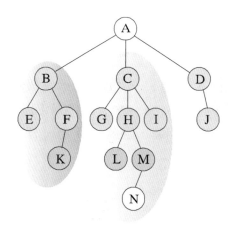

至於每個節點在記憶體的儲存方式，我們可以使用如下結構，其中 data 欄位用來存放節點的資料，link1、link2、⋯、link$n$ 等欄位用來存放節點的鏈結，這是指向子節點的指標。

data	link1	link2	⋯	link$n$

顯然鏈結欄位的個數取決於樹的分支度，一個節點個數為 V、分支度為 n 的樹將有 n×V 個鏈結欄位，但事實上，有使用到的鏈結欄位卻只有 V-1 個（即等於邊數），這表示有 n×V-(V-1) 個鏈結欄位是空的，相當沒有效率。

為了節省記憶體，我們通常會將一般樹轉換為**二元樹** (binary tree)，以便將節點的欄位限制為三個，如下，其中 data 欄位用來存放節點的資料，lchild 欄位用來存放節點的左鏈結（指向左子樹），lchild 欄位用來存放節點的右鏈結（指向右子樹），下一節有進一步的討論。

lchild	data	rchild

＼隨堂練習／

1. 針對下圖的樹回答問題：

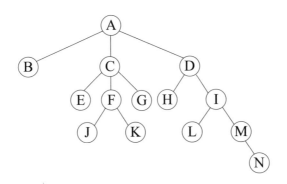

(1) 該樹的節點個數為何？邊數為何？這是否符合範例 6.1 的 V = E + 1？

(2) 該樹的終端節點個數為何？非終端節點個數為何？兩者之和是否等於該樹的節點個數？

(3) 該樹的高度為何？分支度為何？

(4) 節點 L 的父節點為何？祖先為何？

(5) 節點 F 的階度為何？分支度為何？

(6) 節點 B 的兄弟為何？

(7) 使用串列表示該樹。

2. 假設使用串列表示某棵樹為 $(A(B(D, E(G, H)), C(F(I))))$，請描繪該樹。

3. 假設某棵樹的節點個數為 15、分支度為 5，試問，當我們使用如下結構存放節點時，總共需要幾個鏈結欄位？其中有幾個鏈結欄位是空的？

data	link1	link2	⋯	link$n$

6-2　二元樹

二元樹（binary tree）是每個節點最多有兩個子節點的樹，節點的左邊稱為**左子樹**（left child），節點的右邊稱為**右子樹**（right child），圖 6.4 即為一例。

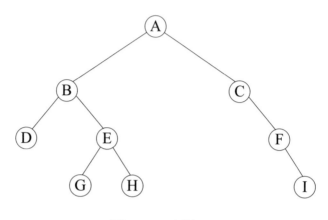

圖 6.4 二元樹

二元樹和樹的差別如下：

◀　　二元樹可以是空集合，而樹必須至少有一個樹根，不可以是空集合。

◀　　二元樹的節點分支度為 $0 \le d \le 2$，而樹的非終端節點分支度為 $d \neq 0$。

◀　　二元樹會以左右子樹或左右節點來區分順序，而樹無順序之分。

以圖 6.5(a)、(b) 為例，這雖然是兩棵相同的樹，卻是兩棵不同的二元樹，因為二元樹會以左右子樹或左右節點來區分順序。

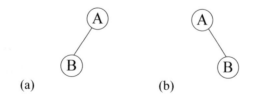

圖 6.5 兩棵不同的二元樹

範例 6.2 證明二元樹第 i 階的最多節點個數為 2^{i-1}，$i \geq 1$。

解答：我們使用數學歸納法來加以證明：

1. 當 i = 1 時，第 1 階最多只有樹根一個節點，故 $2^{i-1} = 2^{1-1} = 2^0 = 1$ 成立。

2. 假設當 $1 \leq i < k$ 時，第 i 階的最多節點個數為 2^{i-1} 成立，故第 k - 1 階的最多節點個數為 2^{k-2}。

3. 證明當 i = k 時，第 i 階的最多節點個數為 2^{i-1} 亦成立。由於第 k - 1 階的最多節點個數為 2^{k-2}，而二元樹的每個節點最多有兩個子節點，故第 k 階的最多節點個數為 $2^{k-2} \times 2 = 2^{k-1}$。

範例 6.3 證明高度為 h 之二元樹的最多節點個數為 $2^h - 1$，$h \geq 1$。

解答：由於二元樹第 i 階的最多節點個數為 2^{i-1}，因此，對高度為 h 的二元樹來說，全部存滿的話，總共有 $2^0 + 2^1 + \cdots + 2^{h-1} = 2^h - 1$ 個節點。

例如圖 6.6 是一個高度為 4 且全部存滿的二元樹，它的節點個數為 $2^4 - 1 = 15$，編號為 0 ~ 14，而且第 1、2、3、4 階的節點個數分別為 2^{1-1}、2^{2-1}、2^{3-1}、2^{4-1}。事實上，這種全部存滿的二元樹就叫做**完滿二元樹**（full binary tree）。

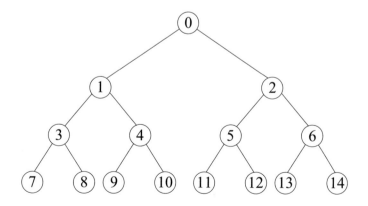

圖 6.6 高度為 4 的完滿二元樹

範例 6.4　證明高度為 h 之二元樹的最少節點個數為 h，h ≥ 1。

解答：當二元樹的每一階都各只有一個節點時，其節點個數最少，故高度為 h 之二元樹的最少節點個數為 h，例如圖 6.7 是兩個高度為 4 且節點個數最少的 二元樹，它的最少節點個數等於其高度 4。事實上，這種向左或向右傾斜的二 元樹就叫做**傾斜二元樹**（skewed binary tree）。

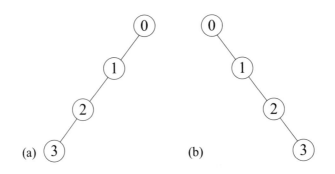

圖 6.7 高度為 4 的傾斜二元樹

範例 6.5　假設有一個非空的二元樹 T，其分支度為 0 的節點個數為 n_0，其 分支度為 2 的節點個數為 n_2，試證明 $n_0 = n_2 + 1$（例如圖 6.6 的 n_0、 n_2 為 8、7，圖 6.7 的 n_0、n_2 為 1、0，兩者均符合 $n_0 = n_2 + 1$）。

解答：首先，假設二元樹 T 的節點個數為 V、邊數為 E、分支度為 1 的節點個 數為 n_1，則：

$V = E + 1$ ┈┈┈┈┈┈┈┈┈┈┈┈┈ ①

$V = n_0 + n_1 + n_2$ ┈┈┈┈┈┈┈┈┈┈┈ ②

接著，分支度為 1 的節點有一個邊，而分支度為 2 的節點有兩個邊，則：

$E = n_1 + 2n_2$ ┈┈┈┈┈┈┈┈┈┈┈┈ ③

繼續，將③代入①，則：

$V = n_1 + 2n_2 + 1$ ┈┈┈┈┈┈┈┈┈┈ ④

最後，將②代入④，則：

$n_0 = n_2 + 1$，故得證。

6-2-1　完滿二元樹 vs.完整二元樹

完滿二元樹（full binary tree）指的是高度為 h 且節點個數為 $2^h - 1$ 的二元樹，也就是全部存滿的二元樹，例如圖 6.8(a) 是高度為 3 且節點個數為 $2^3 - 1$ (7) 的完滿二元樹，編號為 0 ~ 6，而圖 6.8(b) 是高度為 4 且節點個數為 $2^4 - 1$ (15) 的完滿二元樹，編號為 0 ~ 14。

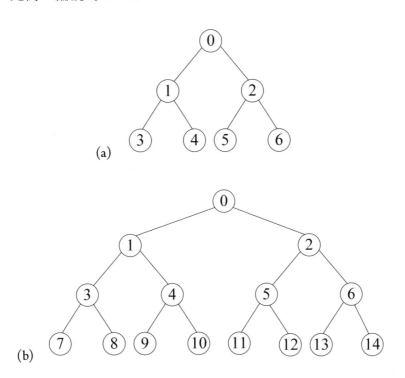

圖 6.8 (a) 高度為 3 的完滿二元樹　(b) 高度為 4 的完滿二元樹

完整二元樹（complete binary tree）指的是高度為 h、節點個數為 n 且節點順序對應至高度為 h 之完滿二元樹的節點編號 0 ~ n - 1，例如圖 6.9(a) 是高度為 3、節點個數為 6 的完整二元樹，其節點順序對應至高度為 3 之完滿二元樹的節點編號 0 ~ 5，而圖 6.9(b) 是高度為 4、節點個數為 12 的完整二元樹，其節點順序對應至高度為 4 之完滿二元樹的節點編號 0 ~ 11。

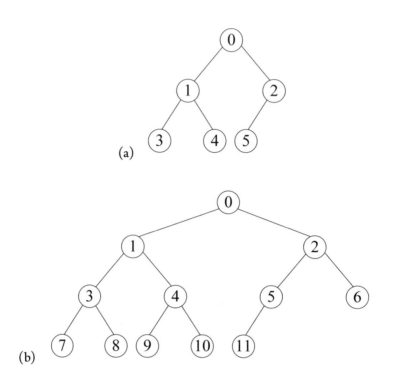

圖 6.9 (a) 高度為 3 的完整二元樹　(b) 高度為 4 的完整二元樹

假設完整二元樹的節點個數為 n 且節點依照 0 ~ n - 1 的順序編號，則其任意節點 i (0 ≤ i ≤ n - 1) 具有下列特質：

◀　若 i = 0，表示節點 i 為樹根，沒有父節點，否則節點 i 的父節點為 $\lfloor (i - 1)/2 \rfloor$ (即小於等於 (i - 1)/2 的最大正整數)，例如節點 5 的父節點為 $\lfloor (5 - 1)/2 \rfloor$ (即節點 2)。

◀　若 2i + 1 ≥ n，表示節點 i 沒有左子節點，否則節點 i 的左子節點為 2i + 1。

◀　若 2i + 2 ≥ n，表示節點 i 沒有右子節點，否則節點 i 的右子節點為 2i + 2。

範例 6.6 證明節點個數為 n 之完整二元樹的高度為 $\lfloor \log_2 n \rfloor + 1$。

解答：假設完整二元樹的高度為 h，已知完整二元樹的最少節點個數為高度為 h - 1 之完滿二元樹的節點個數加 1，即 $2^{h-1} - 1 + 1 = 2^{h-1}$（圖 6.10(a)），最多節點個數為高度為 h 之完滿二元樹的節點個數 $2^h - 1$（圖 6.10(b)），則：

$$2^{h-1} \leq n \leq 2^h - 1$$
$$\implies 2^{h-1} \leq n < 2^h$$
$$\implies \log_2(2^{h-1}) \leq \log_2(n) < \log_2(2^h)$$
$$\implies h - 1 \leq \log_2(n) < h$$
$$\implies \lfloor \log_2 n \rfloor = h - 1$$
$$\implies h = \lfloor \log_2 n \rfloor + 1$$

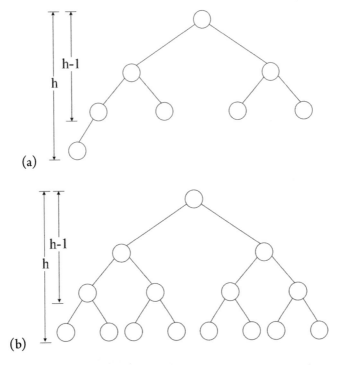

圖 6.10 (a) 節點最少的情況 (b) 節點最多的情況

6-2-2 二元樹的表示方式

使用陣列實作二元樹

我們可以使用陣列存放二元樹,然後依照二元樹的高度由上到下、由左到右,第一個位置存放第一個階度的節點 (樹根),第二個位置存放第二個階度的左節點,第三個位置存放第二個階度的右節點,第四 ~ 七個位置存放第三個階度由左到右的節點,…,依此類推,下圖是一個例子,其中 -- 表示缺的節點。

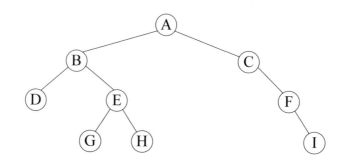

[0]	[1]	[2]	[3]	[4]	[5]	[6]	[7]	[8]	[9]	[10]	[11]	[12]	[13]	[14]
A	B	C	D	E	--	F	--	--	G	H	--	--	--	I

當二元樹呈現完整或左右平衡 (樹根的兩個子樹高度相同) 時,這種方式就比較不會浪費記憶體,下圖是一個例子。

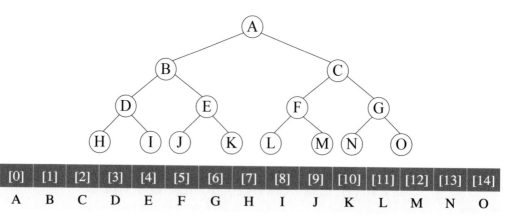

[0]	[1]	[2]	[3]	[4]	[5]	[6]	[7]	[8]	[9]	[10]	[11]	[12]	[13]	[14]
A	B	C	D	E	F	G	H	I	J	K	L	M	N	O

相反的，當二元樹呈現稀疏或左右不平衡時，這種方式就比較浪費記憶體，下圖是一個例子。

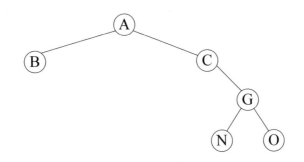

[0]	[1]	[2]	[3]	[4]	[5]	[6]	[7]	[8]	[9]	[10]	[11]	[12]	[13]	[14]
A	B	C	--	--	--	G	--	--	--	--	--	--	N	O

使用陣列存放二元樹的優點如下：

◀ 容易實作。

◀ 可以快速找出任意節點的父節點、左右子節點及兄弟節點存放在哪個位置，以上圖為例，已知節點 G 在編號 6 的位置，則其父節點在編號 $\lfloor (6 - 1) \rfloor /2 = 2$ 的位置 (即節點 C)，左子節點在編號 $2 \times 6 + 1 = 13$ 的位置 (即節點 N)，右子節點在編號 $2 \times 6 + 2 = 14$ 的位置 (即節點 O)，而兄弟節點的位置取決於節點的編號為奇數或偶數，當節點的編號為奇數時，其兄弟節點是在加 1 的位置，當節點的編號為偶數時，其兄弟節點是在減 1 的位置。

使用陣列存放二元樹的缺點如下：

◀ 可能會浪費記憶體，尤其是當二元樹呈現稀疏或左右不平衡時。

◀ 增加或刪除節點時可能需要搬移多個節點。

使用鏈結串列實作二元樹

我們也可以使用鏈結串列存放二元樹，此時，每個節點的結構如下，其中 data 欄位用來存放節點的資料，lchild 欄位用來存放節點的左鏈結 (指向左子樹)，rchild 欄位用來存放節點的右鏈結 (指向右子樹)。

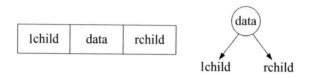

```
/*宣告 tree_node 是二元樹的節點*/
typedef struct node{
  struct node *lchild;        /*節點的左鏈結欄位*/
  char data;                  /*節點的資料欄位*/
  struct node *rchild;        /*節點的右鏈結欄位*/
}tree_node;

/*宣告 tree_pointer 是指向節點的指標*/
typedef tree_node *tree_pointer;
```

有了前述的節點結構後，我們可以使用鏈結串列將圖 6.11 的二元樹表示成如圖 6.12。

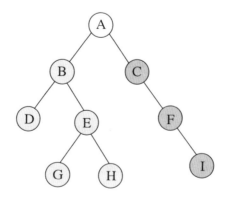

圖 6.11 二元樹

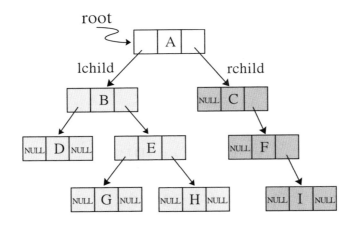

圖 6.12 使用鏈結串列表示圖 6.11 的二元樹

6-2-3　將樹轉換為二元樹

我們可以將樹轉換為二元樹，其步驟如下：

1.　將節點的兄弟節點連接在一起。

2.　除了最左邊子節點的邊予以保留之外，其它子節點的邊均刪除。

3.　順時針旋轉 45 度。

範例 6.7　將下面的樹轉換為二元樹。

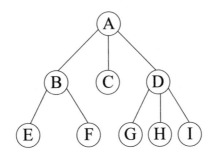

解答：

1. 將節點的兄弟節點連接在一起。

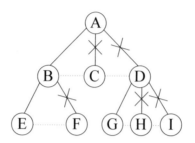

2. 除了最左邊子節點的邊予以保留之外，其它子節點的邊均刪除。

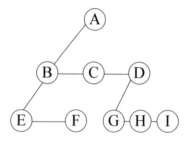

3. 順時針旋轉 45 度。

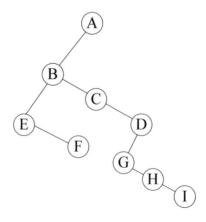

＼隨 堂 練 習／

1. 下圖是二元樹嗎？若不是，其理由何在？請試著將它轉換為二元樹。

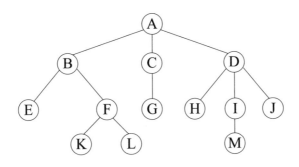

2. 節點個數為 31 及 32 之完整二元樹的高度分別為何？

3. 假設在一棵二元樹中，分支度為 0 的節點有 40 個，那麼分支度為 2 的節點有幾個？

4. 針對下圖的二元樹回答問題：

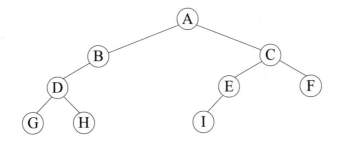

(1) 該樹有幾個分支度為 0 的節點？該樹有幾個分支度為 2 的節點？這是否符合範例 6.5 所證明的 $n_0 = n_2 + 1$？

(2) 畫出使用陣列存放該樹的結果。

(3) 畫出使用鏈結串列存放該樹的結果。

6-3 二元樹的運算

在決定如何存放二元樹後,我們還要提供相關運算的定義及函數,原則上,一個完整的二元樹資料結構應該要提供新增節點、刪除節點、走訪等運算的定義及函數。

6-3-1 走訪二元樹

走訪 (traversal) 指的是將樹狀結構的每個節點都拜訪一次,而且僅限一次,至於走訪的方式則有下列三種:

◀ **中序走訪** (inorder traversal):若樹根不是空節點,則走訪步驟如下:

    1. 以中序走訪的方式拜訪左子樹。

    2. 拜訪樹根。

    3. 以中序走訪的方式拜訪右子樹。

◀ **前序走訪** (preorder traversal):若樹根不是空節點,則走訪步驟如下:

    1. 拜訪樹根。

    2. 以前序走訪的方式拜訪左子樹。

    3. 以前序走訪的方式拜訪右子樹。

◀ **後序走訪** (postorder traversal):若樹根不是空節點,則走訪步驟如下:

    1. 以後序走訪的方式拜訪左子樹。

    2. 以後序走訪的方式拜訪右子樹。

    3. 拜訪樹根。

以下圖的二元樹為例,其走訪結果如下:

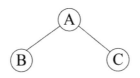

中序走訪：**BAC**

前序走訪：**ABC**

後序走訪：**BCA**

範例 6.8 [**中序走訪**] 撰寫一個函數實作二元樹的中序走訪運算。

```c
void inorder(tree_pointer root)
{
  if (root){
    inorder(root->lchild);
    printf("%d ", root->data);
    inorder(root->rchild);
  }
}
```

範例 6.9 [**前序走訪**] 撰寫一個函數實作二元樹的前序走訪運算。

```c
void preorder(tree_pointer root)
{
  if (root){
    printf("%d ", root->data);
    preorder(root->lchild);
    preorder(root->rchild);
  }
}
```

範例 6.10 [**後序走訪**] 撰寫一個函數實作二元樹的後序走訪運算。

```c
void postorder(tree_pointer root)
{
  if (root){
    postorder(root->lchild);
    postorder(root->rchild);
    printf("%d", root->data);
  }
}
```

我們以下圖的二元樹為例，實際演練一次中序走訪的過程：

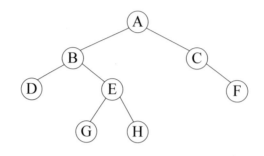

拜訪 A 的左子樹
　拜訪 B 的左子樹
　　拜訪 D 的左子樹，空子樹停止
　　拜訪 D
　　拜訪 D 的右子樹，空子樹停止
　拜訪 B
　拜訪 B 的右子樹
　　拜訪 E 的左子樹
　　　拜訪 G 的左子樹，空子樹停止
　　　拜訪 G
　　　拜訪 G 的右子樹，空子樹停止
　　拜訪 E
　　拜訪 E 的右子樹
　　　拜訪 H 的左子樹，空子樹停止
　　　拜訪 H
　　　拜訪 H 的右子樹，空子樹停止
拜訪 A
拜訪 A 的右子樹
　拜訪 C 的左子樹，空子樹停止
　拜訪 C
　拜訪 C 的右子樹
　　拜訪 F 的左子樹，空子樹停止
　　拜訪 F
　　拜訪 F 的右子樹，空子樹停止

根據上述的走訪過程，得到中序走訪結果為 **DBGEHACF**。

我們以下圖的二元樹為例，實際演練一次前序走訪的過程：

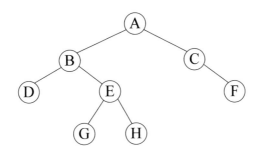

拜訪 A
拜訪 A 的左子樹
　拜訪 B
　拜訪 B 的左子樹
　　拜訪 D
　　拜訪 D 的左子樹，空子樹停止
　　拜訪 D 的右子樹，空子樹停止
　拜訪 B 的右子樹
　　拜訪 E
　　拜訪 E 的左子樹
　　　拜訪 G
　　　拜訪 G 的左子樹，空子樹停止
　　　拜訪 G 的右子樹，空子樹停止
　　拜訪 E 的右子樹
　　　拜訪 H
　　　拜訪 H 的左子樹，空子樹停止
　　　拜訪 H 的右子樹，空子樹停止
拜訪 A 的右子樹
　拜訪 C
　拜訪 C 的左子樹，空子樹停止
　拜訪 C 的右子樹
　　拜訪 F
　　拜訪 F 的左子樹，空子樹停止
　　拜訪 F 的右子樹，空子樹停止

根據上述的走訪過程，得到前序走訪結果為 ABDEGHCF。

我們以下圖的二元樹為例，實際演練一次後序走訪的過程：

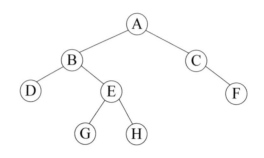

拜訪 A 的左子樹
　拜訪 B 的左子樹
　　拜訪 D 的左子樹，空子樹停止
　　拜訪 D 的右子樹，空子樹停止
　　拜訪 D
　拜訪 B 的右子樹
　　拜訪 E 的左子樹
　　　拜訪 G 的左子樹，空子樹停止
　　　拜訪 G 的右子樹，空子樹停止
　　　拜訪 G
　　拜訪 E 的右子樹
　　　拜訪 H 的左子樹，空子樹停止
　　　拜訪 H 的右子樹，空子樹停止
　　　拜訪 H
　　拜訪 E
　拜訪 B
拜訪 A 的右子樹
　拜訪 C 的左子樹，空子樹停止
　拜訪 C 的右子樹
　　拜訪 F 的左子樹，空子樹停止
　　拜訪 F 的右子樹，空子樹停止
　　拜訪 F
　拜訪 C
拜訪 A

根據上述的走訪過程，得到後序走訪結果為 **DGHEBFCA**。

6-3-2 決定二元樹

由於每棵二元樹都有一對唯一的中序與前序走訪，或一對唯一的中序與後序走訪，因此，我們可以據此決定一棵唯一的二元樹。

範例 6.11 [決定二元樹] 假設二元樹的中序與前序走訪分別為 DBEACGFH、ABDECFGH，試據此推算出該二元樹。

1. 由前序走訪可知，A 為該二元樹的樹根；由中序走訪可知，DBE 為 A 的左子樹，CGFH 為 A 的右子樹。

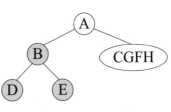

2. 由前序走訪可知，B 為 DBE 的樹根；由中序走訪可知，D 為 B 的左子節點，E 為 B 的右子節點。

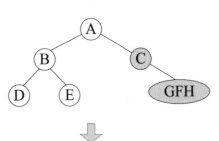

3. 由前序走訪可知，C 為 CGFH 的樹根；由中序走訪可知，GFH 為 C 的右子樹。

4. 由前序走訪可知，F 為 GFH 的樹根；由中序走訪可知，G 為 F 的左子節點，H 為 F 的右子節點。

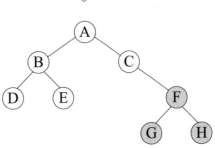

範例 6.12 [決定二元樹] 假設二元樹的中序與後序走訪分別為 DBEACGFH、
DEBGHFCA，試據此推算出該二元樹。

1. 由後序走訪可知，A 為該二元樹的樹
根；由中序走訪可知，DBE 為 A 的左
子樹，CGFH 為 A 的右子樹。

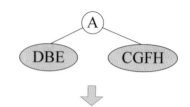

2. 由後序走訪可知，B 為 DBE 的樹根；
由中序走訪可知，D 為 B 的左子節點，
E 為 B 的右子節點。

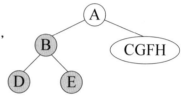

3. 由後序走訪可知，C 為 CGFH 的樹
根；由中序走訪可知，GFH 為 C 的
右子樹。

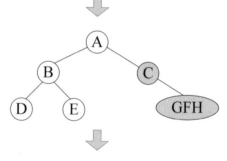

4. 由後序走訪可知，F 為 GFH 的樹根；
由中序走訪可知，G 為 F 的左子節點，
H 為 F 的右子節點。

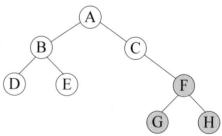

＼隨 堂 練 習／

1.　針對下圖的二元樹寫出其中序、前序與後序走訪的結果。

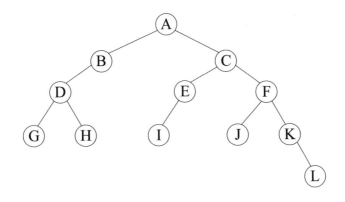

2.　針對上圖的二元樹畫出使用陣列存放該樹的結果。

3.　針對上圖的二元樹畫出使用鏈結串列存放該樹的結果。

4.　假設二元樹的中序與前序走訪分別為 DBFEAHCGI、ABDEFCHGI，試據此推算出該二元樹。

5.　假設二元樹的中序與後序走訪分別為 HFIDGBEAC、HIFGDEBCA，試據此推算出該二元樹。

6-4　二元搜尋樹

二元搜尋樹（binary search tree）是形式特殊的二元樹，它必須滿足下列條件：

◀　每個節點包含唯一的鍵值 (key)。

◀　左右子樹亦為二元搜尋樹。

◀　左子樹的鍵值必須小於其樹根的鍵值。

◀　右子樹的鍵值必須大於其樹根的鍵值。

例如圖 6.13 是一棵二元搜尋樹，而圖 6.14 不是，因為它的鍵值不是唯一的。

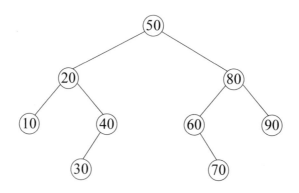

圖 6.13 二元搜尋樹

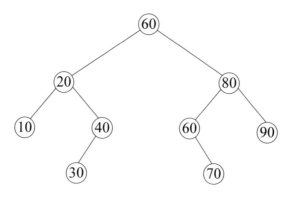

圖 6.14 非二元搜尋樹

由於二元搜尋樹的中序走訪結果剛好會使得資料由小到大排序，例如圖 6.13 的中序走訪結果為 (10, 20, 30, 40, 50, 60, 70, 80, 90)，因此，只要將資料整理成二元搜尋樹，就能快速找到資料。

此外，二元搜尋樹既然是一種形式特殊的二元樹，換句話說，我們在前幾節所討論的關於二元樹的運算亦適用於二元搜尋樹。

6-4-1 搜尋節點

在二元搜尋樹搜尋節點的演算法是先和樹根做比較，若指定的鍵值小於樹根，就以同樣的方式搜尋樹根的左子樹，若指定的鍵值大於樹根，就以同樣的方式搜尋樹根的右子樹，左右子樹均據此定義遞迴地搜尋下去。

範例 6.13 寫出在圖 6.13 的二元搜尋樹搜尋鍵值 70 的過程。

解答：第一次比較：鍵值 70 和樹根 50 做比較，70 大於 50，故移往右子樹。

第二次比較：鍵值 70 和樹根 80 做比較，70 小於 80，故移往左子樹。

第三次比較：鍵值 70 和樹根 60 做比較，70 大於 60，故移往右子樹。

第四次比較：鍵值 70 和樹根 70 做比較，70 等於 70，故搜尋成功。

範例 6.14 寫出在圖 6.13 的二元搜尋樹搜尋鍵值 35 的過程。

解答：第一次比較：鍵值 35 和樹根 50 做比較，35 小於 50，故移往左子樹。

第二次比較：鍵值 35 和樹根 20 做比較，35 大於 20，故移往右子樹。

第三次比較：鍵值 35 和樹根 40 做比較，35 小於 40，故移往左子樹。

第四次比較：鍵值 35 和樹根 30 做比較，35 大於 30，欲移往右子樹，但右子樹為 NULL，故搜尋失敗。

範例 6.15 [搜尋節點] 以迭代的方式撰寫一個函數在二元搜尋樹搜尋節點。

解答：這個函數的時間複雜度為 $O(h)$，其中 h 為二元搜尋樹的高度，換句話說，無論搜尋成功或失敗，最多需要比較 h 次。

```
/*這個函數會根據指定的鍵值進行搜尋，成功就傳回該節點的指標，失敗則傳回 NULL*/
tree_pointer search(tree_pointer root, int key)
{
  tree_pointer current = root;
  while (current){
    if (key == current->data) return current;
    if (key < current->data)
      current = current->lchild;
    else
      current = current->rchild;
  }
  return NULL;
}
```

範例 6.16 [搜尋節點] 以遞迴的方式撰寫一個函數在二元搜尋樹搜尋節點。

解答：

```
/*這個函數會根據指定的鍵值進行搜尋，成功就傳回該節點的指標，失敗則傳回 NULL*/
tree_pointer search2(tree_pointer root, int key)
{
  if (!root) return NULL;
  if (key == root->data) return root;
  if (key < root->data)
    return search2(root->lchild, key);
  else
    return search2(root->rchild, key);
}
```

6-4-2 插入節點

在二元搜尋樹插入節點的演算法是先和樹根做比較，若新節點小於樹根，就以同樣的方式移往樹根的左子樹，若新節點大於樹根，就以同樣的方式移往樹根的右子樹，直到抵達子樹的尾端，再將新節點加入子樹的尾端。

範例 6.17 [**建構二元搜尋樹**] 將數字串列 (25, 30, 24, 58, 45, 26, 12, 14) 建構為二元搜尋樹。

解答：建構二元搜尋樹其實很簡單，就是一一插入節點，其步驟如下：

1. 插入 25 (二元搜尋樹是空的，故將 25 當作樹根)

2. 插入 30 (30 大於 25，故移往右子樹)

3. 插入 24 (24 小於 25，故移往左子樹)

4. 插入 58 (58 大於 25，故移往右子樹；58 大於 30，故移往右子樹)

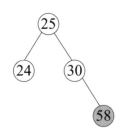

5. 插入 45 (45 大於 25，故移往右子
    樹；45 大於 30，故移往右子樹；
    45 小於 58，故移往左子樹)

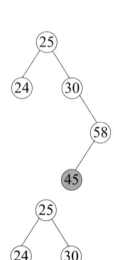

6. 插入 26 (26 大於 25，故移往右子
    樹；26 小於 30，故移往左子樹)

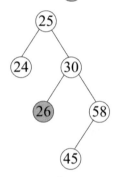

7. 插入 12 (12 小於 25，故移往左子
    樹；12 小於 24，故移往左子樹)

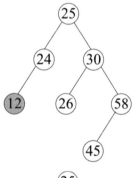

8. 插入 14 (14 小於 25，故移往左子
    樹；14 小於 24，故移往左子樹，
    14 大於 12，故移往右子樹)

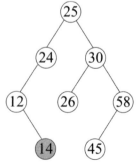

在建構二元搜尋樹的過程中，我們發現即使是資料相同，但只要順序不同，所建構出來的二元搜尋樹就可能會不同。舉例來說，假設將數字串列 (25, 30, 24, 58, 45, 26, 12, 14) 變更為 (25, 30, 24, 58, 45, 26, 14, 12)，後面兩個資料的順序交換，則建構出來的二元搜尋樹如下。

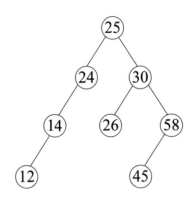

此外，當資料已經由大到小排序或由小到大排序時，所建構出來的二元搜尋樹將是一棵傾斜樹。舉例來說，假設將數字串列 (25, 30, 24, 58, 45, 26, 12, 14) 變更為 (12, 14, 24, 25, 26, 30, 45, 58)，資料由小到大排序，則建構出來的二元搜尋樹如下。

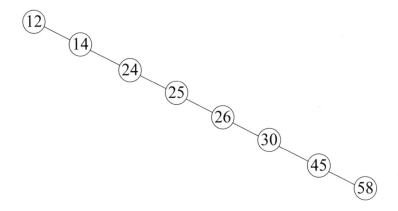

範例 6.18 [實作二元搜尋樹] 撰寫一個程式實作二元搜尋樹的相關運算，包括中序走訪、搜尋節點、插入節點等函數，然後在主程式中一一插入 25、30、24、58、45、26、12、14 等節點，再印出該二元搜尋樹的中序走訪結果。

解答：這個程式包含下列幾個重要的函數：

◀ inorder(tree_pointer root) 會印出二元樹的中序走訪結果。

◀ tree_pointer search(tree_pointer root, int key) 會根據參數 key 指定的鍵值在二元搜尋樹搜尋節點，成功就傳回指向該節點的指標，失敗則傳回 NULL。

◀ tree_pointer insert(tree_pointer root, int key) 會在二元搜尋樹插入節點，然後傳回指向樹根的指標。為了檢查新節點是否已經存在，insert() 函數會先呼叫 search() 函數進行搜尋，若傳回值不為 NULL，表示已經存在，就印出錯誤訊息並傳回樹根，否則將新節點插入二元搜尋樹，而且在此同時，必須檢查是否為空樹，若為空樹，就將新節點當作樹根，否則將新節點與樹根做比較，小於樹根就移往左子樹，大於樹根就移往右子樹，重複與子樹的樹根做比較，直到抵達子樹的尾端，再將新節點插入子樹的尾端。

\Ch06\bstree.c （下頁續 1/3）

```c
#include <stdio.h>
#include <stdlib.h>
/*宣告 tree_node 是二元樹的節點*/
typedef struct node{
  struct node *lchild;        /*節點的左鏈結欄位*/
  char data;                  /*節點的資料欄位*/
  struct node *rchild;        /*節點的右鏈結欄位*/
}tree_node;

/*宣告 tree_pointer 是指向節點的指標*/
typedef tree_node *tree_pointer;
```

\Ch06\bstree.c (下頁續 2/3)

```c
/*這個函數會印出二元樹的中序走訪結果*/
void inorder(tree_pointer root)
{
  if (root){
    inorder(root->lchild);
    printf("%d ", root->data);
    inorder(root->rchild);
  }
}
```

```c
/*這個函數會根據參數 key 指定的鍵值在二元搜尋樹搜尋節點*/
tree_pointer search(tree_pointer root, int key)
{
  tree_pointer current;
  current = root;
  while (current){
    if (key == current->data) return current;
    if (key < current->data) current = current->lchild;
    else current = current->rchild;
  }
  return NULL;
}
```

```c
/*這個函數會在二元搜尋樹插入節點*/
tree_pointer insert(tree_pointer root, int key)
{
  tree_pointer ptr, current, previous;
  if (search(root, key)){                    /*搜尋新節點是否已經存在*/
    printf("資料已存在，無法再插入節點！"); /*是就印出錯誤訊息並傳回樹根*/
    return root;
  }
  ptr = (tree_pointer)malloc(sizeof(tree_node)); /*否則將新節點插入二元搜尋樹*/
  ptr->data = key;
  ptr->lchild = NULL;
  ptr->rchild = NULL;
```

\Ch06\bstree.c (接上頁 3/3)

```
  if (!root) root = ptr;        /*若為空樹，就將新節點當作樹根*/
  else{                         /*否則根據其大小將新節點插入子樹的尾端*/
    current = root;
    while (current){
      previous = current;
      if (ptr->data < current->data) current = current->lchild;
      else current = current->rchild;
    }
    if (ptr->data < previous->data) previous->lchild = ptr;
    else previous->rchild = ptr;
  }
  return root;
}

/*主程式*/
int main()
{
  /*呼叫 insert() 函數——插入 25、30、24、58、45、26、12、14 等節點*/
  tree_pointer root = NULL;
  root = insert(root, 25);
  root = insert(root, 30);
  root = insert(root, 24);
  root = insert(root, 58);
  root = insert(root, 45);
  root = insert(root, 26);
  root = insert(root, 12);
  root = insert(root, 14);
  /*印出二元搜尋樹的中序走訪結果*/
  inorder(root);
}
```

```
[Running] cd "c:\Users\Jean\Documents\Samples\Ch06\" &&
gcc bstree.c -o bstree &&
"c:\Users\Jean\Documents\Samples\Ch06\"bstree
12 14 24 25 26 30 45 58
[Done] exited with code=0 in 0.27 seconds
```

6-4-3　刪除節點

假設要在二元搜尋樹刪除節點，可以分成下列三種情況來討論：

◀　**情況一**：當欲刪除的節點是樹葉時，直接刪除該節點即可。舉例來說，
　　假設要在圖 6.15(a) 的二元搜尋樹刪除節點 14，由於節點 14 為樹葉，故
　　直接刪除節點 14 即可，得到圖 6.15(b) 的結果。

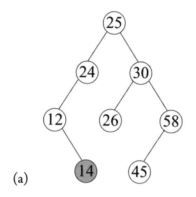

(a)

⬇ 刪除節點 14

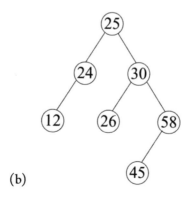

(b)

圖 6.15 在二元搜尋樹刪除節點 (情況一)

◀ **情況二**：當欲刪除的節點有一棵子樹時，將其父節點的指標改指向其子
節點，然後刪除該節點即可。舉例來說，假設要在圖 6.16(a) 的二元搜
尋樹刪除節點 12，由於節點 12 有一棵子樹，故將其父節點 24 的指標改
指向其子節點 14，然後刪除節點 12 即可，得到圖 6.16(b) 的結果。

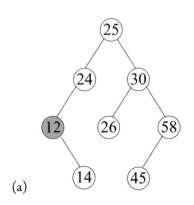

(a)

刪除節點 12

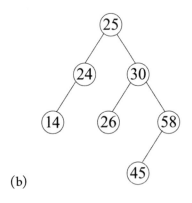

(b)

圖 6.16 在二元搜尋樹刪除節點 (情況二)

◀ **情況三：**當欲刪除的節點有兩棵子樹時，以該節點的左子樹中最大節點
或右子樹中最小節點填入其位置，然後刪除該節點即可。舉例來說，假
設要在圖 6.17(a) 的二元搜尋樹刪除節點 25，由於節點 25 有兩棵子樹，
故以節點 25 的左子樹中最大節點 24 填入其位置，然後刪除節點 25 即可，
得到圖 6.17(b) 的結果。

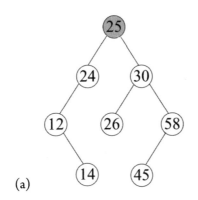

(a)

▼ 刪除節點 25

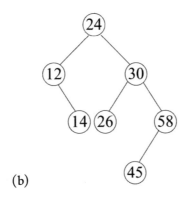

(b)

圖 6.17 在二元搜尋樹刪除節點（情況三）

＼隨堂練習／

1. 假設有一個數字串列為 (4, 2, 6, 5, 1, 7, 3, 8)，請回答下列問題：

    (1) 將這個數字串列建構為二元搜尋樹。

    (2) 寫出該二元搜尋樹的後序走訪結果。

    (3) 寫出該二元搜尋樹包含幾個樹葉與高度。

    (4) 分析在二元搜尋樹插入節點的時間複雜度，假設節點個數為 n。

2. 下列哪個數字串列所建構之二元搜尋樹的高度最低？

    A. (1, 2, 3, 4, 5, 6)　B. (6, 5, 4, 3, 2, 1)　　C. (4, 3, 5, 1, 2, 6)　　D. (3, 2, 5, 4, 1, 6)

3. 針對下圖的二元搜尋樹回答問題：

    (1) 畫出刪除節點 13 的結果。

    (2) 畫出刪除節點 15 的結果。

    (3) 畫出刪除節點 5 的結果。

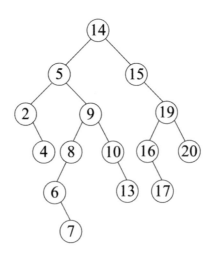

6-5 運算式樹

運算式樹（expression tree）指的是滿足下列條件的二元樹,只要將運算式建構為運算式樹,其前序走訪結果即為運算式的前序表示法,而其後序走訪結果則為運算式的後序表示法:

◀　終端節點為**運算元**（operand）,非終端節點為**運算子**（operator）。

◀　子樹為子運算式且其樹根為運算子。

範例 6.19 [運算式樹] 將運算式 A * (B + C) - D 建構為運算式樹,然後據此找出其前序表示法與後序表示法。

解答:

1.　依照運算子的優先順序和結合性,將運算式加上括號,例如 A * (B + C) - D 加上括號後為 ((A * (B + C)) - D)。

2.　首先,由最內層的括號 (B + C) 開始建構運算式樹,左子樹為左邊的運算元,右子樹為右邊的運算元,樹根為運算子,得到如下圖。

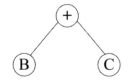

同理,往外延伸到第二層的括號 (A * (B + C)),得到如下圖。

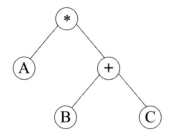

同理，往外延伸到最外層的括號 ((A * (B + C)) - D)，得到如下圖。

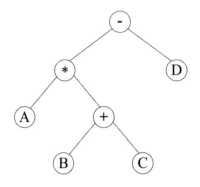

3. 前序表示法為運算式樹的前序走訪結果，即 -*A+BCD；後序表示法為運算式樹的後序走訪結果，即 ABC+*D-。

＼隨 堂 練 習／

將運算式 A + B / C - D * 3 + E 建構為運算式樹，然後據此找出其前序表示法與後序表示法 (提示：這個運算式可以建構為如下的運算式樹)。

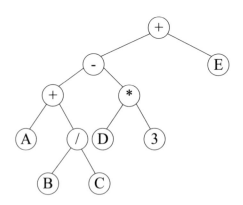

6-6 霍夫曼樹

霍夫曼樹 (Huffman tree) 是根據**霍夫曼編碼** (Huffman coding) 技術所建構的編碼樹，霍夫曼編碼是一種不固定長度的編碼技術，符號的編碼長度與出現頻率成反比，屬於**頻率相關編碼** (frequency dependent encoding)，換句話說，符號的出現頻率愈高，編碼長度就愈短，符號的出現頻率愈低，編碼長度就愈長，如此便能將編碼的平均長度縮到最短。

霍夫曼編碼的步驟如下：

1. 找出所有符號的出現頻率。

2. 將頻率最低的兩者相加得出另一個頻率。

3. 重複步驟 2.，持續將頻率最低的兩者相加，直到剩下一個頻率為止。

4. 根據合併的關係配置 0 與 1 (節點的左邊配置 0，節點的右邊配置 1)，進而形成一棵編碼樹。

範例 6.20 [霍夫曼樹] 假設資料是由 20 個 A、15 個 B、30 個 C、18 個 D、5 個 E、12 個 F 所組成，試據此建構霍夫曼樹，然後寫出各個符號的編碼，以及資料的最小編碼長度為多少位元？

解答：首先，求出所有符號的出現頻率，由於資料的長度為 20 + 15 + 30 + 18 + 5 + 12 = 100 個字母，因此，所有符號的出現頻率如下：

A	B	C	D	E	F
20 / 100 (0.2)	15 / 100 (0.15)	30 / 100 (0.3)	18 / 100 (0.18)	5 / 100 (0.05)	12 / 100 (0.12)

接著，根據出現頻率開始建構霍夫曼樹：

1. 將頻率最低的兩者 0.05、0.12 相加得出頻率 0.17。

A	B	C	D	E	F				
0.2	0.15	0.3	0.18	**	**	0.17			

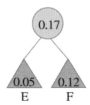

2. 將頻率最低的兩者 0.15、0.17 相加得出頻率 0.32。

A	B	C	D	E	F				
0.2	**	0.3	0.18	--	--	**	0.32		

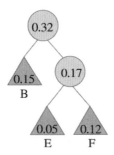

3. 將頻率最低的兩者 0.18、0.2 相加得出頻率 0.38。

A	B	C	D	E	F				
**	--	0.3	**	--	--	--	0.32	0.38	

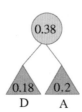

4. 將頻率最低的兩者 0.3、0.32 相加得出頻率 0.62。

A	B	C	D	E	F				
--	--	**	--	--	--	--	**	0.38	**0.62**

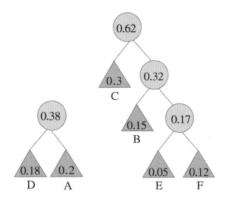

5. 將頻率最低的兩者 0.38、0.62 相加得出頻率 1，由於這是最後一個頻率，因此，我們可以在節點的左邊配置 0，節點的右邊配置 1，進而形成一棵編碼樹，如下圖，A~F 等符號的編碼為 01、110、10、00、1110、1111，編碼長度為 2、3、2、2、4、4 位元。

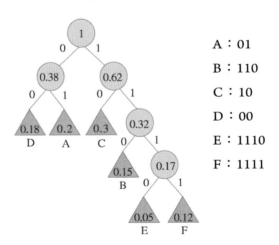

A：01
B：110
C：10
D：00
E：1110
F：1111

最後，根據所有符號的出現個數及編碼長度求出資料的最小編碼長度為 $20 \times 2 + 15 \times 3 + 30 \times 2 + 18 \times 2 + 5 \times 4 + 12 \times 4 = 249$ 位元。

範例 6.21 根據範例 6.20 所設計的霍夫曼碼，將 1111110011110 進行解碼。

解答：我們可以利用霍夫曼樹進行解碼，其步驟如下：

1. 首先，由樹根出發，0 往左子樹，1 往右子樹，碰到樹葉，就表示解碼一個字母，例如 1111110011110 的 1111 被解碼為 F。

2. 接著，剩下的 110011110 又從樹根出發，110 被解碼為 B。

3. 繼續，剩下的 011110 又從樹根出發，01 被解碼為 A。

4. 最後，剩下的 1110 又從樹根出發，1110 被解碼為 E，得到結果為 FBAE。

＼隨 堂 練 習／

1. 假設 A、B、C、D、E 等五個符號的出現頻率為 0.18、0.20、0.35、0.15、0.12，試據此建構霍夫曼樹，然後寫出各個符號的編碼。

2. 根據上題所設計的霍夫曼碼，將 111110100010110010 進行解碼。

3. 假設 A、B、C、D 等四個符號的出現頻率為 0.5、0.25、0.125、0.125，試據此建構霍夫曼樹，然後寫出各個符號的編碼長度平均為幾個位元？

4. 假設有 10 個符號的出現頻率如下，試據此建構霍夫曼樹。

資料	a	b	c	d	e	f	g	h	k	m
機率	0.12	0.07	0.04	0.21	0.06	0.08	0.05	0.03	0.25	0.09

6-7 樹林

樹林（forest）是由 n 棵互斥樹所組成的集合（n ≥ 0），適合用來表示**互斥集合**（disjoin set）。事實上，樹林和樹類似，只要把樹的樹根去掉，剩下的便是樹林，例如圖 6.18 的樹若去掉樹根 A，就會變成一個包含兩棵樹的樹林，如圖 6.19，其樹根分別為 B、C。

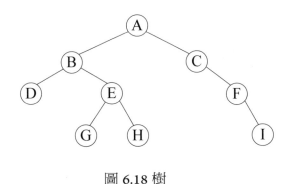

圖 6.18 樹

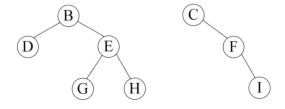

圖 6.19 將圖 6.18 的樹去掉樹根後就會得到樹林

將樹林轉換為二元樹

我們可以將樹林轉換為二元樹，其步驟如下：

1. 將樹林中的每棵樹轉換為二元樹，但不旋轉 45 度。

2. 將每棵二元樹的樹根連接在一起。

3. 順時針旋轉 45 度。

範例 6.22 將下面的樹林轉換為二元樹。

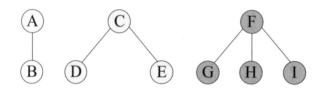

解答：

1.　將樹林中的每棵樹轉換為二元樹，但不旋轉 45 度。

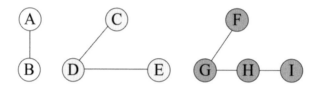

2.　將每棵二元樹的樹根連接在一起。

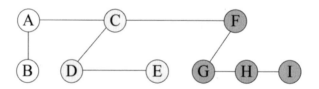

3.　順時針旋轉 45 度。

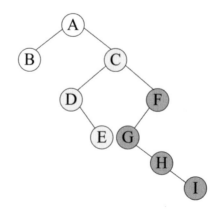

6-8 集合

集合 (set) 是一群相同類型、沒有順序之分的元素,而**互斥集合** (disjoin set) 是沒有相同元素的集合。舉例來說,假設有三個集合 $S_1 = \{0, 1, 2\}$、$S_2 = \{3, 4\}$、$S_3 = \{5, 6, 7, 8\}$,由於 S_1、S_2、S_3 均沒有相同元素,故為三個互斥集合。

我們可以使用**樹林** (forest) 表示互斥集合,例如前述的 S_1、S_2、S_3 等三個集合可以表示成如圖 6.20 的樹林,不過,這個樹林裡面的樹和前幾節所討論的樹有些不同,它們的邊有箭頭,而且是由子節點指向父節點,以圖 6.20 最左邊的樹為例,這棵樹表示 S_1 集合,其中節點 2 為樹根,節點 0、1 為其子節點。

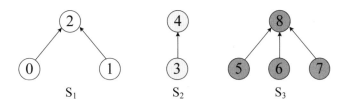

圖 6.20 以樹林表示互斥集合 S_1、S_2、S_3

互斥集合常見的運算如下:

◀ **聯集** (union):這是將兩個互斥集合聯合成一個集合,例如 $S_1 \cup S_2$ 和 $S_2 \cup S_1$ 均會得到 $\{0, 1, 2, 3, 4\}$,如圖 6.21。

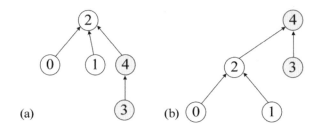

圖 6.21 (a) $S_1 \cup S_2$ (b) $S_2 \cup S_1$

◀ **搜尋** (find):這是在互斥集合中搜尋指定的節點位於哪個集合,例如節點 2 是位於 S_1 集合,節點 4 是位於 S_2 集合。

在開始討論如何實作互斥集合的聯集與搜尋運算之前，我們先來說明如何使用陣列存放互斥集合，以圖 6.20 的 S_1、S_2、S_3 等三個集合為例，陣列的內容如下，為了方便撰寫函數，我們直接將節點 0～8 存放在索引為 0～8 的位置，而 parent[i] 是節點 i 的父節點，當 parent[i] 等於 -1 時，表示為樹根。

i	0	1	2	3	4	5	6	7	8
parent[i]	2	2	-1	4	-1	8	8	8	-1

接著，我們可以撰寫如下函數進行互斥集合的聯集運算：

```c
/*節點 i 和節點 j 分別為兩個互斥集合的樹根*/
void set_union(int i, int j)
{
  /*將 i 的父節點設定為 j，令第一個集合成為第二個集合的子樹*/
  parent[i] = j;
}
```

有了此函數，只要透過下面的函數呼叫，就可以建立 S_1、S_2、S_3 和 $S_1 \cup S_2$ 集合：

```c
int parent[9];
int main()
{
  /*將用來存放節點的陣列元素初始化為 -1*/
  for (int i = 0; i < 9; i++) parent[i] = -1;
  /*建構 S₁集合，令其樹根為 2*/
  set_union(0, 2);
  set_union(1, 2);
  /*建構 S₂集合，令其樹根為 4*/
  set_union(3, 4);
  /*建構 S₃集合，令其樹根為 8*/
  set_union(5, 8);
  set_union(6, 8);
  set_union(7, 8);
  /*建構 S₁∪S₂集合，令其樹根為 2*/
  set_union(4, 2);
}
```

此時，parent[] 陣列的內容如下，請注意，由於我們呼叫 set_union(4, 2); 將 S_1、S_2 兩個互斥集合加以聯集，因此，節點 4 的父節點將變成節點 2：

i	0	1	2	3	4	5	6	7	8
parent[i]	2	2	-1	4	2	8	8	8	-1

最後，我們來撰寫一個函數在互斥集合中搜尋指定的節點位於哪個集合，並傳回該集合的樹根：

```c
int find(int i)
{
  /*從節點 i 開始回溯父節點，直到小於 0，表示抵達樹根*/
  while (parent[i] > 0)
    i = parent[i];
  return i;
}
```

有了此函數，只要透過下面的函數呼叫，就可以知道指定的節點所在之集合的樹根：<\Ch06\set.c>

```c
printf("節點 0 所在之集合的樹根為節點%d\n", find(0));
printf("節點 3 所在之集合的樹根為節點%d\n", find(3));
printf("節點 7 所在之集合的樹根為節點%d\n", find(7));
```

這些函數呼叫的執行結果如下圖，請注意，由於節點 3 的父節點為節點 4，而節點 4 的父節點為節點 2，故得到節點 3 所在之集合的樹根為節點 2。

```
[Running] cd "c:\Users\Jean\Documents\Samples\Ch06\" &&
gcc set.c -o set &&
"c:\Users\Jean\Documents\Samples\Ch06\"set
節點0所在之集合的樹根為節點2
節點3所在之集合的樹根為節點2
節點7所在之集合的樹根為節點8

[Done] exited with code=0 in 0.267 seconds
```

＼ 學 習 評 量 ／

一、選擇題

( )1. 下列哪種資料不適合使用樹狀結構來存放？

　　 A. 家族成員圖　　　　 B. 機關組織圖

　　 C. 遞迴函數　　　　　 D. 運動賽程表

( )2. 在二元樹中，第 i 階的最多節點個數為何？

　　 A. i　　　　　　　　 B. 2^{i-1}

　　 C. $\log_2 n + 1$　　　　 D. $2^i - 1$

( )3. 針對下圖的運算式樹，下列敘述何者錯誤？

　　 A. 前序走訪結果為 +*E*D/CAB

　　 B. 前序走訪結果為 +**/ABCDE

　　 C. 中序走訪結果為 A/B*C*D+E

　　 D. 後序走訪結果為 AB/C*D*E+

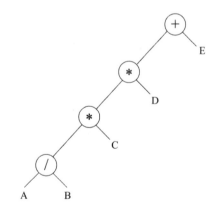

( )4. 一個高度為 5 且全部存滿的二元樹，它的節點個數為何？

　　 A. 31　　　　　　　　 B. 15

　　 C. 16　　　　　　　　 D. 63

( )5. 某二元樹的每個節點各自存放一個英文字母，其後序走訪為 DBEFCA、中序走訪為 DBAECF，則其前序走訪為何？

A. ABDCEF　　　　　B. ADBECF

C. ADBCEF　　　　　D. ADBECF

( )6. 假設二元樹有 n 個節點，試問，其最大高度為何？(假設當此樹只有一個節點時，其高度為 1)

A. 2^{n-1}　　　　　B. n

C. $2^n - 1$　　　　　D. $\log_2 n$

( )7. 下列關於樹的敘述何者錯誤？

A. 假設樹的節點個數為 V、邊數為 E，則 V = E + 2

B. 終端節點指的是沒有子樹的節點

C. 節點的分支度指的是節點有幾棵子樹

D. 父節點相同的節點稱為兄弟

( )8. 下列關於二元樹的敘述何者錯誤？

A. 二元樹可以是空集合

B. 高度為 h 之二元樹的最少節點個數為 h

C. 高度為 h 之二元樹的最多節點個數為 $2^h - 1$

D. 二元樹的左右子樹並無順序之分

( )9. 下列關於二元搜尋樹的敘述何者正確？

A. 左子樹的鍵值必須大於其樹根的鍵值

B. 右子樹的鍵值必須小於其樹根的鍵值

C. 每個節點包含唯一的鍵值

D. 二元搜尋樹的前序走訪結果剛好會使得資料由小到大排序

( )10. 下列何者是中序運算式 (1+3)*5 轉換為前序運算式的結果？

A. 1+35*　　B. 1+3*5　　C. *+135　　D. +*135

二、練習題

1. 簡單說明何謂樹？請您想想看，生活中有哪些例子屬於樹的應用呢？

2. 以鏈結串列表示下列二元樹。

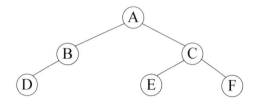

3. 我們可以從前序走訪結果或後序走訪結果決定唯一的二元樹嗎？

4. 寫出下列二元樹的中序、前序與後序走訪結果。

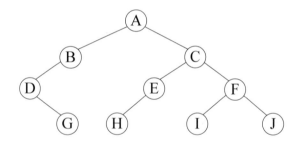

5. 假設運算式的中序表示法為 a / b ** c * d - e，試將它建構為運算式樹。

6. 假設二元樹的中序走訪結果為 AIBHCGDFE，後序走訪結果為 ABICHDGEF，試問，其前序走訪結果為何？

7. 假設數字串列為 (14, 15, 5, 9, 8, 19, 2, 6, 16, 4, 20, 17, 10, 13, 7)，請回答下列問題：

   (1) 將該數字串列建構為二元搜尋樹。

   (2) 寫出該二元搜尋樹的後序走訪結果。

   (3) 寫出該二元搜尋樹包含幾個樹葉與高度。

8. 假設二元樹的前序走訪結果為 ABCDE，中序走訪結果為 CBDAE，試據此推算出該二元樹。

9. 針對下圖的樹回答問題：

    (1) 寫出該樹的高度。

    (2) 寫出節點 B、H 的階度。

    (3) 寫出該樹的終端節點。

    (4) 寫出節點 A、K 的分支度。

    (5) 寫出節點 C 的兄弟與子節點。

    (6) 寫出節點 E 的祖先與子孫。

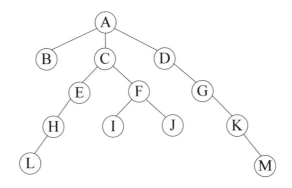

10. 假設二元樹的高度為 h，試問，它最多包含幾個節點？

11. 假設二元樹的後序走訪結果為 HAIECJDKFBG，中序走訪結果為 HACEIGJDBKF，試據此推算出該二元樹。

12. 假設運算式的中序表示法為 (A - B) / (C * D + E)，試將它建構為運算式樹。

13. 簡單說明何謂二元樹？它和一般樹有何不同？

14. 簡單說明何謂二元搜尋樹？順序不同的資料仍會建構出相同的二元搜尋樹，對不對？哪種資料所建構出來的二元搜尋樹將為傾斜樹？

15. 根據下列字母的出現次數建構霍夫曼樹，並寫出霍夫曼碼。

字母	E	I	N	P	S	T
次數	29	5	7	12	4	8

16. 假設字串為 "dogs do not spot hot pots or cats"，請根據該字串建構霍夫曼樹並產生霍夫曼碼，然後回答將該字串編碼需要多少位元？

17. 簡單說明何謂樹林？試將下圖的樹林轉換為二元樹。

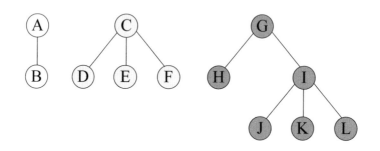

18. 假設一棵二元樹包含 9 個節點，試問，此樹最小高度和最大高度為何？

19. 畫出三個節點總共能形成哪幾種二元樹。

20. 針對下圖的二元搜尋樹回答問題：

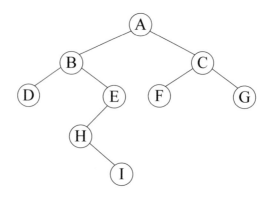

(1) 現有一數 X，其值大於 B 小於 H，將 X 加入此樹並畫出結果。

(2) 承題 (1)，刪除 A 並畫出結果（一數被刪除後，會被其左子樹的最大數取代）。

(3) 承題 (2)，寫出該樹的中序走訪結果。

(4) 承題 (2)，寫出該樹的後序走訪結果。

圖　形

7-1 認識圖形

圖形理論的運用最早可以追溯至 1736 年數學家**尤拉**（Euler）為了解決**肯尼茲堡橋樑**（Koenigsberg Bridge）問題所提出，這個問題是假設有 a、b、c、d、e、f、g 等七座橋樑連接 A、B、C、D 等四個區域，如圖 7.1，試問，是否存在一種走法可以從某個區域出發，然後經過每座橋各一次，再返回原先出發的區域呢？

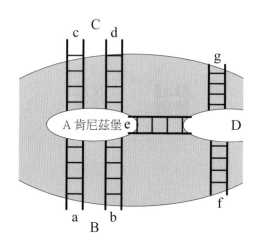

圖 7.1 Koenigsberg Bridge 問題（又稱為七橋問題）

尤拉的答案是 No，因為他發現只有在圖形的每個頂點的分支度均為偶數時，才能從某個頂點出發，然後經過每個邊各一次，再返回原先出發的頂點，後人將這種走訪稱為**尤拉迴路**（Eulerian walk、Eulerian cycle）。

頂點的**分支度**（degree）指的是有幾個邊連接到該頂點，我們可以將圖 7.1 描繪成如圖 7.2(a) 的圖形，顯然 A、B、C、D 等頂點的分支度均不為偶數，故尤拉迴路不存在。

若我們將圖 7.2(a) 改為圖 7.2(b)，令 A、B、C、D 等頂點的分支度均為偶數，就能找出尤拉迴路，例如 A→a→B→d→D→f→B→b→A→e→D→g→C →c→A。

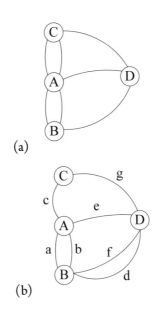

圖 7.2 (a) 頂點的分支度均不為偶數 (b) 頂點的分支度均為偶數

時至今日,圖形的應用已經相當廣泛,許多問題都能透過圖形來加以描述,然後找出問題的解答,常見的有找出兩點之間的最短路徑、電路分析、網路佈線、都市計畫分析、組織層次圖、交通路線圖等。舉例來說,我們可以將航空公司的航班路線表示成加權圖形,每個邊的權重是航班路線的距離或費用,然後由加權圖形求出兩個城市之間的最短航行路徑或最低航行費用。

7-1-1 圖形的定義

圖形 (graph) G 是由 V(G) 和 E(G) 所組成,其中 V(G) 是一個有限且非空的集合,代表圖形的**頂點** (vertex),E(G) 是一個有限的集合,代表圖形的**邊** (edge),我們通常寫成 G = (V, E)。

圖形又分成**無向圖形** (undirected graph) 與**有向圖形** (directed graph,digraph),前者指的是沒有方向的圖形,而後者指的是有方向的圖形,例如圖 7.3(a) 的 G₁ 是一個無向圖形,(A, B)、(B, A) 代表的都是連接頂點 A 和頂點 B 的邊,故 E(G₁) 只要列出 (A, B) 即可。

相反的，圖 7.3(b) 的 G₂ 是一個有向圖形，<A, B> 代表的是從頂點 A 指向頂
點 B 的邊，<B, A> 代表的是從頂點 B 指向頂點 A 的邊，故 E(G₂) 必須同時列
出 <A, B>、<B, A>。

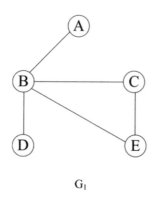

G₁

(a)　V(G₁) = {A, B, C, D, E}
　　　E(G₁) = {(A,B),(B,C),(B,D),(B,E),(C,E)}

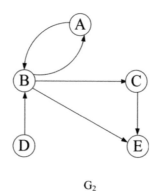

G₂

(b)　V(G₂) = {A, B, C, D, E}
　　　E(G₂) = {<A,B>,<B,A>,<B,C>,<B,E>,<C,E>,<D,B>}

圖 7.3 (a) 無向圖形 G₁ (b) 有向圖形 G₂

7-1-2　圖形的相關名詞

我們以圖 7.4 為例，說明圖形的相關名詞。

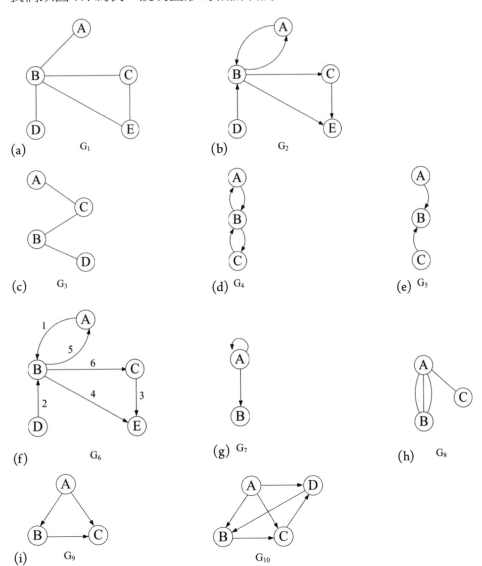

圖 7.4 (a) 無向圖形 G_1 (b) 有向圖形 G_2 (c) 連通圖形 G_3 (d) 強連通圖形 G_4 (e) 弱連通圖形 G_5 (f) 加權圖形 G_6 (g) 迴圈圖形 G_7 (h) 多重圖形 G_8 (i) G_9 為 G_{10} 的子圖形

◀ 在無向圖形中，(v_i, v_j) 和 (v_j, v_i) 是相同的邊；在有向圖形中，$<v_i, v_j>$ 和 $<v_j, v_i>$ 是不同的邊，$<v_i, v_j>$ 的 v_i 是邊的**前端** (head)，v_j 是邊的**後端** (tail)。

◀ 當 (v_i, v_j) 是無向圖形的邊或 $<v_i, v_j>$ 是有向圖形的邊時，表示頂點 v_i 和頂點 v_j **相鄰** (adjacent)，而且 $<v_i, v_j>$ 的 v_i **相鄰至** v_j (v_i is adjacent to v_j)，v_j **從** v_i **相鄰** (v_j is adjacent from v_i)，例如 G_1、G_2 的頂點 A 和頂點 B 相鄰。

◀ 當頂點 v_i 和頂點 v_j 相鄰時，表示邊 (v_i, v_j) 或邊 $<v_i, v_j>$ **附著在** (incident) 頂點 v_i 和頂點 v_j。

◀ 頂點的**分支度** (degree) 指的是有幾個邊連到該頂點，例如在無向圖形 G_1 中，頂點 B 的分支度為 4。至於有向圖形的分支度則又分成**進入分支度** (in-degree) 和**出去分支度** (out-degree)，前者指的是有幾個邊的箭頭指向該頂點，後者指的是有幾個邊的箭頭離開該頂點，例如在有向圖形 G_2 中，頂點 B 的進入分支度為 2，出去分支度為 3，分支度為 $2 + 3 = 5$。

◀ **路徑** (path) 是一組有順序的頂點集合，其中每個頂點和下一個頂點均相鄰，例如 G_1、G_2 的 {A, B, C, E}、{D, B, C} 是兩條不同的路徑。

◀ **長度** (length) 是一條路徑上所有邊的個數，例如 G_1 的 {A, B, C, E} 路徑長度為 3。

◀ **簡單路徑** (simple path) 是一條路徑上的所有頂點，除了第一個頂點和最後一個頂點可能相同之外，其餘頂點均不相同，例如 G_1 的 {A, B, C, E} 是簡單路徑，而 {A, B, C, E, B} 不是簡單路徑，因為頂點 B 重複。

◀ 當兩個頂點之間存在著路徑時，表示這兩個頂點為**連通** (connected)，對無向圖形來說，當任意頂點均為連通時，表示這個無向圖形為**連通圖形** (例如 G_3)，而對有向圖形來說，當任意頂點均為連通時，表示這個有向圖形為**強連通** (strongly connected)(例如 G_4)，當至少兩個頂點沒有連通時，表示這個有向圖形為**弱連通** (weakly connected)(例如 G_5)。

◀ 圖形的邊可以加上權重，成為**加權圖形** (weighted graph)(例如 G_6)。

◀ **循環** (cycle) 是一種特殊的路徑，它必須包含至少三個頂點，而且第一個頂點和最後一個頂點相同，例如 G_1 的 {B, C, E, B} 是一個循環，連通且沒有循環的圖形則稱為**樹** (tree)。

◀ 當圖形的頂點有指向自己的邊時，稱為**自身迴圈** (self loop)(例如 G_7)。當圖形有相同的邊重複出現時，稱為**多重圖形** (multigraph)(例如 G_8)。而不包含自身迴圈及多重圖形的圖形稱為**簡單圖形** (simple graph)。

◀ 若圖形 G' 為圖形 G 的**子圖形** (subgraph)，則 G' 必須滿足 V(G') $\subseteq$ V(G) 且 E(G') $\subseteq$ E(G) 的條件，例如 G_9 為 G_{10} 的子圖形。

◀ 無向圖形的**連通單元** (connected component) 是圖形的最大連通子圖，而**強連通單元** (strongly connected component) 是圖形的最大強連通子圖。

◀ 包含 n 個頂點的無向圖形最多有 (n - 1) + (n - 2) + … + 1 = n(n -1)/2 個邊，而包含 n 個頂點的有向圖形最多有 (n(n - 1)/2)×2) = n(n - 1) 個邊，我們將這種圖形稱為**完整圖形** (complete graph)。

＼隨堂練習／

根據下列圖形回答問題：

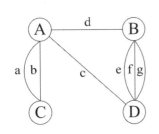

1. 該圖形是否存在著尤拉迴路？說明其理由並舉出一個實例。

2. 寫出 A、B、C、D 等四個頂點的分支度。

3. 寫出與頂點 B 相鄰的頂點。

4. 頂點 B 與頂點 C 是否連通？

5. 寫出任意一個循環。

6. 該圖形是否為簡單圖形？說明其理由。

7-2 圖形的表示方式

圖形的表示方式主要有**相鄰矩陣**（adjacency matrix）與**相鄰串列**（adjacency list）兩種，以下有進一步的說明。

7-2-1 相鄰矩陣

假設圖形 $G = (V, E)$ 包含 n 個頂點（n ≥ 1），我們將使用一個 n×n 矩陣 M 存放該圖形，當無向圖形的邊 (v_i, v_j) 存在時，$M[i, j]$ 和 $M[j, i]$ 的值均等於 1；當有向圖形的邊 $<v_i, v_j>$ 存在時，$M[i, j]$ 的值等於 1。

範例 7.1 ［相鄰矩陣］以相鄰矩陣存放圖 7.4 的無向圖形 G_1。

解答：

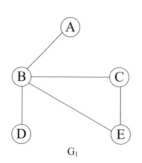

$$
\begin{array}{c c}
 & \begin{array}{ccccc} A & B & C & D & E \end{array} \\
\begin{array}{c} A \\ B \\ C \\ D \\ E \end{array} &
\left[
\begin{array}{ccccc}
0 & 1 & 0 & 0 & 0 \\
1 & 0 & 1 & 1 & 1 \\
0 & 1 & 0 & 0 & 1 \\
0 & 1 & 0 & 0 & 0 \\
0 & 1 & 1 & 0 & 0
\end{array}
\right]
\end{array}
$$

G_1

我們可以由此歸納出下列幾個特點：

◀ 對角線的元素均為 0，因為簡單圖形的頂點不能形成自身迴圈。

◀ 無向圖形的相鄰矩陣是**對稱矩陣**（symmetric matrix），當邊 (v_i, v_j) 存在時，$M[i, j]$ 和 $M[j, i]$ 的值均等於 1。為了節省記憶體，我們可以只儲存相鄰矩陣的上半部或下半部（第 2 章介紹過下三角矩陣的定址方式）。

◀ 第 1 列的非零項個數等於第 1 行的非零項個數，同時等於第一個頂點 A 的分支度；第 2 列的非零項個數等於第 2 行的非零項個數，同時等於第二個頂點 B 的分支度，…，依此類推。

範例 7.2 [相鄰矩陣] 以相鄰矩陣存放圖 7.4 的有向圖形 G_2。

解答：

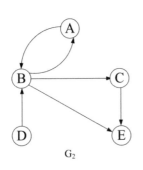

G_2

	A	B	C	D	E
A	0	1	0	0	0
B	1	0	1	0	1
C	0	0	0	0	1
D	0	1	0	0	0
E	0	0	0	0	0

我們可以歸納出下列幾個特點：

◀ 對角線的元素均為 0，因為簡單圖形的頂點不能形成自身迴圈。

◀ 有向圖形的相鄰矩陣不一定是對稱矩陣，當邊 $<v_i, v_j>$ 存在時，並不代表邊 $<v_j, v_i>$ 就會存在。

◀ 第 1 列的非零項個數等於第一個頂點 A 的出去分支度；第 2 列的非零項個數等於第二個頂點 B 的出去分支度，…，依此類推。

◀ 第 1 行的非零項個數等於第一個頂點 A 的進入分支度；第 2 行的非零項個數等於第二個頂點 B 的進入分支度，…，依此類推。

📖 備註 ∞

相鄰矩陣的優缺點

使用相鄰矩陣存放圖形的優點是容易實作，而且可以藉由矩陣運算求出圖形的性質；缺點則是當圖形的頂點個數很多、邊數很少時，將會形成稀疏矩陣 (sparse matrix)，導致浪費記憶體空間，而且矩陣運算的時間複雜度為 $O(n^2)$，換句話說，無論我們要計算圖形有幾個邊、判斷圖形是否連通或從事其它圖形運算，都必須付出昂貴的時間複雜度。

7-2-2 相鄰串列

假設圖形 G = (V, E) 包含 n 個頂點（n ≥ 1），我們將使用 n 個鏈結串列存放該圖形，每個鏈結串列代表一個頂點及與其相鄰的頂點，至於節點的結構如下：

```
/*定義圖形最多有 MAX_VERTICES 個頂點*/
#define MAX_VERTICES 50

/*宣告 vertex_node 是圖形的頂點*/
typedef struct node{
  char vertex;             /*節點的資料欄位*/
  struct node *next;       /*節點的鏈結欄位*/
}vertex_node;

/*宣告 vertex_pointer 是指向節點的指標*/
typedef vertex_node *vertex_pointer;

/*宣告用來存放圖形的指標陣列*/
vertex_pointer graph[MAX_VERTICES];
```

範例 7.3 [相鄰串列] 以相鄰串列存放圖 7.4 的無向圖形 G₁。

解答：graph[] 是一個指標陣列，裡面存放了指向各個頂點的指標，而且每個鏈結串列的節點個數（不包含首節點）代表該頂點的分支度，例如 graph[0] 指向頂點 A，其節點個數為 1，代表頂點 A 的分支度為 1。此外，節點個數的總和（10）為邊數（5）的兩倍，因為在無向圖形中，同一個邊的兩個頂點會出現在各自的鏈結串列中。

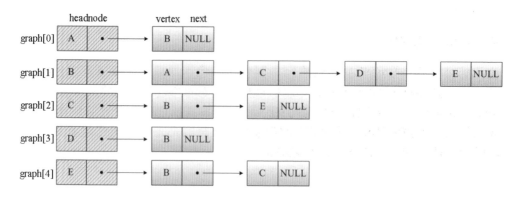

範例 7.4 [相鄰串列] 以相鄰串列存放圖 7.4 的有向圖形 G_2。

解答： graph[] 是一個指標陣列，裡面存放了指向各個頂點的指標，而且每個鏈結串列的節點個數（不包含首節點）代表該頂點的出去分支度，例如 graph[0] 指向頂點 A，其節點個數為 1，代表頂點 A 的出去分支度為 1。此外，節點個數的總和（6）剛好等於邊數（6）。

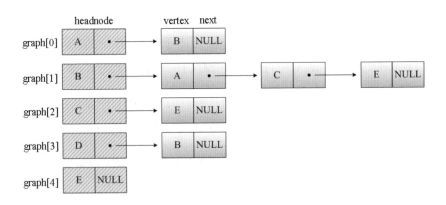

我們可以歸納出下列幾個特點：

◀ 使用相鄰串列存放圖形的優點是可以較有彈性地使用記憶體，缺點則是實作較為複雜。

◀ 假設圖形的頂點個數為 n、邊數為 e，當以相鄰串列存放無向圖形時，其 headnode 為 n 個，其節點個數為 2e 個，而當以相鄰串列存放有向圖形時，其 headnode 為 n 個，其節點個數為 e 個，因此，圖形運算的時間複雜度為 $O(n + e)$。

備註 ∞

反轉相鄰串列

當以相鄰串列存放有向圖形時，如欲求取各個頂點的進入分支度，則須求取其反轉相鄰串列（inverse adjacency list），它的概念和相鄰矩陣類似，只是相鄰矩陣的每個鏈結串列是存放從該頂點連接出去的頂點，而反轉相鄰矩陣的每個鏈結串列是存放連接到該頂點的頂點。

7-2-3 加權圖形的表示方式

> **相鄰矩陣**

假設加權圖形 G = (V, E) 包含 n 個頂點 (n ≥ 1)，我們將使用一個 n×n 矩陣 M 存放該圖形，其原則如下：

◀ M[i, i] 的值等於 0。

◀ 當無向圖形的邊 (v_i, v_j) 存在時，M[i, j] 和 M[j, i] 的值等於它的權重；
當有向圖形的邊 $<v_i, v_j>$ 存在時，M[i, j] 的值等於它的權重。

◀ 當無向圖形的邊 (v_i, v_j) 不存在時，M[i, j] 和 M[j, i] 的值等於 +∞；當有向圖形的邊 $<v_i, v_j>$ 不存在時，M[i, j] 的值等於 +∞。

範例 7.5 [加權圖形] 以相鄰矩陣存放圖 7.4 的加權圖形 G_6。

解答：

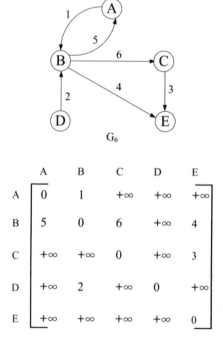

G_6

	A	B	C	D	E
A	0	1	+∞	+∞	+∞
B	5	0	6	+∞	4
C	+∞	+∞	0	+∞	3
D	+∞	2	+∞	0	+∞
E	+∞	+∞	+∞	+∞	0

相鄰串列

假設加權圖形 G = (V, E) 包含 n 個頂點（n ≥ 1），我們將使用 n 個鏈結串列來存放該圖形，每個鏈結串列分別代表一個頂點及與其相鄰的頂點，至於節點的結構如下，新增一個 weight 欄位以記錄權重：

```
/*定義圖形最多有 MAX_VERTICES 個頂點*/
#define MAX_VERTICES 50

/*宣告 vertex_node 是圖形的頂點*/
typedef struct node{
  char vertex;            /*節點的資料欄位*/
  int weight;             /*節點的權重欄位*/
  struct node *next;      /*節點的鏈結欄位*/
}vertex_node;

/*宣告 vertex_pointer 是指向節點的指標*/
typedef vertex_node *vertex_pointer;

/*宣告用來存放圖形的指標陣列*/
vertex_pointer graph[MAX_VERTICES];
```

範例 7.6 　[加權圖形] 以相鄰串列存放圖 7.4 的加權圖形 G₆。

解答：graph[] 是一個指標陣列，裡面存放了指向各個頂點的指標，而且每個鏈結串列的節點個數（不包含首節點）代表該頂點的出去分支度。

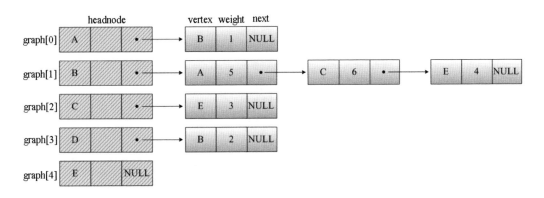

＼隨堂練習／

根據下列圖形回答問題：

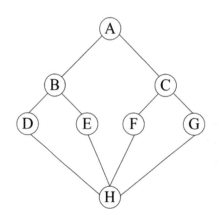

1. 寫出頂點 B、G、H 的分支度。

2. 寫出與頂點 A 相鄰的頂點。

3. 頂點 A 與頂點 H 是否相鄰？是否連通？

4. 寫出任意兩個循環。

5. 寫出附著在頂點 H 的邊。

6. 畫出該圖形的相鄰矩陣表示方式。

7. 畫出該圖形的相鄰串列表示方式。

提示：

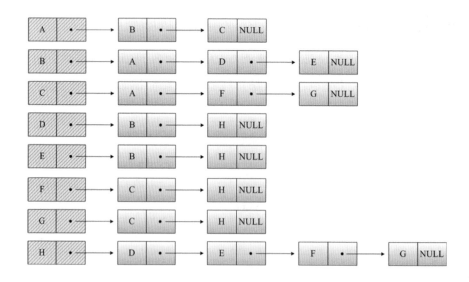

7-3　圖形的基本運算

在決定如何存放圖形後，我們還要提供相關運算的定義及函數。原則上，一個完整的圖形資料結構應該要提供新增/移除頂點、新增/移除邊、連通單元、擴張樹、走訪等運算的定義及函數，其中**走訪** (traversal) 是假設圖形 G = (V, E) 且頂點 v 屬於 V(G)，然後找出所有與 v 連通的頂點，至於走訪的方式則有「深度優先搜尋」(DFS) 與「廣度優先搜尋」(BFS)，以下有進一步的說明。

7-3-1　深度優先搜尋 (DFS)

深度優先搜尋 (DFS，Depth First Search) 就像走迷宮，剛開始先以入口做為起點，然後選擇任意一條通路行走，待碰到牆壁無法再深入時，便退回上一個分岔路口，選擇另外一條尚未走訪過的通路繼續行走，重複這個過程，直到迷宮走訪完畢找到出口為止。

我們可以將深度優先搜尋的步驟歸納如下：

1.　拜訪起始頂點 v。

2.　選擇一個與 v 相鄰且尚未拜訪過的頂點，以該頂點做為起始頂點遞迴地進行深度優先搜尋。

3.　若在抵達頂點 x 後，所有與 x 相鄰的頂點都已經拜訪過，就退回 x 上一個拜訪過的頂點 y，然後選擇一個與 y 相鄰且尚未拜訪過的頂點，以該頂點做為起始頂點遞迴地進行深度優先搜尋。

4.　若從任何已經拜訪過的頂點都無法找到尚未拜訪過的相鄰頂點，表示搜尋完畢。

這是以遞迴的方式來解釋深度優先搜尋，雖然容易以程式實作，卻不容易以紙筆模擬，而且效率上也沒有直接使用堆疊來得好。圖 7.5 是使用堆疊進行深度優先搜尋的演算法，您可以拿它和範例 7.7 的解答過程做對照，相信更能掌握其中的精髓。

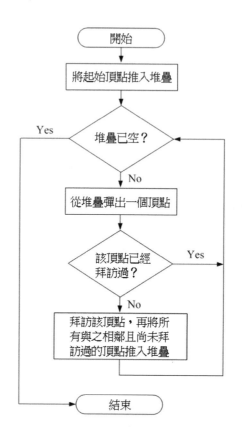

圖 7.5 使用堆疊進行深度優先搜尋的演算法

範例 7.7 [DFS] 寫出下列圖形的深度優先搜尋結果 (假設起始頂點為 A)。

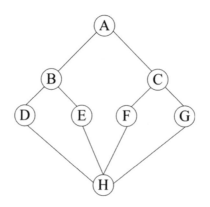

解答：我們可以使用堆疊進行深度優先搜尋，其過程如下。DFS 結果並不是唯一的，須視頂點推入堆疊的順序而定，此處是將大的英文字母優先推入堆疊。此外，當以相鄰矩陣存放圖形時，DFS 是把每一列（每個頂點）的每一行（所有相鄰節點）都找過一遍，故時間複雜度為 $O(n^2)$；而當以相鄰串列存放圖形時，DFS 是把每個 headnode（n 個）及所有節點（2e 個）都找過一遍，故時間複雜度為 $O(n+e)$。

動作	堆疊內容	輸出
將頂點 A 推入堆疊	A	
從堆疊彈出一個頂點 (A)，拜訪該頂點，再將與該頂點相鄰且尚未拜訪過的頂點 (BC) 推入堆疊	B C	**A**
從堆疊彈出一個頂點 (B)，拜訪該頂點，再將與該頂點相鄰且尚未拜訪過的頂點 (DE) 推入堆疊	D E C	**AB**
從堆疊彈出一個頂點 (D)，拜訪該頂點，再將與該頂點相鄰且尚未拜訪過的頂點 (H) 推入堆疊	H E C	**ABD**
從堆疊彈出一個頂點 (H)，拜訪該頂點，再將與該頂點相鄰且尚未拜訪過的頂點 (EFG) 推入堆疊	E F G E C	**ABDH**
從堆疊彈出一個頂點 (E)，拜訪該頂點，沒有任何與該頂點相鄰且尚未拜訪過的頂點	F G E C	**ABDHE**

動作	堆疊內容	輸出
從堆疊彈出一個頂點 (F)，拜訪該頂點，再將與該頂點相鄰且尚未拜訪過的頂點 (C) 推入堆疊	C G E C	**ABDHEF**
從堆疊彈出一個頂點 (C)，拜訪該頂點，再將與該頂點相鄰且尚未拜訪過的頂點 (G) 推入堆疊	G G E C	**ABDHEFC**
從堆疊彈出一個頂點 (G)，拜訪該頂點，沒有任何與該頂點相鄰且尚未拜訪過的頂點	G E C	**ABDHEFCG**
從堆疊彈出一個頂點 (G)，已經拜訪過	E C	**ABDHEFCG**
從堆疊彈出一個頂點 (E)，已經拜訪過	C	**ABDHEFCG**
從堆疊彈出一個頂點 (C)，已經拜訪過，此時堆疊已空，故停止		**ABDHEFCG**

範例 7.8　[DFS] 撰寫一個程式實作範例 7.7 的圖形，包括建立相鄰串列、印出相鄰串列及深度優先搜尋。

解答：這個程式主要是由下列幾個部分所組成：

◀　vertex_node 結構用來存放頂點；vertex_pointer 是指向節點的指標；graph[] 是指標陣列，裡面存放了指向各個頂點的指標；n 是頂點個數，由於此處是要針對範例 7.7 的圖形進行 DFS，故將 n 設定為 8；visited[] 用來記錄頂點是否已經拜訪過；admatrix[][] 用來存放圖形的相鄰矩陣，其預設值是根據範例 7.7 的圖形所設定。

◀　create_adlist() 函數會根據圖形的相鄰矩陣建立相鄰串列。

◀　show_adlist() 函數會印出圖形的相鄰串列。

◀　dfs() 會以遞迴的方式印出圖形的深度優先搜尋結果。

\Ch07\dfs.c (下頁續 1/3)

```c
#include <stdio.h>
#include <stdlib.h>
#define TRUE 1              /*定義已經拜訪過的頂點為 TRUE*/
#define FALSE 0             /*定義尚未拜訪過的頂點為 FALSE*/
#define MAX_VERTICES 50     /*定義圖形最多有 MAX_VERTICES 個頂點*/
/*宣告 vertex_node 是圖形的頂點*/
typedef struct node{
  char vertex;             /*節點的資料欄位*/
  struct node *next;       /*節點的鏈結欄位*/
}vertex_node;
/*宣告 vertex_pointer 是指向節點的指標*/
typedef vertex_node *vertex_pointer;
/*宣告用來存放圖形的指標陣列*/
vertex_pointer graph[MAX_VERTICES];
/*宣告用來記錄頂點是否已經拜訪過的陣列*/
int visited[MAX_VERTICES];
/*宣告 n 是圖形的頂點個數*/
int n = 8;
```

\Ch07\dfs.c (下頁續 2/3)

```c
/*宣告用來表示圖形的相鄰矩陣*/
int admatrix[8][8] = {0, 1, 1, 0, 0, 0, 0, 0,
                      1, 0, 0, 1, 1, 0, 0, 0,
                      1, 0, 0, 0, 0, 1, 1, 0,
                      0, 1, 0, 0, 0, 0, 0, 1,
                      0, 1, 0, 0, 0, 0, 0, 1,
                      0, 0, 1, 0, 0, 0, 0, 1,
                      0, 0, 1, 0, 0, 0, 0, 1,
                      0, 0, 0, 1, 1, 1, 1, 0};

/*這個函數會根據圖形的相鄰矩陣建立相鄰串列*/
void create_adlist()
{
  vertex_pointer ptr, tail;
  /*建立 headnode 並將其設定為尚未拜訪過*/
  for (int i = 0; i < n; i++){
    graph[i] = (vertex_pointer)malloc(sizeof(vertex_node));
    graph[i]->vertex = i + 'A';
    graph[i]->next = NULL;
    visited[i] = FALSE;
  }

  /*分別針對各個頂點的相鄰頂點建立鏈結串列*/
  for (int i = 0; i < n; i++)
    for (int j = 0; j < n; j++)
      if (admatrix[i][j] != 0){
        ptr = (vertex_pointer)malloc(sizeof(vertex_node));
        ptr->vertex = j + 'A';
        ptr->next = NULL;
        tail = graph[i];              /*令 tail 指向 headnode*/
        while (tail->next != NULL)/*找出 headnode 後面的鏈結串列的最後一個節點*/
          tail = tail->next;
        tail->next = ptr;             /*將新節點插入鏈結串列的尾端*/
      }
}
```

\Ch07\dfs.c (接上頁 3/3)

```c
/*這個函數會印出圖形的相鄰串列*/
void show_adlist()
{
  vertex_pointer tmp;
  for (int i = 0; i < n; i++){
    printf("%c : ", graph[i]->vertex);      /*印出 headnode*/
    tmp = graph[i]->next;
    while (tmp != NULL){                     /*印出 headnode 的相鄰頂點*/
      printf("%c ", tmp->vertex);
      tmp = tmp->next;
    }
    printf("\n");
  }
}
```

```c
/*這個函數會印出圖形的深度優先搜尋結果*/
void dfs(int v)
{
  vertex_pointer tmp;
  visited[v] = TRUE;
  printf("%c ", v + 'A');
  for (tmp = graph[v]; tmp; tmp = tmp->next)
    if (visited[tmp->vertex - 'A'] == FALSE)
      dfs(tmp->vertex - 'A');
}
```

```c
/*主程式*/
int main()
{
  create_adlist();
  printf("圖形的相鄰串列：\n");
  show_adlist();
  printf("深度優先搜尋結果：");
  dfs(0);
}
```

```
圖形的相鄰串列：
A : B C
B : A D E
C : A F G
D : B H
E : B H
F : C H
G : C H
H : D E F G
深度優先搜尋結果：A B D H E F C G
```

7-3-2 廣度優先搜尋 (BFS)

廣度優先搜尋 (BFS,Breadth First Search) 是以某個頂點做為起始頂點,先拜訪該頂點,接著拜訪該頂點的相鄰頂點,然後拜訪再往下一層的頂點,直到所有連通的頂點都已經拜訪過為止。

我們可以將廣度優先搜尋的步驟歸納如下:

1. 拜訪起始頂點 v。

2. 拜訪所有與 v 相鄰且尚未拜訪過的頂點,同時將所拜訪的頂點放入佇列。

3. 在所有相鄰的頂點都已經拜訪過後,從佇列取出之前拜訪過的頂點,然後拜訪所有與該頂點相鄰且尚未拜訪過的頂點,同時將所拜訪的頂點放入佇列,重複此步驟,直到佇列變成空的為止。

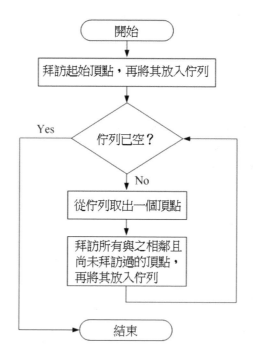

圖 7.6 使用佇列進行廣度優先搜尋的演算法

範例 7.9 [BFS] 寫出下列圖形的廣度優先搜尋結果 (假設起始頂點為 A)。

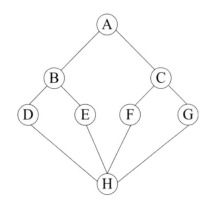

解答: 我們可以使用佇列進行廣度優先搜尋,其過程如下。

動作	佇列內容	輸出
拜訪頂點 A,再將其放入佇列	A					**A**
從佇列取出一個頂點 (A),拜訪所有與該頂點相鄰且尚未拜訪過的頂點 (BC),再將其放入佇列	B C				**ABC**
從佇列取出一個頂點 (B),拜訪所有與該頂點相鄰且尚未拜訪過的頂點 (DE),再將其放入佇列	C D E			**ABCDE**
從佇列取出一個頂點 (C),拜訪所有與該頂點相鄰且尚未拜訪過的頂點 (FG),再將其放入佇列	D E F G		**ABCDEFG**
從佇列取出一個頂點 (D),拜訪所有與該頂點相鄰且尚未拜訪過的頂點 (H),再將其放入佇列	E F G H		**ABCDEFGH**

動作	佇列內容	輸出
從佇列取出一個頂點 (E)，沒有任何與該頂點相鄰且尚未拜訪過的頂點	F G H _ _	ABCDEFGH
從佇列取出一個頂點 (F)，沒有任何與該頂點相鄰且尚未拜訪過的頂點	G H _ _ _	ABCDEFGH
從佇列取出一個頂點 (G)，沒有任何與該頂點相鄰且尚未拜訪過的頂點	H _ _ _ _	ABCDEFGH
從佇列取出一個頂點 (H)，沒有任何與該頂點相鄰且尚未拜訪過的頂點，此時佇列已空，故停止	_ _ _ _ _	ABCDEFGH

BFS 結果並不是唯一的，須視頂點放入佇列的順序而定，此處是將小的英文字母優先放入佇列。此外，當以相鄰矩陣存放圖形時，BFS 是把每一列 (每個頂點) 的每一行 (所有相鄰節點) 都找過一遍，故時間複雜度為 $O(n^2)$；而當以相鄰串列存放圖形時，BFS 是把每個 headnode (n 個) 及所有節點 (2e 個) 都找過一遍，故時間複雜度為 $O(n + e)$。

範例 7.10 [BFS] 撰寫一個函數實作圖形的廣度優先搜尋，然後以該函數走訪範例 7.9 的圖形，看看結果為何？

解答：這個程式主要是由下列五個部分所組成，其中前三個部分和範例 7.8 相同，所以此處只列出處理佇列的部分和 bfs() 函數：

◀ vertex_node 結構用來存放頂點；vertex_pointer 是指向節點的指標；graph[] 是指標陣列，裡面存放了指向各個頂點的指標；visited[] 用來記錄頂點是否已經拜訪過；admatrix[][] 用來存放圖形的相鄰矩陣，其預設值是根據範例 7.9 的圖形所設定。

◀ create_adlist() 函數會根據圖形的相鄰矩陣建立相鄰串列。

◀ show_adlist() 函數會印出圖形的相鄰串列。

◀　queue 結構用來存放佇列，enqueue() 函數會將參數指定的資料放入佇列的後端，dequeue() 函數會從佇列的前端取出資料存放在參數。

◀　bfs() 會使用佇列進行廣度優先搜尋並印出結果。

取自 \Ch07\bfs.c (下頁續 1/2)

```c
/*定義佇列最多可以存放 MAX_SIZE 個資料*/
#define MAX_SIZE 50

/*宣告 queue 是佇列資料結構*/
typedef struct que{
  int data[MAX_SIZE];    /*存放佇列的資料*/
  int front;             /*記錄佇列的前端*/
  int rear;              /*記錄佇列的後端*/
}queue;

queue Q;               /*宣告一個佇列 Q*/

/*這個函數會將參數指定的資料放入環狀佇列的後端，成功就傳回 1，否則傳回 0*/
int enqueue(int value)
{
  /*若佇列已滿，就傳回 0*/
  if ((Q.rear + 1) % MAX_SIZE == Q.front) return 0;
  Q.rear = (Q.rear + 1) % MAX_SIZE;
  Q.data[Q.rear] = value;
  return 1;
}

/*這個函數會從佇列的前端取出資料存放在參數，成功就傳回 1，失敗則傳回 0*/
int dequeue(int *value)
{
  /*若佇列已空，就傳回 0*/
  if (Q.front == Q.rear) return 0;
  Q.front = (Q.front + 1) % MAX_SIZE;
  *value = Q.data[Q.front];
  return 1;
}
```

取自 **\Ch07\bfs.c**（接上頁 2/2）

```c
/*這個函數會印出圖形的廣度優先搜尋結果*/
void bfs(int v)
{
  vertex_pointer tmp;

  printf("%c ", v + 'A');
  visited[v] = TRUE;
  enqueue(v);
  while (dequeue(&v)){
    for (tmp = graph[v]; tmp; tmp = tmp->next)
      if (visited[tmp->vertex - 'A'] == FALSE){
        printf("%c ", tmp->vertex);
        visited[tmp->vertex - 'A'] = TRUE;
        enqueue(tmp->vertex - 'A');
      }
  }
}

/*主程式*/
int main()
{
  create_adlist();

  printf("圖形的相鄰串列：\n");
  show_adlist();

  printf("廣度優先搜尋結果：");
  /*將佇列的前端 front 初始化為 0*/
  Q.front = 0;
  /*將佇列的後端 rear 初始化為 0*/
  Q.rear = 0;
  /*呼叫此函數以起始頂點為 A 進行廣度優先搜尋*/
  bfs(0);
}
```

```
圖形的相鄰串列：
A : B C
B : A D E
C : A F G
D : B H
E : B H
F : C H
G : C H
H : D E F G
廣度優先搜尋結果：A B C D E F G H
```

7-3-3 連通單元

在了解何謂深度優先搜尋 (DFS) 和廣度優先搜尋 (BFS) 後,接下來看它們有何用途。DFS 和 BFS 常見的用途之一是判斷一個無向圖形是否為**連通圖形** (connected graph),即圖形的任意頂點均為連通,而這其實很簡單,只要呼叫 **dfs(0)** 或 **bfs(0)** 函數,令它從第一個頂點開始走訪,一旦在走訪完畢後,還有其它尚未拜訪過的頂點,就表示該圖形不是一個連通圖形。

舉例來說,假設我們針對下面的無向圖形 G_{11} 呼叫 **dfs(0)** 進行走訪,將會印出 ABCD,由於 E、F、G 等頂點尚未拜訪過,故得知 G_{11} 不是一個連通圖形。

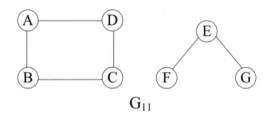

$$G_{11}$$

此外,DFS 和 BFS 亦可用來求取無向圖形的**連通單元** (connected component),即圖形的最大連通子圖,只要針對所有尚未拜訪過的頂點 v 呼叫 **dfs(v)** 或 **bfs(v)** 函數,就能求取該圖形的所有連通單元。

範例 7.11 [連通單元] 撰寫一個函數印出無向圖形的所有連通單元。

解答:

```
void show_connected()
{
  for (int v = 0; v < n; v++)
    if (visited[v] == FALSE){
      dfs(v);
      printf("\n");
    }
}
```

7-3-4 擴張樹

圖形的**擴張樹** (spanning tree) 指的是以圖形內最少的邊數連接所有頂點所形成的樹,而**樹** (tree) 是連通且沒有循環的圖形,例如圖 7.7(a) 的圖形 G_{12} 是一棵樹,而圖 7.7(b) 的圖形 G_{13} 不是一棵樹,因為它沒有連通,圖 7.7(c) 的圖形 G_{14} 亦不是一棵樹,因為它有循環。

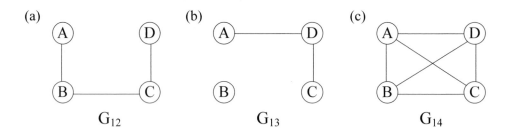

圖 7.7 (a) 樹 (b) 不是樹 (因為沒有連通) (c) 不是樹 (因為有循環)

除非圖形本身就是一棵樹,否則圖形的擴張樹通常不只一個,以圖 7.7(c) 的圖形 G_{14} 為例,我們可以找出數種不同的擴張樹,圖 7.8 是其中三種可能的情況,您也可以試著找出其它可能的擴張樹。

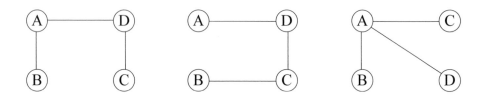

圖 7.8 圖形 G_{14} 幾種可能的擴張樹

由於一個連通圖形的擴張樹必須包含圖形的所有頂點,因此,我們只要在進行深度優先搜尋 (DFS) 或廣度優先搜尋 (BFS) 的同時逐一加入所經過的邊,就能找出連通圖形的擴張樹,此樹稱為 DFS **樹**或 BFS **樹**。

以圖 7.9 的連通圖形 G_{15} 為例，假設起始頂點為 A，其 DFS 結果為 ABDHEFCG，
故 DFS 樹如圖 7.10(a)；同理，其 BFS 結果為 ABCDEFGH，故 BFS 樹如圖
7.10(b)。

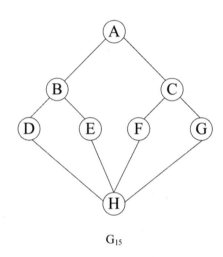

G_{15}

圖 7.9 連通圖形 G_{15}

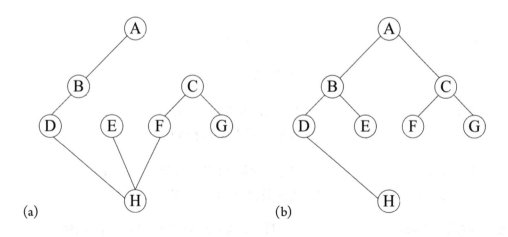

(a)   (b)

圖 7.10 (a) G_{15} 的 DFS 樹 (b) G_{15} 的 BFS 樹

＼隨堂練習／

1. 根據下列圖形回答問題：

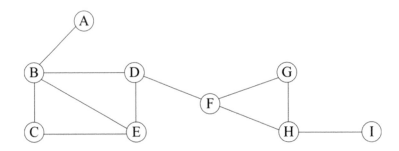

   (1) 寫出頂點 E、G、H 的分支度。

   (2) 寫出與頂點 B 相鄰的頂點。

   (3) 頂點 A 與頂點 H 是否相鄰？是否連通？

   (4) 寫出任意兩個循環。

   (5) 畫出該圖形的相鄰矩陣表示方式。

   (6) 畫出該圖形的相鄰串列表示方式。

   (7) 假設起始頂點為 A，寫出該圖形的深度優先搜尋結果，然後改寫程式 <\Ch07\dfs.c>，驗證看看結果是否相同？

   (8) 假設起始頂點為 A，寫出該圖形的廣度優先搜尋結果，然後改寫程式 <\Ch07\bfs.c>，驗證看看結果是否相同？

2. 撰寫一個函數判斷一個無向圖形是否為連通圖形，然後分析該函數的時間複雜度 (提示：您可以呼叫前幾節所撰寫的 dfs() 或 bfs() 函數)。

7-4 最小成本擴張樹

擴張樹 (spanning tree) 指的是以圖形內最少的邊數連接所有頂點所形成的樹，而當圖形為加權圖形時，權重總和最小的擴張樹則稱為**最小成本擴張樹** (minimum cost spanning tree)，其應用相當多，舉例來說，假設要將校園內所有電腦連接成樹狀網路，那麼可以將電腦之間的距離視為權重，然後繪製最小成本擴張樹，就能使用最少的纜線連接這些電腦。

知名的最小成本擴張樹演算法有 Kruskal 演算法、Prim 演算法、Sollin 演算法等，它們和第 6-6 節的霍夫曼樹一樣採取**貪婪法** (greedy method)，也就是在重複的過程中，不斷取用最大值或最小值來進行處理。

7-4-1 Kruskal 演算法

Kruskal 演算法的原理是從加權圖形中一次選取一個權重最小的邊，且不能與已經選取的邊形成循環，假設加權圖形中有 V 個頂點，則總共需要選取 V - 1 個邊，才能連接 V 個頂點。

範例 7.12 使用 [Kruskal 演算法] 找出下列圖形的最小成本擴張樹。

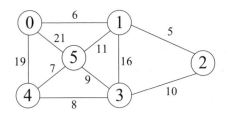

解答：

1. 找出權重最小的邊，即(1, 2)。

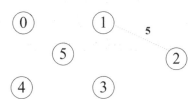

2. 找出權重最小的邊，且不能與已經
   選取的邊形成循環，即 (0, 1)。

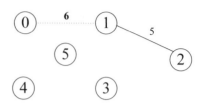

3. 找出權重最小的邊，且不能與已經
   選取的邊形成循環，即 (4, 5)。

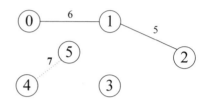

4. 找出權重最小的邊，且不能與已經
   選取的邊形成循環，即 (3, 4)。

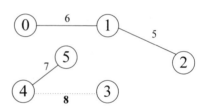

5. 找出權重最小的邊，且不能與已
   經選取的邊形成循環，即 (2, 3)。
   請注意，雖然 (3, 5) 的權重比 (2,
   3) 的權重小，但卻會與已經選取
   的邊形成循環，所以不能選取 (3,
   5)。

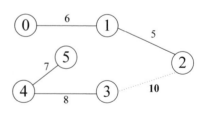

6. 由於已經成功選取 5 個邊(頂點個
   數為 6)，故停止選取，得到最小成
   本擴張樹的權重總和為 36。

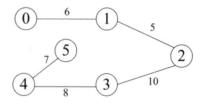

範例 7.13 撰寫一個程式針對範例 7.12 的圖形實作 [Kruskal 演算法]。

解答：首先，我們來構想 Kruskal 演算法的流程圖，如下。

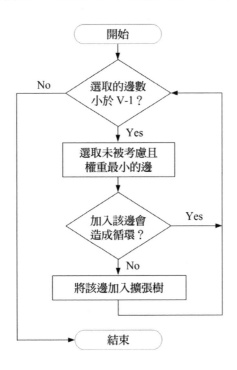

接著，宣告如下結構存放圖形的邊：

```
#define V 6          /*定義圖形的頂點個數為 6*/
#define E 10         /*定義圖形的邊數為 10*/

typedef struct e{    /*宣告 edge 結構用來存放邊*/
  int Vi;            /*邊的起點*/
  int Vj;            /*邊的終點*/
  int cost;          /*邊的權重*/
  int selected;      /*邊的狀態，0 表示未被考慮，1 表示已被選取，2 表示已被排除*/
}edge;
edge edges[E];       /*宣告 edges[] 陣列存放圖形的所有邊*/
```

有了這個結構，我們可以把下列圖形的邊表示成如下，然後據此設定 edges[]
陣列。

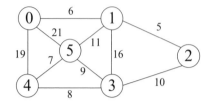

	Vi	Vj	cost	selected
E[0]	0	1	6	0
E[1]	0	4	19	0
E[2]	0	5	21	0
E[3]	1	2	5	0
E[4]	1	3	16	0
E[5]	1	5	11	0
E[6]	2	3	10	0
E[7]	3	4	8	0
E[8]	3	5	9	0
E[9]	4	5	7	0

最後，撰寫如下程式實作 Kruskal 演算法，令它找出上列圖形的最小成本擴張
樹。請注意，裡面的 cycle() 函數運用了互斥集合的搜尋運算，來判斷將指定
的邊加入擴張樹是否會造成循環，而 add_edge() 函數則是運用了互斥集合的
聯集運算，將邊的頂點加入擴張樹的頂點集合。

\Ch07\kruskal.c（下頁續 1/4）

```
#include <stdio.h>
#define V 6        /*定義圖形的頂點個數為 6*/
#define E 10       /*定義圖形的邊數為 10*/

/*宣告 edge 結構用來存放邊*/
typedef struct e{
  int Vi;          /*邊的起點*/
  int Vj;          /*邊的終點*/
  int cost;        /*邊的權重*/
  int selected;    /*邊的狀態，0 表示未被考慮，1 表示已被選取，2 表示已被排除*/
}edge;

/*宣告 edges[] 陣列用來存放圖形的所有邊*/
edge edges[E];
```

\Ch07\kruskal.c（下頁續 2/4）

```c
/*宣告 parent[] 陣列用來存放互斥集合，頂點 0 ~ 5 將存放在索引為 0 ~ 5 的位置*/
int parent[V];

/*宣告 graph[][] 陣列，主程式據此設定 edges[] 中所有邊的起點、終點、權重及狀態*/
int graph[E][4] = {0, 1,  6, 0,
                   0, 4, 19, 0,
                   0, 5, 21, 0,
                   1, 2,  5, 0,
                   1, 3, 16, 0,
                   1, 5, 11, 0,
                   2, 3, 10, 0,
                   3, 4,  8, 0,
                   3, 5,  9, 0,
                   4, 5,  7, 0};

/*這個函數會從尚未考慮過的邊中選取權重最小者，然後傳回其索引*/
int select_edge()
{
  int i, e_index = 0, mincost = 32767;

  for (i = 0; i < E; i++)
    if ((edges[i].selected == 0) && (edges[i].cost < mincost)){
      e_index = i;
      mincost = edges[i].cost;
    }
  return e_index;
}

/*這個函數會在互斥集合中搜尋參數指定的元素位於哪個集合並傳回該集合的樹根*/
int find(int i)
{
  while (parent[i] > 0)
    i = parent[i];
  return i;
}
```

\Ch07\kruskal.c（下頁續 3/4）

```c
/*這個函數會判斷將指定的邊加入擴張樹是否會造成循環，是就傳回 1，否則傳回 0*/
int cycle(int e_index)
{
  int i = find(edges[e_index].Vi);   /*找出邊的起點所在之集合的樹根*/
  int j = find(edges[e_index].Vj);   /*找出邊的終點所在之集合的樹根*/
  if (i == j) return 1;              /*若樹根相同，表示位於相同集合，就傳回 1*/
  return 0;                          /*否則傳回 0*/
}

/*這個函數會將邊的頂點加入擴張樹的頂點集合並標示為已選取*/
void add_edge(int e_index)
{
  int i = find(edges[e_index].Vi);   /*找出邊的起點所在之集合的樹根*/
  int j = find(edges[e_index].Vj);   /*找出邊的終點所在之集合的樹根*/
  parent[i] = j;                     /*令第一個集合成為第二個集合的子樹*/
  edges[e_index].selected = 1;       /*將該邊標示為已選取*/
}

/*這個函數會印出最小成本擴張樹的邊及權重總和*/
void show_spanningtree()
{
  int i, totalcost = 0;
  printf("被選取的邊為 ");
  for (i = 0; i < E; i++)
    if (edges[i].selected == 1){
      printf("(%d, %d) ", edges[i].Vi, edges[i].Vj);
      totalcost += edges[i].cost;
    }
  printf("\n 最小成本擴張樹的權重總和為%d", totalcost);
}
```

```c
/*這個函數會實作 Kruskal 演算法*/
void kruskal()
{
  /*這個變數用來記錄目前的邊的索引*/
  int e_index;
```

\Ch07\kruskal.c (接上頁 4/4)

```c
/*這個變數用來記錄已經選取的邊數，初始值為 0*/
int e_num = 0;

while (e_num < V - 1){              /*當選取的邊數小於頂點個數減 1 時*/
   e_index = select_edge();         /*選取未被考慮且權重最小的邊*/
   if (cycle(e_index) == 0){        /*若該邊加入擴張樹不會造成循環*/
      add_edge(e_index);            /*將該邊加入擴張樹*/
      e_num++;                      /*將已經選取的邊數遞增 1*/
   }
   else
      edges[e_index].selected = 2;  /*否則將該邊排除*/
}
show_spanningtree();                /*印出最小成本擴張樹的邊及權重總和*/
}
```

```c
/*主程式*/
int main()
{
   for (int i = 0; i < V; i++)      /*將用來存放互斥集合的陣列初始化*/
      parent[i] = -1;
   for (int i = 0; i < E; i++){     /*根據 graph[][] 將所有邊放入 edges[]*/
      edges[i].Vi = graph[i][0];
      edges[i].Vj = graph[i][1];
      edges[i].cost = graph[i][2];
      edges[i].selected = graph[i][3];
   }
   kruskal();
}
```

```
[Running] cd "c:\Users\Jean\Documents\Samples\Ch07\" &&
gcc kruskal.c -o kruskal &&
"c:\Users\Jean\Documents\Samples\Ch07\"kruskal
被選取的邊為 (0, 1) (1, 2) (2, 3) (3, 4) (4, 5)
最小成本擴張樹的權重總和為36
[Done] exited with code=0 in 0.308 seconds
```

7-4-2 Prim 演算法

Prim 演算法的原理是從加權圖形中任意頂點開始選取權重最小的邊，但不能與已經選取的邊形成循環，而且必須與已經選取的邊形成一棵樹，假設加權圖形中有 V 個頂點，則總共需要選取 V - 1 個邊，才能連接 V 個頂點。

範例 7.14 使用 [Prim 演算法] 找出下列圖形的最小成本擴張樹 (假設起始頂點為 0)。

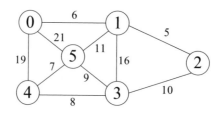

解答：

1. 找出起始頂點 0 權重最小的邊，即 (0, 1)。

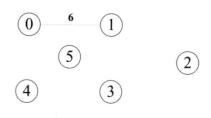

2. 找出頂點 1 權重最小的邊，但不能與已經選取的邊形成循環，即 (1, 2)。

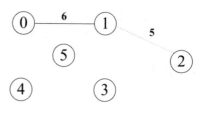

3. 找出頂點 2 權重最小的邊，但不能與已經選取的邊形成循環，即 (2, 3)。

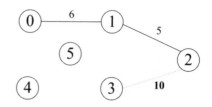

4. 找出頂點 3 權重最小的邊,但不能與已經選取的邊形成循環,即 (3,4)。

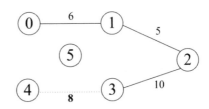

5. 找出頂點 4 權重最小的邊,但不能與已經選取的邊形成循環,即 (4,5)。

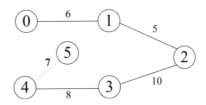

6. 由於已經成功選取 5 個邊(頂點個數為 6),故停止選取,得到最小成本擴張樹的權重總和為 36。

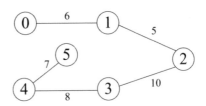

7-4-3　Sollin 演算法

Sollin 演算法的原理是從加權圖形中選取每對頂點之間權重最小的邊,重複的邊就刪除,若這些邊無法將所有頂點連接在一起,就繼續選取權重較小且尚未選取的邊,直到形成最小成本擴張樹。

範例 7.15　使用 [Sollin 演算法] 找出下列圖形的最小成本擴張樹。

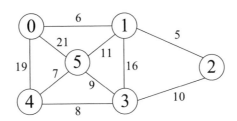

解答：

1. 選取每對頂點之間權重最小的
   邊，包括 $(0, 1)$、$(1, 2)$、$(2, 1)$、
   $(3, 4)$、$(4, 5)$、$(5, 4)$，重複的邊
   就刪除，得到 $(0, 1)$、$(1, 2)$、
   $(3, 4)$、$(4, 5)$。

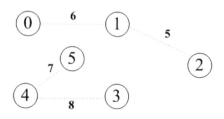

2. 由於這些邊無法將所有頂點連
   接在一起，就繼續選取權重較
   小且尚未選取的邊 $(2, 3)$，得
   到權重總和為 36 的最小成本
   擴張樹。

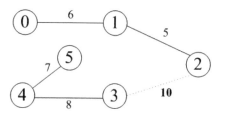

＼ 隨 堂 練 習 ／

以紙筆模擬使用 Kruskal、Prim、Sollin 等三種演算法，找出下列圖形的最小成
本擴張樹。

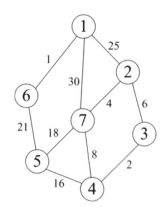

7-5　最短路徑

除了最小成本擴張樹之外，加權圖形還有一種常見的應用，就是找出頂點之間的**最短路徑** (shortest path)，而這又分成「某個頂點到其它頂點的最短路徑」和「任意兩個頂點的最短距離」兩種情況。

舉例來說，假設我們以加權圖形表示城市之間的交通路線，如圖 7.11，頂點表示縣市，邊表示縣市之間的距離 (或需要花費的路程時間)，那麼對一個駕駛人來說，他所感興趣的將是從某個縣市到其它縣市的最短路徑為何？或是任意兩個縣市的最短距離為何？

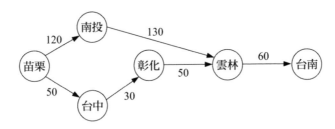

圖 7.11 以加權圖形表示城市之間的交通路線

7-5-1　某個頂點到其它頂點的最短路徑

在說明如何求取某個頂點到其它頂點的最短路徑之前，我們先來觀察在圖 7.12 的加權圖形 G_{16} 中，起始頂點 V_0 與其它頂點的最短路徑為何。

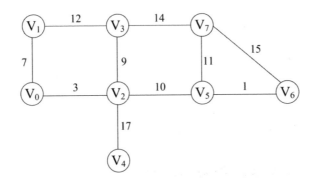

圖 7.12 加權圖形 G_{16}

很明顯的，起始頂點 V_0 到 V_2 的最短距離為 3，而在 V_2 的路徑決定後，我們發現可以從 V_0 經由 V_2 到 V_3 ($V_0 \rightarrow V_2 \rightarrow V_3$)，得到 V_0 到 V_3 的最短距離為 12，也可以從 V_0 經由 V_2 到 V_5 ($V_0 \rightarrow V_2 \rightarrow V_5$)，得到 V_0 到 V_5 的最短距離為 13，還可以從 V_0 經由 V_2 到 V_4 ($V_0 \rightarrow V_2 \rightarrow V_4$)，得到 V_0 到 V_4 的最短距離為 20，依此類推，就可以得到 V_0 到其它頂點的最短路徑如下。

起點	終點	最短距離	最短路徑
V_0	V_1	7	$V_0 \rightarrow V_1$
	V_2	3	$V_0 \rightarrow V_2$
	V_3	12	$V_0 \rightarrow V_2 \rightarrow V_3$
	V_4	20	$V_0 \rightarrow V_2 \rightarrow V_4$
	V_5	13	$V_0 \rightarrow V_2 \rightarrow V_5$
	V_6	14	$V_0 \rightarrow V_2 \rightarrow V_5 \rightarrow V_6$
	V_7	24	$V_0 \rightarrow V_2 \rightarrow V_5 \rightarrow V_7$

有了初步的概念後，我們可以使用 Dijkstra **演算法**求取某個頂點到其它頂點的最短路徑，該演算法使用到下列資料結構，其中 V 為加權圖形的頂點個數：

◀ admatrix[V][V]：這是加權圖形的相鄰矩陣表示方式，以圖 7.12 的 G_{16} 為例，其相鄰矩陣如圖 7.13。

$$
\begin{array}{c} & \begin{array}{cccccccc} V_0 & V_1 & V_2 & V_3 & V_4 & V_5 & V_6 & V_7 \end{array} \\ \begin{array}{c} V_0 \\ V_1 \\ V_2 \\ V_3 \\ V_4 \\ V_5 \\ V_6 \\ V_7 \end{array} & \left[\begin{array}{cccccccc} 0 & 7 & 3 & \infty & \infty & \infty & \infty & \infty \\ 7 & 0 & \infty & 12 & \infty & \infty & \infty & \infty \\ 3 & \infty & 0 & 9 & 17 & 10 & \infty & \infty \\ \infty & 12 & 9 & 0 & \infty & \infty & \infty & 14 \\ \infty & \infty & 17 & \infty & 0 & \infty & \infty & \infty \\ \infty & \infty & 10 & \infty & \infty & 0 & 1 & 11 \\ \infty & \infty & \infty & \infty & \infty & 1 & 0 & 15 \\ \infty & \infty & \infty & 14 & \infty & 11 & 15 & 0 \end{array} \right]_{8 \times 8} \end{array}
$$

圖 7.13 加權圖形 G_{16} 的相鄰矩陣表示方式

◀ distance[V]：這是用來存放起始頂點到其它頂點的最短距離，以圖 7.12 的 G_{16} 為例，假設起始頂點為 V_0，則 distance[V] 陣列的初始值如下：

i	0 (V_0)	1 (V_1)	2 (V_2)	3 (V_3)	4 (V_4)	5 (V_5)	6 (V_6)	7 (V_7)
distance[i]	0	7	3	∞	∞	∞	∞	∞

而在求出 V_0 到其它頂點的最短路徑後，distance[V] 陣列的值如下：

i	0 (V_0)	1 (V_1)	2 (V_2)	3 (V_3)	4 (V_4)	5 (V_5)	6 (V_6)	7 (V_7)
distance[i]	0	7	3	12	20	13	14	24

◀ selected[V]：這是用來記錄頂點的最短路徑是否已經選擇，1 表示是，0 表示否，以圖 7.12 的 G_{16} 為例，假設起始頂點為 V_0，則 selected[V] 陣列的初始值如下，裡面只有表示 V_0 的 selected[0] 為 1，其它均為 0：

i	0 (V_0)	1 (V_1)	2 (V_2)	3 (V_3)	4 (V_4)	5 (V_5)	6 (V_6)	7 (V_7)
selected[i]	1	0	0	0	0	0	0	0

◀ previous[V]：這是用來記錄各個頂點最短路徑中的前一個頂點，以圖 7.12 的 G_{16} 為例，假設起始頂點為 V_0，則 previous[V] 陣列的初始值如下：

i	0 (V_0)	1 (V_1)	2 (V_2)	3 (V_3)	4 (V_4)	5 (V_5)	6 (V_6)	7 (V_7)
previous[i]	0	0	0	0	0	0	0	0

而在求出 V_0 到其它頂點的最短路徑後，previous[V] 陣列的值如下，其中 previous[3] 等於 2，表示 V_0 到 V_3 最短路徑中的前一個頂點為 V_2，而 previous[2] 等於 0，表示 V_0 到 V_2 最短路徑中的前一個頂點為 V_0，故 V_0 到 V_3 的最短路徑為 $V_0 \rightarrow V_2 \rightarrow V_3$。

i	0 (V_0)	1 (V_1)	2 (V_2)	3 (V_3)	4 (V_4)	5 (V_5)	6 (V_6)	7 (V_7)
previous[i]	0	0	0	2	2	2	5	5

Dijkstra 演算法亦屬於貪婪法,其原理是每次都要從尚未選擇的頂點中選擇距離最短者 V_x (selected[x] 等於 0 且 distance[x] 的值最小),然後檢查有沒有其它尚未選擇的頂點 V_i 因為行經 V_x 而使距離變短,即令 distance[i] = min{distance[i], distance[x] + admatrix[x][i]},如此重複 V - 1 次,直到找出第 V - 1 個頂點的最短路徑,整個演算法才宣告結束。聽起來頗為複雜?!別擔心,只要將範例 7.16 實際演練一遍,相信您很快能夠掌握 Dijkstra 演算法的精髓。

範例 7.16 [Dijkstra 演算法] 針對圖 7.12 的 G_{16} 找出 V_0 到其它頂點的最短距離。

解答:

1. 針對圖 7.12 的 G_{16} 設定 admatrix[V][V]、distance[V]、selected[V]、previous[V] 的初始值,其中 admatrix[V][V] 是根據圖 7.13 的相鄰矩陣做設定,此處不再重複列出。

i	0 (V_0)	1 (V_1)	2 (V_2)	3 (V_3)	4 (V_4)	5 (V_5)	6 (V_6)	7 (V_7)
distance[i]	0	7	3	∞	∞	∞	∞	∞
selected[i]	1	0	0	0	0	0	0	0
previous[i]	0	0	0	0	0	0	0	0

2. 從尚未選擇的頂點中選擇距離最短者 V_x (selected[x]=0 且 distance[x] 的值最小),此處為 V_2,故將 selected[2] 設定為 1;接著,檢查有沒有其它尚未選擇的頂點 V_i 因行經 V_2 而使距離變短,即令 distance[i] = min{distance[i], distance[2] + admatrix[2][i]},發現 V_3 的距離 distance[3] 原為 ∞,但 distance[2] + admatrix[2][3] = 3 + 9 = 12,故取其小者,將 distance[3] 設定為 12,並將 previous[3] 設定為 2,表示它的前一個頂點為 V_2 ($V_0 \rightarrow V_2 \rightarrow V_3$)。

   同理,將 V_4 的距離 distance[4] 設定為 20 (distance[2] + admatrix[2][4] = 3 + 17),並將 previous[4] 設定為 2,表示它的前一個頂點為 V_2 ($V_0 \rightarrow V_2 \rightarrow V_4$);同理,將 V_5 的距離 distance[5] 設定為 13 (distance[2] + admatrix[2][5] = 3 + 10),並將 previous[5] 設定為 2,表示它的前一個頂點為 V_2 ($V_0 \rightarrow V_2 \rightarrow V_5$)。

i	0 (V₀)	1 (V₁)	2 (V₂)	3 (V₃)	4 (V₄)	5 (V₅)	6 (V₆)	7 (V₇)
distance[i]	0	7	3	12	20	13	∞	∞
selected[i]	1	0	1	0	0	0	0	0
previous[i]	0	0	0	2	2	2	0	0

3. 從尚未選擇的頂點中選擇距離最短者 V_x (selected[x]=0 且 distance[x] 的值最小)，此處為 V_1，故將 selected[1] 設定為 1；接著，檢查有沒有其它尚未選擇的頂點 V_i 因行經 V_1 而使距離變短，結果沒有。

i	0 (V₀)	1 (V₁)	2 (V₂)	3 (V₃)	4 (V₄)	5 (V₅)	6 (V₆)	7 (V₇)
distance[i]	0	7	3	12	20	13	∞	∞
selected[i]	1	1	1	0	0	0	0	0
previous[i]	0	0	0	2	2	2	0	0

4. 從尚未選擇的頂點中選擇距離最短者 V_x (selected[x]=0 且 distance[x] 的值最小)，此處為 V_3，故將 selected[3] 設定為 1；接著，檢查有沒有其它尚未選擇的頂點 V_i 因行經 V_3 而使距離變短，即令 distance[i] = min{distance[i], distance[3] + admatrix[3][i]}，發現 V_7 的距離原為 ∞，但 distance[3] + admatrix[3][7] = 12 + 14 = 26，故取其小者將 distance[7] 設定為 26，並將 previous[7] 設定為 3，表示它的前一個頂點為 V_3 ($V_0 \to V_2 \to V_3 \to V_7$)。

i	0 (V₀)	1 (V₁)	2 (V₂)	3 (V₃)	4 (V₄)	5 (V₅)	6 (V₆)	7 (V₇)
distance[i]	0	7	3	12	20	13	∞	26
selected[i]	1	1	1	1	0	0	0	0
previous[i]	0	0	0	2	2	2	0	3

5. 從尚未選擇的頂點中選擇距離最短者 V_x (selected[x]=0 且 distance[x] 的值最小)，此處為 V_5，故將 selected[5] 設定為 1；接著，檢查有沒有其它尚未選擇的頂點 V_i 因行經 V_5 而使距離變短，即令 distance[i] = min{distance[i], distance[5] + admatrix[5][i]}，發現 V_6 的距離原為 ∞，但 distance[5] + admatrix[5][6] = 13 + 1 = 14，故取其小者將 distance[6] 設定為 14，並將 previous[6] 設定為 5，表示它的前一個頂點為 V_5 ($V_0 \to V_2 \to V_5 \to V_6$)。

同理,將 V_7 的距離 distance[7] 設定為 24 (distance[5] + admatrix[5][7] = 13 + 11),並將 previous[7] 設定為 5,表示它的前一個頂點為 V_5 ($V_0 \to V_2 \to V_5 \to V_7$)。

i	0 (V_0)	1 (V_1)	2 (V_2)	3 (V_3)	4 (V_4)	5 (V_5)	6 (V_6)	7 (V_7)
distance[i]	0	7	3	12	20	13	14	24
selected[i]	1	1	1	1	0	1	0	0
previous[i]	0	0	0	2	2	2	5	5

6. 從尚未選擇的頂點中選擇距離最短者 V_x (selected[x]=0 且 distance[x] 的值最小),此處為 V_6,故將 selected[6] 設定為 1;接著,檢查有沒有其它尚未選擇的頂點 V_i 因行經 V_6 而使距離變短,結果沒有。

i	0 (V_0)	1 (V_1)	2 (V_2)	3 (V_3)	4 (V_4)	5 (V_5)	6 (V_6)	7 (V_7)
distance[i]	0	7	3	12	20	13	14	24
selected[i]	1	1	1	1	0	1	1	0
previous[i]	0	0	0	2	2	2	5	5

7. 從尚未選擇的頂點中選擇距離最短者 V_x (selected[x]=0 且 distance[x] 的值最小),此處為 V_4,故將 selected[4] 設定為 1;接著,檢查有沒有其它尚未選擇的頂點 V_i 因行經 V_4 而使距離變短,結果沒有。

i	0 (V_0)	1 (V_1)	2 (V_2)	3 (V_3)	4 (V_4)	5 (V_5)	6 (V_6)	7 (V_7)
distance[i]	0	7	3	12	20	13	14	24
selected[i]	1	1	1	1	1	1	1	0
previous[i]	0	0	0	2	2	2	5	5

8. 從尚未選擇的頂點中選擇距離最短者 V_x (selected[x]=0 且 distance[x] 的值最小),此處為 V_7,故將 selected[7] 設定為 1;接著,檢查有沒有其它尚未選擇的頂點 V_i 因行經 V_7 而使距離變短,結果沒有。

i	0 (V_0)	1 (V_1)	2 (V_2)	3 (V_3)	4 (V_4)	5 (V_5)	6 (V_6)	7 (V_7)
distance[i]	0	7	3	12	20	13	14	24
selected[i]	1	1	1	1	1	1	1	1
previous[i]	0	0	0	2	2	2	5	5

範例 7.17 撰寫一個程式針對圖 7.12 的 G_{16} 實作 [Dijkstra 演算法]。

解答： 這個程式的執行結果如下，裡面列出了 V_0 到其它頂點的最短路徑，您可以和第 7-42 頁所歸納出來的表格做對照，同時您也可以試著在主程式內將起始頂點 V_s 變更為其它頂點，看看執行結果是否依然正確，例如將起始頂點 V_s 設定為 1，就能求取 V_1 到其它頂點的最短路徑。此外，**dijkstra()** 函數內有兩層 for 迴圈，其執行次數分別為 V - 1 和 V，故時間複雜度為 $O(V^2)$。

```
[Running] cd "c:\Users\Jean\Documents\Samples\Ch07\" &&
gcc dijkstra.c -o dijkstra &&
"c:\Users\Jean\Documents\Samples\Ch07\"dijkstra
V0到V1的最短距離為7,     路徑為V1-->V0
V0到V2的最短距離為3,     路徑為V2-->V0
V0到V3的最短距離為12,    路徑為V3-->V2-->V0
V0到V4的最短距離為20,    路徑為V4-->V2-->V0
V0到V5的最短距離為13,    路徑為V5-->V2-->V0
V0到V6的最短距離為14,    路徑為V6-->V5-->V2-->V0
V0到V7的最短距離為24,    路徑為V7-->V5-->V2-->V0
```

\Ch07\dijkstra.c （下頁續 1/3）

```c
#include <stdio.h>

/*定義加權圖形的頂點個數為 8*/
#define V 8

/*定義∞的值為 32767*/
#define INFINITE 32767

/*宣告 admatrix[][] 陣列存放加權圖形的相鄰矩陣*/
int admatrix[V][V] = {0, 7, 3, INFINITE, INFINITE, INFINITE, INFINITE, INFINITE,
                7, 0, INFINITE, 12, INFINITE, INFINITE, INFINITE, INFINITE,
                3, INFINITE, 0, 9, 17, 10, INFINITE, INFINITE,
                INFINITE, 12, 9, 0, INFINITE, INFINITE, INFINITE, 14,
                INFINITE, INFINITE, 17, INFINITE, 0, INFINITE, INFINITE, INFINITE,
                INFINITE, INFINITE, 10, INFINITE, INFINITE, 0, 1, 11,
                INFINITE, INFINITE, INFINITE, INFINITE, INFINITE, 1, 0, 15,
                INFINITE, INFINITE, INFINITE, 14, INFINITE, 11, 15, 0};
```

\Ch07\dijkstra.c (下頁續 2/3)

```c
int distance[V];        /*存放起始頂點到其它頂點的最短距離*/
int selected[V];        /*記錄頂點的最短路徑是否已經選擇，1 表示是，0 表示否*/
int previous[V];        /*記錄各個頂點最短路徑中的前一個頂點*/

/*這個函數會從尚未選擇的頂點中選擇距離最短者，然後傳回其索引*/
int select_shortest()
{
  int i, Vx, shortest = 32767;
  for (i = 0; i < V; i++)
    if (selected[i] == 0 && distance[i] < shortest){
      Vx = i;
      shortest = distance[i];
    }
  return Vx;
}
```

```c
/*這個函數會實作 Dijkstra 演算法，參數 Vs 表示起始頂點*/
void dijkstra(int Vs)
{
  int i, Vx, Vi;
  for (i = 0; i < V; i++){          /*將陣列初始化*/
    distance[i] = admatrix[Vs][i];
    selected[i] = 0;
    previous[i] = Vs;
  }
  selected[Vs] = 1;                 /*將起始頂點設定為已經選擇*/
  for (i = 0; i < V - 1; i++){      /*令迴圈重複 V-1 次，整個演算法才宣告結束*/
    Vx = select_shortest();         /*從尚未選擇的頂點中選擇距離最短者*/
    selected[Vx] = 1;               /*將該頂點設定為已經選擇*/
    /*檢查有沒有尚未選擇的頂點 Vi 因為行經 Vx 而使距離變短*/
    for (Vi = 0; Vi < V; Vi++)
      if (selected[Vi] == 0 && (distance[Vi] > distance[Vx] + admatrix[Vx][Vi])){
        distance[Vi] = distance[Vx] + admatrix[Vx][Vi];
        previous[Vi] = Vx;
      }
  }
}
```

\Ch07\dijkstra.c (接上頁 3/3)

```
/*主程式*/
int main()
{
  int i, Vi, Vs = 0;          /*Vs 為起始頂點，此處是設定為 V₀ */
  dijkstra(Vs);               /*呼叫 dijkstra() 函數求取 Vs 到其它頂點的最短路徑*/
  for (Vi = 0; Vi < V; Vi++){ /*印出 Vs 到其它頂點的最短路徑*/
    if (Vi == Vs) continue;
    printf("V%d 到 V%d 的最短距離為%d,\t 路徑為 V%d-->",Vs, Vi, distance[Vi], Vi);
    for (i = previous[Vi]; i != Vs ; i = previous[i])
      printf("V%d-->", i);
    printf("V%d\n", Vs);
  }
}
```

7-5-2 任意兩個頂點的最短距離

我們可以使用下列兩種方法求取任意兩個頂點的最短距離：

◀ 分別以加權圖形的每個頂點做為起始頂點執行 Dijkstra 演算法，假設加權圖形的頂點個數為 V，總共需要執行 V 次，所以這個方法的時間複雜度為 $O(V^3)$。

◀ 使用 Floyd 演算法，其步驟如下，這個方法的時間複雜度亦為 $O(V^3)$：

1. 使用 admatrix[V][V] 陣列存放加權圖形的相鄰矩陣。

2. 定義 $A^k[i][j]$ 為 V_i 到 V_j 的最短距離，而且中間只能經過索引小於等於 k 的頂點，即 V_i 只能行經索引小於等於 k 的頂點到 V_j。

3. 定義 $A^0[i][j]$ 為 admatrix[i][j]，因為沒有索引小於等於 0 的頂點，所以 $A^0[i][j]$ 其實就是邊 (V_i, V_j) 的距離。

4. 根據下式依序求取 A^0、A^1、$\cdots$、A^V，A^V 即為最後的結果。

$A^k[i][j]$ = min{$A^{k-1}[i][j]$, $A^{k-1}[i][k]$ + $A^{k-1}[k][j]$}, k≥1 且 $A^0[i][j]$ = 邊 (V_i, V_j) 的距離

範例 7.18 [Floyd 演算法] 針對加權圖形 G_{17} 找出任意兩個頂點的最短距離。

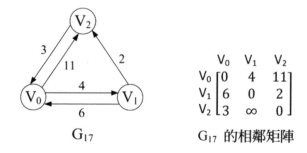

$$\begin{array}{c} & \begin{array}{ccc} V_0 & V_1 & V_2 \end{array} \\ \begin{array}{c} V_0 \\ V_1 \\ V_2 \end{array} & \left[\begin{array}{ccc} 0 & 4 & 11 \\ 6 & 0 & 2 \\ 3 & \infty & 0 \end{array}\right] \end{array}$$

G_{17} G_{17} 的相鄰矩陣

解答：

1. 求出 A^0，其中 $A^0[i][j]$ 為邊 (V_i, V_j) 的距離。

$$\begin{array}{c} & \begin{array}{ccc} V_0 & V_1 & V_2 \end{array} \\ \begin{array}{c} V_0 \\ V_1 \\ V_2 \end{array} & \left[\begin{array}{ccc} 0 & 4 & 11 \\ 6 & 0 & 2 \\ 3 & \infty & 0 \end{array}\right] \end{array}$$

2. 求出 A^1，其中 $A^1[i][j]$ 為 $\min\{A^0[i][j], A^0[i][k] + A^0[k][j]\}$，即比較 $V_i \rightarrow V_j$ 和 $V_i \rightarrow V_0 \rightarrow V_j$ 的距離何者較短，然後取其小者，例如 $V_2 \rightarrow V_1$ 的距離原為 ∞，而 $V_2 \rightarrow V_0 \rightarrow V_1$ 的距離為 7 ($A^0[2][0] + A^0[0][1]$)，故將 $A^1[2][1]$ 更新為 7。

$$\begin{array}{c} & \begin{array}{ccc} V_0 & V_1 & V_2 \end{array} \\ \begin{array}{c} V_0 \\ V_1 \\ V_2 \end{array} & \left[\begin{array}{ccc} 0 & 4 & 11 \\ 6 & 0 & 2 \\ 3 & 7 & 0 \end{array}\right] \end{array}$$

3. 求出 A^2，其中 $A^2[i][j]$ 為 $\min\{A^1[i][j], A^1[i][k] + A^1[k][j]\}$，即比較 $V_i \rightarrow V_j$ 和 $V_i \rightarrow V_1 \rightarrow V_j$ 的距離何者較短，然後取其小者，例如 $V_0 \rightarrow V_2$ 的距離原為 11，而 $V_0 \rightarrow V_1 \rightarrow V_2$ 的距離為 6 ($A^1[0][1] + A^1[1][2]$)，故將 $A^2[0][2]$ 更新為 6。

$$\begin{array}{c} & \begin{array}{ccc} V_0 & V_1 & V_2 \end{array} \\ \begin{array}{c} V_0 \\ V_1 \\ V_2 \end{array} & \left[\begin{array}{ccc} 0 & 4 & 6 \\ 6 & 0 & 2 \\ 3 & 7 & 0 \end{array}\right] \end{array}$$

4. 仿照前述步驟求出 A^3，得到 A^3 為任意兩個頂點的最短距離，例如 $V_0 \rightarrow V_2$ 的最短距離為 $A^3[0][2]$，即 6，$V_1 \rightarrow V_0$ 的最短距離為 $A^3[1][0]$，即 5，依此類推。

$$\begin{array}{c} & \begin{array}{ccc} V_0 & V_1 & V_2 \end{array} \\ \begin{array}{c} V_0 \\ V_1 \\ V_2 \end{array} & \left[\begin{array}{ccc} 0 & 4 & 6 \\ 5 & 0 & 2 \\ 3 & 7 & 0 \end{array}\right] \end{array}$$

範例 7.19 撰寫一個程式針對範例 7.18 的 G_{17} 實作 [Floyd 演算法]。

解答：這個程式的執行結果如下，裡面列出了任意兩個頂點的最短距離，您可以和範例 7.18 所推算出來的結果做對照。

```
v0到v0的最短距離為0
v0到v1的最短距離為4
v0到v2的最短距離為6
v1到v0的最短距離為5
v1到v1的最短距離為0
v1到v2的最短距離為2
v2到v0的最短距離為3
v2到v1的最短距離為7
v2到v2的最短距離為0
```

\Ch07\floyd.c (下頁續 1/2)

```c
#include <stdio.h>
#define V 3                     /*定義加權圖形的頂點個數為 3*/
#define INFINITE 32767          /*定義∞的值為 32767*/
int admatrix[V][V] = {0, 4, 11,     /*宣告陣列存放加權圖形的相鄰矩陣*/
                6, 0, 2,
                3, INFINITE, 0};
int A[V][V];                    /*宣告陣列存放任意兩個頂點的最短距離*/

/*這個函數會實作 Floyd 演算法*/
void floyd()
{
  for (int i = 0; i < V; i++)
    for (int j = 0; j < V; j++)
      A[i][j] = admatrix[i][j];
  for (int k = 0; k < V; k++)
    for (int i = 0; i < V; i++)
      for (int j = 0; j < V; j++)
        if (A[i][j] > A[i][k] + A[k][j])
          A[i][j] = A[i][k] + A[k][j];
}
```

\Ch07\floyd.c （接上頁 2/2）

```c
/*主程式*/
int main()
{
  floyd();
  for (int i = 0; i < V; i++)
    for (int j = 0; j < V; j++)
      printf("V%d 到 V%d 的最短距離為%d\n", i, j, A[i][j]);
}
```

＼隨 堂 練 習 ／

1. 假設在圖 7.12 的加權圖形 G_{16} 中，起始頂點為 V_1，試寫出 V_1 到其它頂點的最短距離及路徑。

2. 假設下列加權圖形的起始頂點為 1，試使用 Dijkstra 演算法找出頂點 1 到其它頂點的最短路徑。

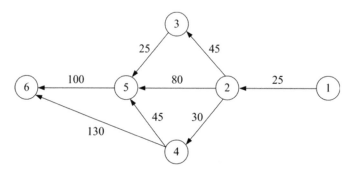

3. 以紙筆模擬使用 Floyd 演算法找出下列圖形中任意兩個頂點的最短距離。

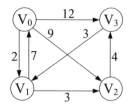

7-6 拓樸排序

生活中許多工作或計畫都可以劃分成數個有先後順序的活動，比方說，我們可以使用圖 7.14 的有向圖形 G_{18} 表示選修課程的計畫，其中頂點表示**活動** (activity)，即課程，邊表示活動之間的**先後順序** (precedence relations)，即課程的先後順序，例如學生在選修「演算法」這門課程之前，必須修過「資料結構」和「工程數學」兩門課程，而這種有向圖形稱為**頂點工作網路** (AOV 網路，Activity On Vertex network)。

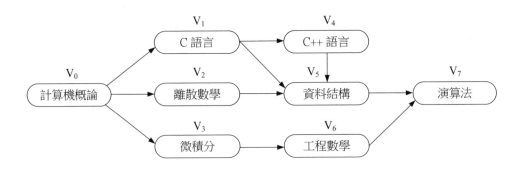

圖 7.14 使用有向圖形 G_{18} 表示選修課程的計畫

在 AOV 網路中，若頂點 V_i 到頂點 V_j 之間存在著路徑，則稱頂點 V_i 是 V_j 的**前行者** (predecessor)，頂點 V_j 是頂點 V_i 的**後繼者** (successor)，例如在有向圖形 G_{18} 中，頂點 V_0 是所有頂點的前行者，頂點 V_7 是所有頂點的後繼者。

此外，若邊 $<V_i, V_j>$ 存在，則稱頂點 V_i 是頂點 V_j 的**立即前行者** (immediate predecessor)，頂點 V_j 是頂點 V_i 的**立即後繼者** (immediate successor)，例如在有向圖形 G_{18} 中，V_1、V_2、V_4 等三個頂點是頂點 V_5 的立即前行者，頂點 V_5 是 V_1、V_2、V_4 等三個頂點的立即後繼者。

凡是有數個立即前行者的頂點，都必須等到它的所有立即前行者完成之後，才能進行該活動，例如在有向圖形 G_{18} 中，學生在選修「資料結構」這門課程之前，必須修過「C 語言」、「離散數學」和「C++ 語言」三門課程。

根據有向圖形 G_{18} 所規定的課程選修順序，如何從中找出一個選修順序能夠選修所有課程，同時不會碰到先修課程尚未修過的擋修問題，就是所謂的**拓樸排序** (topology sort)，例如 $V_0 \to V_1 \to V_2 \to V_3 \to V_4 \to V_5 \to V_6 \to V_7$ 和 $V_0 \to V_1 \to V_2 \to V_3 \to V_4 \to V_6 \to V_5 \to V_7$ 均滿足這樣的要求。

當要找出 AOV 網路的拓樸排序時，可以選擇尚未輸出且沒有前行者的頂點 (即進入分支度為 0 的頂點)，然後輸出該頂點，再將該頂點所連接出去的邊刪除 (即將其立即後繼者的進入分支度減 1)，不斷重複此過程，直到所有頂點輸出完畢。

範例 7.20 [拓樸排序] 針對有向圖形 G_{18} 找出其拓樸排序。

解答：

1. 計算每個頂點的進入分支度，我們將其標示在頂點旁邊。

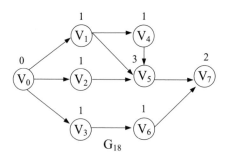

2. 選擇尚未輸出且沒有前行者的頂點 (即進入分支度為 0 的頂點)，此處為 V_0，故輸出 V_0，然後將 V_0 所連接出去的邊刪除 (即將其立即後繼者 V_1、V_2、V_3 的進入分支度減 1)。

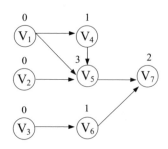

3. 選擇尚未輸出且沒有前行者的頂點 (即進入分支度為 0 的頂點)，此處有 V_1、V_2、V_3 等三個頂點，任選一個，假設為 V_1，故輸出 V_1，然後將 V_1 所連接出去的邊刪除 (即將其立即後繼者 V_4、V_5 的進入分支度減 1)。

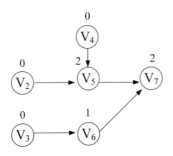

4. 仿照前述步驟，輸出 V_2 並將其立即後繼者 V_5 的進入分支度減 1。

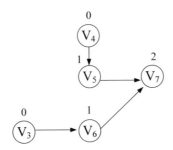

5. 仿照前述步驟，輸出 V_3 並將其立即後繼者 V_6 的進入分支度減 1。

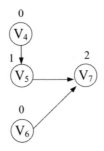

6. 仿照前述步驟，輸出 V_4 並將其立即後繼者 V_5 的進入分支度減 1。

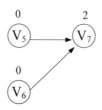

7. 仿照前述步驟，輸出 V_5 並將其立即後繼者 V_7 的進入分支度減 1。

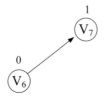

8. 仿照前述步驟，輸出 V_6 並將其立即後繼者 V_7 的進入分支度減 1。

9. 仿照前述步驟，輸出 V_7，此時，所有頂點均輸出完畢，故整個過程結束，得到拓樸排序為 $V_0 \rightarrow V_1 \rightarrow V_2 \rightarrow V_3 \rightarrow V_4 \rightarrow V_5 \rightarrow V_6 \rightarrow V_7$。

事實上，這組拓樸排序並不是唯一的，當有多個頂點的進入分支度均為 0 時，就會有不同的選擇，例如在步驟 3. 中，V_1、V_2、V_3 等三個頂點的進入分支度均為 0，因此，我們也可以選擇先輸出 V_2 或 V_3，這樣就會得到不同的拓樸排序，您不妨自己試著以紙筆演練看看。

範例 7.21 [拓樸排序] 撰寫一個程式針對有向圖形 G_{18} 實作拓樸排序。

解答： admatrix[V][V] 是 G_{18} 的相鄰矩陣，而 indegree[V]、outputed[V] 用來記錄每個頂點的進入分支度及是否已經輸出。<\Ch07\topology.c>

```c
/*這個函數會選擇沒有前行者的頂點，即尚未輸出且進入分支度為 0 的頂點*/
int select_vertex()
{
  for (int i = 0; i < V; i++)
    if (outputed[i] == 0 && indegree[i] == 0) return i;
}

/*這個函數會實作拓樸排序*/
void topology_sort()
{
  int i, j, Vx;
  for (i = 0; i < V; i++){          /*將陣列初始化*/
    indegree[i] = 0;
    outputed[i] = 0;
  }
  for (i = 0; i < V; i++)           /*計算每個頂點的進入分支度*/
    for (j = 0; j < V; j++)
      if (admatrix[i][j] == 1)
        indegree[j]++;
  for (i = 0; i < V; i++){          /*拓樸排序的迴圈必須重複 V 次才能結束*/
    Vx = select_vertex();          /*選擇尚未輸出且沒有前行者的頂點*/
    printf("V%d ", Vx);            /*輸出該頂點*/
    outputed[Vx] = 1;             /*將該頂點記錄為已經輸出*/
    for (j = 0; j < V; j++)        /*將頂點所連接出去的邊刪除*/
      if (admatrix[Vx][j] == 1){
        admatrix[Vx][j] = 0;
        indegree[j]--;
      }
  }
}
```

＼學習評量／

一、選擇題

( )1. 假設無向圖形 G = (V, E) 有 n 個頂點，n ≥ 1 且 M 為 G 的相鄰矩陣，下列敘述何者錯誤？

A. M[i, j] 等於 M[j, i]　　　　B. M[i, j] 為 G 的邊數

C. M[i, i] 等於 0　　　　　　　D. M 為 n×n 陣列

( )2. 下列何者屬於強連通圖形？

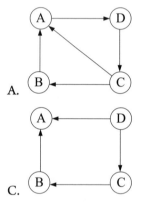

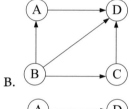

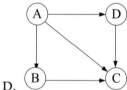

( )3. 已知**尤拉迴路** (Eulerian walk) 是從某個頂點出發，然後經過每個邊各一次，再返回原先出發的頂點，試問，下列何者具有尤拉迴路？(複選)

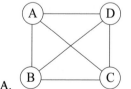

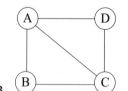

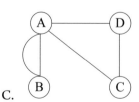

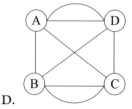

( )4. 下列哪個名詞指的是圖形的頂點有指向自己的邊？

  A. 多重圖形   B. 自身迴圈

  C. 簡單圖形   D. 連通單元

( )5. 寫出下列圖形的廣度優先搜尋結果（從頂點 1 開始）。

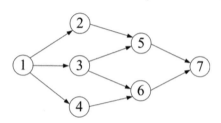

A. 1253467   B. 1367854

C. 1463257   D. 1234567

二、練習題

1. 簡單說明何謂圖形？舉出其應用三種。

2. 簡單解釋下列幾個與圖形相關的名詞：

   (1) 分支度　　(2) 有向圖形　(3) 尤拉迴路　(4) 加權圖形　(5) 自身迴圈

   (6) 連通圖形　(7) 多重圖形　(8) 簡單圖形　(9) 完整圖形　(10) 強連通

3. 簡單說明使用相鄰矩陣和相鄰串列存放圖形的優缺點為何？

4. 某個圖形的相鄰串列表示方式如下，試問，該圖形的深度優先搜尋結果為何（假設起始頂點為 A）？

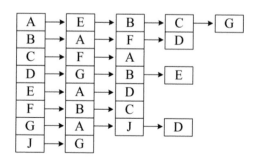

5. 畫出下列圖形的相鄰矩陣表示方式。

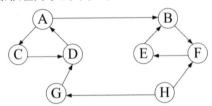

6. 假設 G 為無向圖形，其定義如下，其中 V(G) 為頂點集合，E(G) 為邊集合，試問，該定義中有一不合法的邊是哪個？為什麼？

   V(G) = {1, 2, 3, 4, 5, 6, 7, 8}

   G(E) = {(1, 2), (1, 3), (2, 4), (2, 5), (3, 6), (3, 7), (4, 5), (4, 6), (5, 5), (6, 7), (7, 8)}

7. 簡單說明圖形走訪有哪兩種方式？圖形走訪的應用為何？

8. 包含 n 個頂點的完整圖形有幾個邊？請畫出包含 4 個頂點的完整圖形。

9. 簡單說明深度優先搜尋 (DFS) 與廣度優先搜尋 (BFS) 的步驟。

10. 簡單說明何謂圖形的樹及擴張樹？試針對下列圖形畫出其擴張樹三種。

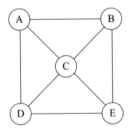

11. 根據下列圖形回答問題：

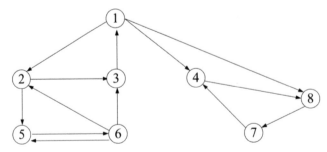

(1) 寫出頂點 6、8 的進入分支度與出去分支度。

(2) 寫出與頂點 2 相鄰的頂點。

(3) 該圖形是否為強連接？

(4) 寫出該圖形的深度優先搜尋結果（從頂點 1 開始）。

(5) 寫出該圖形的廣度優先搜尋結果（從頂點 1 開始）。

12. 根據下列圖形回答問題：

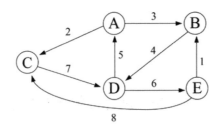

(1) 寫出頂點 E 的進入分支度與出去分支度。

(2) 寫出相鄰至頂點 D 的頂點。

(3) 頂點 A 與頂點 E 是否連通？

(4) 寫出任意兩個循環。

(5) 寫出附著在頂點 C 的邊。

(6) 畫出該圖形的相鄰矩陣表示方式。

(7) 畫出該圖形的相鄰串列表示方式。

13. 假設有一圖形 G = {V, E}，頂點集合 V(G) = {a, b, c, d, e, f, g, h, i}，邊集合 E(G) = {(a, b), (a, c), (b, d), (b, e), (b, f), (c, d), (d, g), (d, i), (e, f), (f, h), (f, g), (g, h), (g, i)}，試列出頂點 d 到 f 的所有最短路徑。

14. 簡單說明何謂最小成本擴張樹？舉例說明其實際應用。

15. 一個包含 6 個頂點的強連通圖形最少有幾個邊？

16. 分別以紙筆模擬使用 Kruskal、Prim、Sollin 等三種演算法，找出下列圖形的最小成本擴張樹。

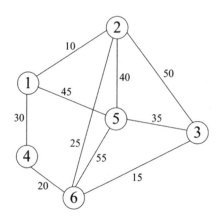

17. 使用 Dijkstra 演算法找出下列圖形中頂點 A 到其它頂點的最短距離。

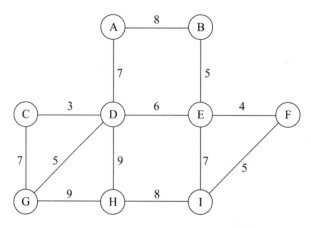

18. 下列圖形有幾種可能的拓樸排序？請舉出其中三種。

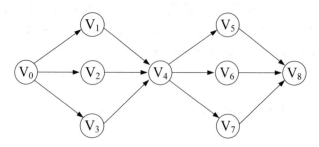

排　序

8-1 認識排序

排序 (sorting) 是常見的電腦運算,可以將多個資料由小到大遞增排列或由大到小遞減排列,例如成績排名、銷售排行榜等。排序的目的通常有兩個,其一是幫助**搜尋** (searching),其二是在串列中進行**比對** (matching)。

知名的排序演算法有選擇排序 (selection sort)、插入排序 (insertion sort)、氣泡排序 (bubble sort)、謝耳排序 (shell sort)、快速排序 (quick sort)、合併排序 (merge sort)、基數排序 (radix sort)、二元樹排序 (binary tree sort)、堆積排序 (heap sort) 等。

我們可以根據下列幾種規則將排序的方式加以分類:

◀ **根據資料的存放位置**:若資料能夠整個放進記憶體進行排序,就稱為**內部排序** (internal sorting),否則稱為**外部排序** (external sorting),此時,得藉助於磁碟、磁帶等輔助儲存裝置。顯然內部排序的效率會比外部排序來得好,這不僅是因為記憶體的存取速度較輔助儲存裝置快,而且無須考慮不同儲存裝置的存取方式。

◀ **根據排序後鍵值相同之資料的相對位置是否改變**:若鍵值相同之資料在排序後的相對位置和排序前相同,就稱為**穩定排序** (stable sorting),否則稱為**不穩定排序** (unstable sorting)。

舉例來說,假設排序前的資料為 {5, 7, 3, 5*, 4, 9, 2, 8},其中 5* 代表第二個 5,當排序後的資料為 {2, 3, 4, 5, 5*, 7, 8, 9} 時,表示為穩定排序,因為兩個 5 的相對位置在排序前後是相同的;相反的,當排序後的資料為 {2, 3, 4, 5*, 5, 7, 8, 9} 時,表示為不穩定排序,因為兩個 5 的相對位置在排序前後是不同的。

◀ **根據排序的效率**:若排序的技巧較簡單、執行時間較長,平均時間複雜度為 $O(n^2)$,就稱為**簡單排序**,例如選擇排序、插入排序、氣泡排序等;相反的,若排序的技巧較複雜、執行時間較短,平均時間複雜度為 $O(n\log_2 n)$,就稱為**高等排序**,例如合併排序、堆積排序等。

8-2 選擇排序

選擇排序 (selection sort) 的原理是每次都在剩下的資料中找出最小的資料，然後依照大小順序，將該資料放在正確的位置。當資料個數為 n 時，比較過程將分成 n-1 回合，第 i 回合會將第 i 小的資料與第 i 個位置的資料交換，令第 i 小的資料放在第 i 個位置 (由小到大排序)。舉例來說，假設要將 list[] = {3, 5, 9, 2, 7} 由小到大排序，其步驟如下，共四回合：

1. 第一回合的任務是要從剩下的資料中 (3, 5, 9, 2, 7) 找出最小的資料 (2)，然後與第一個位置的資料 (3) 交換，得到 list[] = {**2**, 5, 9, **3**, 7}。

2. 第二回合的任務是要從剩下的資料中 (5, 9, 3, 7) 找出最小的資料 (3)，然後與第二個位置的資料 (5) 交換，得到 list[] = {2, **3**, 9, **5**, 7}。

3. 第三回合的任務是要從剩下的資料中 (9, 5, 7) 找出最小的資料 (5)，然後跟與三個位置的資料 (9) 交換，得到 list[] = {2, 3, **5**, **9**, 7}。

4. 第四回合的任務是要從剩下的資料中 (9, 7) 找出最小的資料 (7)，然後與第四個位置的資料 (9) 交換，得到 list[] = {2, 3, 5, **7**, **9**}。

範例 8.1 寫出以 [選擇排序] 將 {15, 42, 29, 66, 73, 15*, 10, 19} 由小到大排序的過程，並根據結果判斷選擇排序是否屬於穩定排序？

解答：

原始資料：15, 42, 29, 66, 73, 15*, 10, 19
第一回合：**10**, 42, 29, 66, 73, 15*, **15**, 19
第二回合：10, **15***, 29, 66, 73, **42**, 15, 19
第三回合：10, 15*, **15**, 66, 73, 42, **29**, 19
第四回合：10, 15*, 15, **19**, 73, 42, 29, **66**
第五回合：10, 15*, 15, 19, **29**, 42, **73**, 66
第六回合：10, 15*, 15, 19, 29, **42**, 73, 66
第七回合：10, 15*, 15, 19, 29, 42, **66**, **73**

選擇排序屬於不穩定排序，因為兩個 15 的相對位置在排序前後是不同的。

範例 8.2 撰寫一個函數實作 [選擇排序] 並分析複雜度。

解答：首先，我們來討論 selection_sort() 函數的時間複雜度，無論是最佳情況、最差情況或平均情況，外部迴圈都會針對 i = 0, 1, …, n - 2 重複執行，此時，內部迴圈的執行次數分別為 n - 1、n - 2、…、2、1，共 n(n-1)/2 次，故時間複雜度為 O(n^2)。至於空間複雜度則為 O(1)，也就是需要一個額外的空間做為資料交換的緩衝區，即 temp 變數。

此外，選擇排序屬於不穩定排序，因為第 i 回合會將第 i 小的資料與第 i 個位置的資料交換，即使這兩個資料的大小相同，也會被交換。

\Ch08\select.c

```
#include <stdio.h>
#define N 8                       /*定義欲排序的資料個數為 8*/

void selection_sort(int list[], int n)
{
  int i, j, min, temp;
  for (i = 0; i < n - 1; i++){
    min = i;
    for (j = i + 1; j < n; j++)      /*在剩下的資料中找出最小的資料*/
      if (list[j] < list[min]) min = j;
    temp = list[min];              /*將第 i 小的資料與第 i 個位置的資料交換*/
    list[min] = list[i];
    list[i] = temp;
  }
}

int main()
{
  int list[N] = {8, 7, 6, 5, 4, 3, 2, 1};
  selection_sort(list, N);
  printf("排序結果為：");
  for (int i = 0; i < N; i++)
    printf("%d ", list[i]);
}
```

```
[Running] cd
"c:\Users\Jean\Documents\Samples\Ch08\" &&
gcc select.c -o select &&
"c:\Users\Jean\Documents\Samples\Ch08\"select
排序結果為：1 2 3 4 5 6 7 8
[Done] exited with code=0 in 1.739 seconds
```

範例 8.3 以紙筆模擬使用前述的 selection_sort() 函數，將 list[] = {5, 4, 3, 2, 1} 進行排序的過程。

解答：

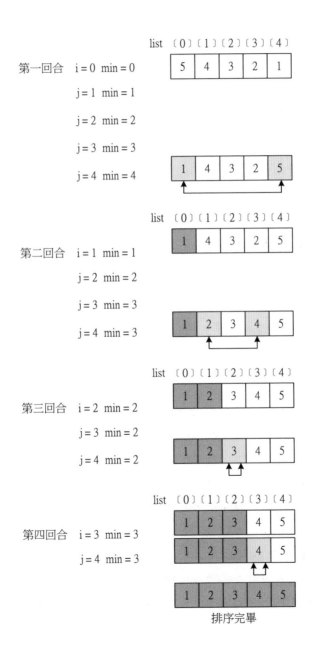

排序完畢

8-3　插入排序

插入排序（insertion sort）有點像平常玩的撲克牌遊戲，很多人習慣在拿到一張新撲克牌時，就將它依照花色、點數大小插入手上現有的撲克牌，如此一來，待撲克牌發放完畢，手上的撲克牌也已經依照花色、點數大小排序好了。

同理，假設要將陣列內的資料由小到大排序，那麼可以將第一個資料視為第一張撲克牌，將第二個資料視為第二張撲克牌，若第二個資料比第一個資料大，順序就維持不變，否則將第一個資料往後移，然後將第一個資料空下來的位置讓給第二個資料，此時，第一、二個資料已經由小到大排序。

繼續，將第三個資料視為第三張撲克牌，若第三個資料比第二個資料大，順序就維持不變，否則將第二個資料往後移，然後將第三個資料和第一個資料比大小，若第三個資料比第一個資料大，就將第二個資料空下來的位置讓給第三個資料，否則將第一個資料往後移，然後將第一個資料空下來的位置讓給第三個資料，此時，第一、二、三個資料已經由小到大排序，接下來的第四、五、…等資料的排序方式依此類推。

範例 8.4　寫出以 [插入排序] 將 {15, 42, 29, 66, 73, 15*, 10, 19} 由小到大排序的過程，並根據結果判斷插入排序是否屬於穩定排序？

解答：

原始資料：15, 42, 29, 66, 73, 15*, 10, 19
第一回合：15, 42, 29, 66, 73, 15*, 10, 19
第二回合：15, 29, 42, 66, 73, 15*, 10, 19
第三回合：15, 29, 42, 66, 73, 15*, 10, 19
第四回合：15, 29, 42, 66, 73, 15*, 10, 19
第五回合：15, 15*, 29, 42, 66, 73, 10, 19
第六回合：10, 15, 15*, 29, 42, 66, 73, 19
第七回合：10, 15, 15*, 19, 29, 42, 66, 73

插入排序屬於穩定排序，因為兩個 15 的相對位置在排序前後是相同的。

範例 8.5 撰寫一個函數實作 [**插入排序**] 並分析複雜度。

解答：<\Ch08\insert.c>

```
void insertion_sort(int list[], int n)
{
  int i, j, next;
  /*從第二張撲克牌開始和其前面的撲克牌比大小*/
  for (i = 1; i < n; i++){
    next = list[i];              /*next 就像每次拿到的新撲克牌*/
    /*第二個迴圈就像之前拿到且已經排序的撲克牌*/
    for (j = i - 1; j >= 0 && next < list[j]; j--)
      list[j + 1] = list[j];      /*若新撲克牌比較小，就將之前的撲克牌往後移*/
    list[j + 1] = next;          /*最後將空下來的位置讓給新撲克牌*/
  }
}
```

我們可以從下列三個方面討論 insertion_sort() 函數的時間複雜度：

◀ **最佳情況**：當原始資料依照由小到大的順序排列時 (即已經排序)，內部迴圈的比較條件 next < list[j] 均無法成立，而外部迴圈仍會針對 i = 1, 2, …, n - 1 重複執行，共 n - 1 次，故時間複雜度為 O(n)。

◀ **最差情況**：當原始資料依照由大到小的順序排列時 (即順序顛倒)，外部迴圈會針對 i = 1, 2, …, n - 1 重複執行，此時，內部迴圈的執行次數分別為 1、2、…、n - 1，共 n(n-1)/2 次，故時間複雜度為 O(n^2)。

◀ 平均情況：O(n^2)。

至於空間複雜度則為 O(1)，也就是需要一個額外的空間記錄目前欲插入的資料，即 next 變數。

此外，插入排序屬於穩定排序，因為內部迴圈的比較條件是 next < list[j]，換句話說，若遇到大小相同的資料，就不會移動位置。

範例 8.6 以紙筆模擬使用前述的 insertion_sort() 函數，將 list[] = {5, 4, 3, 2, 1} 進行排序的過程。

解答：

list 〔0〕〔1〕〔2〕〔3〕〔4〕

第一回合
i = 1　next = list〔i〕= 4　j = 0

| 5 | 4 | 3 | 2 | 1 |

next → | 4 | 5 | 3 | 2 | 1 |

第二回合
i = 2　next = list〔i〕= 3　j = 1

| 4 | 5 | 3 | 2 | 1 |

j = 0

| 4 | | 5 | 2 | 1 |

next → | 3 | 4 | 5 | 2 | 1 |

第三回合
i = 3　next = list〔i〕= 2　j = 2

| 3 | 4 | 5 | 2 | 1 |

j = 1

| 3 | 4 | | 5 | 1 |

j = 0

| 3 | | 4 | 5 | 1 |

next → | 2 | 3 | 4 | 5 | 1 |

第四回合
i = 4　next = list〔i〕= 1　j = 3

| 2 | 3 | 4 | 5 | 1 |

j = 2

| 2 | 3 | 4 | | 5 |

j = 1

| 2 | 3 | | 4 | 5 |

j = 0

| 2 | | 3 | 4 | 5 |

next → | 1 | 2 | 3 | 4 | 5 |

排序完畢

8-4 氣泡排序

氣泡排序 (bubble sort) 的原理是將相鄰資料兩兩比較來完成排序，當資料個數為 n 時，比較過程將分成 n - 1 回合，第 i 回合會將第 i 大的資料像「氣泡」般地浮現在從右邊數回來的第 i 個位置 (由小到大排序)。舉例來說，假設要將 list[] = {3, 5, 9, 2, 7} 由小到大排序，那麼第一回合的任務是要將第一大的資料 (9) 浮現在從右邊數回來的第一個位置，其步驟如下：

1.   比較 list[0] 與 list[1]，list[0] < list[1]，故不交換，得到 list[] = {3, 5, 9, 2, 7}。

2.   比較 list[1] 與 list[2]，list[1] < list[2]，故不交換，得到 list[] = {3, 5, 9, 2, 7}。

3.   比較 list[2] 與 list[3]，list[2] > list[3]，故交換，得到 list[] = {3, 5, 2, 9, 7}。

4.   比較 list[3] 與 list[4]，list[3] > list[4]，故交換，得到 list[] = {3, 5, 2, 7, 9}。

至此，陣列內第一大的資料浮現在從右邊數回來的第一個位置，只要再仿照前述步驟進行第二 ～ 四回合，將第二 ～ 四大的資料浮現在從右邊數回來的第二 ～ 四個位置，就能完成排序。

範例 8.7　寫出以 [氣泡排序] 將 {15, 42, 29, 66, 73, 15*, 10, 19} 由小到大排序的過程，並根據結果判斷氣泡排序是否屬於穩定排序？

解答：

原始資料：15, 42, 29, 66, 73, 15*, 10, 19
第一回合：15, 29, 42, 66, 15*, 10, 19, **73**
第二回合：15, 29, 42, 15*, 10, 19, **66**, 73
第三回合：15, 29, 15*, 10, 19, **42**, 66, 73
第四回合：15, 15*, 10, 19, **29**, 42, 66, 73
第五回合：15, 10, 15*, **19**, 29, 42, 66, 73
第六回合：10, 15, **15***, 19, 29, 42, 66, 73
第七回合：10, **15**, 15*, 19, 29, 42, 66, 73

氣泡排序屬於穩定排序，因為兩個 15 的相對位置在排序前後是相同的。

範例 8.8 撰寫一個函數實作 [氣泡排序] 並分析複雜度。

解答：<\Ch08\bubble.c>

```
void bubble_sort(int list[], int n)
{
  int i, j, flag, temp;
  /*相鄰資料兩兩比較的過程共 n - 1 回合*/
  for (i = n - 1; i >= 1; i--){
    /*flag 用來記錄有無發生交換，沒有的話，表示排序完畢*/
    flag = 0;
    /*內部迴圈用來進行每一回合的兩兩比較*/
    for (j = 0; j <= i - 1; j++){
      /*若左邊的資料大於右邊的資料，就交換，flag 設定為 1*/
      if (list[j] > list[j + 1]){
        temp = list[j];
        list[j] = list[j + 1];
        list[j + 1] = temp;
        flag = 1;
      }
    }
    if (flag = 0)      /*若 flag 仍為 0，表示沒有發生交換，已經排序完畢*/
      break;           /*排序完畢便強制離開外部迴圈*/
  }
}
```

首先，我們來討論 bubble_sort() 函數的時間複雜度，無論是最佳情況、最差情況或平均情況，外部迴圈都會針對 i = n - 1, n - 2, …, 1 重複執行，此時，內部迴圈的執行次數分別為 n - 1、n - 2、…、2、1，共 n(n-1)/2 次，故時間複雜度為 $O(n^2)$。至於空間複雜度則為 O(1)，也就是需要一個額外的空間做為資料交換的緩衝區，即 temp 變數。

請注意，雖然 bubble_sort() 函數在最佳情況和最差情況下的時間複雜度均為 $O(n^2)$，但是當原始資料已經排序時，將不用做任何交換動作；相反的，當原始資料的順序顛倒時，將每次都要做交換動作。此外，氣泡排序屬於穩定排序，因為內部迴圈裡的 if 條件式是 list[j] > list[j + 1]，換句話說，若遇到大小相同的資料，就不會交換位置。

範例 8.9 以紙筆模擬使用前述的 bubble_sort() 函數,將 list[] = {5, 4, 3, 2, 1} 進行排序的過程。

解答:

第一回合

list 〔0〕〔1〕〔2〕〔3〕〔4〕

i = 4　　　　j = 0　　| 5 | 4 | 3 | 2 | 1 |

j = 1　　| 4 | 5 | 3 | 2 | 1 |

j = 2　　| 4 | 3 | 5 | 2 | 1 |

j = 3　　| 4 | 3 | 2 | 5 | 1 |

| 4 | 3 | 2 | 1 | 5 |

第二回合

list 〔0〕〔1〕〔2〕〔3〕〔4〕

i = 3　　　　j = 0　　| 4 | 3 | 2 | 1 | 5 |

j = 1　　| 3 | 4 | 2 | 1 | 5 |

j = 2　　| 3 | 2 | 4 | 1 | 5 |

| 3 | 2 | 1 | 4 | 5 |

第三回合

list 〔0〕〔1〕〔2〕〔3〕〔4〕

i = 2　　　　j = 0　　| 3 | 2 | 1 | 4 | 5 |

j = 1　　| 2 | 3 | 1 | 4 | 5 |

| 2 | 1 | 3 | 4 | 5 |

第四回合

list 〔0〕〔1〕〔2〕〔3〕〔4〕

i = 1　　　　j = 0　　| 2 | 1 | 3 | 4 | 5 |

排序完畢　| 1 | 2 | 3 | 4 | 5 |

8-5 謝耳排序

謝耳排序 (shell sort) 的原理是將整個陣列依照預先指定的間隔長度 d，交錯分割成數個小陣列，並以插入排序的方式將這些小陣列個別排序，然後逐漸縮小間隔長度 d，直到 d 等於 1，再做最後一次插入排序。謝耳排序和插入排序的差別在於它能夠減少資料的搬移次數，藉以提升排序的效率。

舉例來說，假設要將 list[] = {8, 5, 9, 2, 3, 9*, 1, 6, 7} 由小到大排序，其中 9* 代表第二個 9，同時間隔長度 d 指定為 $d_1 = n / 2$ 且 $d_{k+1} = d_k / 2$，n 為資料個數，當 n = 9 時，d 的值將依序為 4、2、1，其步驟如下：

1. 第一回合的任務是要將整個陣列依照間隔長度 $d_1 = n / 2 = 4$，交錯分割成數個小陣列，並以插入排序的方式將這些小陣列個別排序，如下圖。

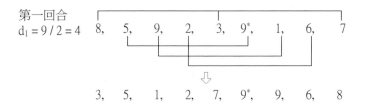

    第一回合
    $d_1 = 9 / 2 = 4$ 8,   5,   9,   2,   3,   9*, 1,   6,   7

    ⇩

    3,   5,   1,   2,   7,   9*, 9,   6,   8

2. 第二回合的任務是要將整個陣列依照間隔長度 $d_2 = d_1 / 2 = 2$，交錯分割成數個小陣列，並以插入排序的方式將這些小陣列個別排序，如下圖。

    第二回合
    $d_2 = d_1 / 2 = 2$ 3,   5,   1,   2,   7,   9*, 9,   6,   8

    ⇩

    1,   2,   3,   5,   7,   6,   8,   9*, 9

3. 第三回合的任務是要將整個陣列依照間隔長度 $d_3 = d_2 / 2 = 1$，交錯分割成數個小陣列，並以插入排序的方式將這些小陣列個別排序，如下圖。

    第三回合
    $d_3 = d_2 / 2 = 1$ 1,   2,   3,   5,   7,   6,   8,   9*, 9

    ⇩

    1,   2,   3,   5,   6,   7,   8,   9*, 9

範例 8.10 撰寫一個函數實作 [謝耳排序] 並分析複雜度。

解答：<\Ch08\shell.c>

```
void shell_sort(int list[], int n)
{
  int i, j, d, temp;
  /*根據 d₁ = n / 2 且 d_{k+1} = d_k / 2 產生間隔長度*/
  for (d = n / 2; d > 0; d /= 2)
    /*以插入排序的方式將這些小陣列個別排序*/
    for (i = d; i < n; i++){
      temp = list[i];
      for (j = i; j >= d; j -= d)
        if (temp < list[j - d]) list[j] = list[j - d];
        else break;
      list[j] = temp;
    }
}
```

shell_sort() 函數的時間複雜度為 $O(n\log_2 n)$ ~ $O(n^2)$，取決於間隔長度 d 的值，由於這涉及複雜的證明，此處就不做說明。至於空間複雜度則為 $O(1)$，也就是需要一個額外的空間記錄目前欲插入的資料，即 temp 變數。

此外，謝耳排序屬於不穩定排序，這從本節一開始所舉的例子就能得知，該例子的原始資料為 list[] = {8, 5, 9, 2, 3, 9*, 1, 6, 7}，而排序後的結果為 list[] = {1, 2, 3, 5, 6, 7, 8, 9*, 9}，兩個 9 的相對位置在排序前後是不同的。

在實際應用上，謝耳排序的接受度頗高，一來是因為簡單，二來是因為當資料個數很多時，它的效率還不錯。事實上，謝耳排序的概念來自於插入排序在資料幾乎已經排序的情況下，時間複雜度就愈趨近於 $O(n)$，因此，若可以透過某些方式讓資料呈現幾乎已經排序，必然能夠提升排序的效率。

範例 8.11 寫出以 [謝耳排序] 將 {15, 42, 29, 82, 73, 15*, 10, 19} 由小到大排序的過程，並根據結果判斷謝耳排序是否屬於穩定排序？

解答：

第一回合
$d_1 = 8/2 = 4$

15, 42, 29, 82, 73, 15*, 10, 19

⇩

15, 15*, 10, 19, 73, 42, 29, 82

第二回合
$d_2 = d_1 / 2 = 2$

15, 15*, 10, 19, 73, 42, 29, 82

⇩

10, 15*, 15, 19, 29, 42, 73, 82

第三回合
$d_3 = d_2 / 2 = 1$

10, 15*, 15, 19, 29, 42, 73, 82

⇩

10, 15*, 15, 19, 29, 42, 73, 82

謝耳排序屬於不穩定排序，因為兩個 15 的相對位置在排序前後是不同的。

 備註

在範例 8.10 的 shell_sort() 函數中，我們是根據 $d_1 = n / 2$ 且 $d_{k+1} = d_k / 2$ 產生間隔長度 d，這雖然是很常見的序列，卻不是最佳的，因為偶數位置的資料和奇數位置的資料只有在最後間隔長度 d 為 1 時，才會做比較。

為此，遂有人提出數種不同的序列，做為選擇間隔長度 d 的參考，其中效率較佳的是 Knuth 所提出的 1、4、13、40、…、3i + 1 遞增序列 (在實作謝耳排序時則是採取遞減序列)。

8-6 快速排序

快速排序 (quick sort) 的原理是從所有資料中取出一個資料 (通常是第一個) 當作基準值 (pivot)，將基準值和其它尚未排序的資料進行比較與交換，以找出基準值在所有資料中的正確位置，假設是由小到大排序，那麼在該位置左邊的資料會比基準值小，而在該位置右邊的資料會比基準值大，如下圖，其中 p 為基準值，接下來，只要再以相同方式分別針對基準值左右兩邊的資料進行快速排序便能完成。

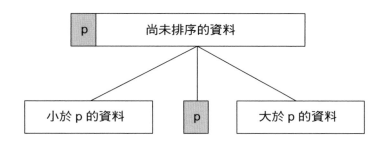

我們將快速排序的步驟歸納如下：

1. 若只有一個資料，就結束排序，否則進行步驟 2.。

2. 將基準值設定為第一個資料。

3. 找出基準值的正確位置，步驟如下：

    3.1 由左向右尋找比基準值大的資料，找到後將 i 設定為該資料的位置。

    3.2 由右向左尋找比基準值小的資料，找到後將 j 設定為該資料的位置。

    3.3 若 i 小於 j，就將 i 與 j 位置的資料交換。

    3.4 重複 3.1 ~ 3.3，直到 i 大於 j。

4. 將基準值與 j 位置的資料交換。

5. 以相同方式分別針對基準值左右兩邊的資料進行快速排序。

舉例來說，假設要將 list[] = {55, 14, 33, 42, 60, 28, 72, 20, 8, 79} 由小到大排序，我們使用兩個索引 i、j 及 pivot，i 是陣列的第一個索引 (0)，j 是陣列的最後一個索引加 1 (10)，pivot 是基準值，預設為陣列的第一個元素 (55)。

首先，從陣列左邊向右尋找比 pivot 大的資料，找到後令 i 指向該資料，之所以要尋找比 pivot 大的資料是因為 pivot 左邊的資料都應該比它小；接著，從陣列右邊向左尋找比 pivot 小的資料，找到後令 j 指向該資料，之所以要尋找比 pivot 小的資料是因為 pivot 右邊的資料都應該比它大，此時，若 i 小於 j，就將兩個索引所指向的資料交換，然後重複前述步驟；相反的，若 j 大於 i，就將 pivot 與 j 所指向的資料交換，在找到 pivot 的正確位置後，其左邊的資料均比 pivot 小，其右邊的資料均比 pivot 大，接下來，只要再以相同方式分別針對左右兩邊的資料進行快速排序便能完成。

list	[0]	[1]	[2]	[3]	[4]	[5]	[6]	[7]	[8]	[9]	i	j	
	55	14	33	42	60	28	72	20	8	79	0	10	
	55	14	33	42	60	28	72	20	8	79	4	8	(將兩索引所指向的資料交換)
	55	14	33	42	8	28	72	20	60	79	6	7	(將兩索引所指向的資料交換)
	55	14	33	42	8	28	20	72	60	79	7	6	
	[20	14	33	42	8	28]	55	[72	60	79]			
	[20	14	33	42	8	28]	55	[72	60	79]			(以同理對 55 左邊的資料排序)
	[20	14	8	42	33	28]	55	[72	60	79]			
	[8	14	20	[42	33	28]	55	[72	60	79]			
	8	14	20	[42	33	28]	55	[72	60	79]			(以同理對 20 左右邊的資料排序)
	8	14	20	[28	33]	42	55	[72	60	79]			
	8	14	20	28	33	42	55	[72	60	79]			(以同理對 55 右邊的資料排序)
	8	14	20	28	33	42	55	60	[72	79]			
	8	14	20	28	33	42	55	60	72	79			(排序完畢)

範例 8.12 撰寫一個函數實作 [**快速排序**] 並分析複雜度。

解答：

\Ch08\quick.c（下頁續 1/2）

```c
#include <stdio.h>
/*定義欲排序的資料個數為 8*/
#define N 8


/*參數為欲排序的資料 list[] 陣列、陣列的第一個索引及最後一個索引*/
void quick_sort(int list[], int left, int right)
{
  int i, j, pivot, temp;
  /*此 if 條件式用來確保陣列的第一個索引必須小於最後一個索引才會進行快速排序*/
  if (left < right){
    i = left;
    j = right + 1;
    /*將基準值 pivot 設定為第一個資料*/
    pivot = list[left];
    /*此迴圈用來重複從陣列的左、右邊尋找比 pivot 大、比 pivot 小的資料，然後交換*/
    do{
      /*此迴圈用來尋找比 pivot 大的資料，找到後令 i 指向該資料*/
      do
        i++;
      while (list[i] < pivot);
      /*此迴圈用來尋找比 pivot 小的資料，找到後令 j 指向該資料*/
      do
        j--;
      while (list[j] > pivot);
      /*若 i 小於 j，就將 i 與 j 所指向的資料交換*/
      if (i < j){
        temp = list[i];
        list[i] = list[j];
        list[j] = temp;
      }
    }while (i < j);
```

\Ch08\quick.c (接上頁 2/2)

```
    /*若 j 大於 i，就將 list[left] 與索引 j 所指向的資料交換*/
    temp = list[left];
    list[left] = list[j];
    list[j] = temp;
    /*遞迴呼叫將以 pivot 為中心的左邊資料進行快速排序*/
    quick_sort(list, left, j - 1);
    /*遞迴呼叫將以 pivot 為中心的右邊資料進行快速排序*/
    quick_sort(list, j + 1, right);
  }
}
```

```
int main()
{
  int list[N] = {8, 7, 6, 5, 4, 3, 2, 1};
  quick_sort(list, 0, N - 1);
  printf("排序結果為：");
  for (int i = 0; i < N; i++)
    printf("%d ", list[i]);
}
```

```
[Running] cd
"c:\Users\Jean\Documents\Samples\Ch
08\" && gcc quick.c -o quick &&
"c:\Users\Jean\Documents\Samples\Ch
08\"quick
排序結果為：1 2 3 4 5 6 7 8
[Done] exited with code=0 in 0.292
seconds
```

我們可以從下列三個方面討論 quick_sort() 函數的時間複雜度：

◄ **最佳情況**：當欲找出正確位置的資料 pivot 剛好位於資料中間時，每次分割均是將剩下的資料分割為大小相同的兩邊，則遞迴呼叫的次數為 $\log_2 n$，占用的堆疊空間為 $O(\log_2 n)$，而時間複雜度為 $O(n\log_2 n)$。

◄ **最差情況**：當原始資料已經排序或順序顛倒時，每次分割均是將剩下的資料分割為大小分別為 0 及 n - 1 的兩邊，則遞迴呼叫的次數為 n，占用的堆疊空間為 $O(n)$，而時間複雜度為 $O(n^2)$。

◄ **平均情況**：$O(n\log_2 n)$。

至於空間複雜度則為 $O(\log_2 n) \sim O(n)$，也就是需要一個額外的空間做為遞迴呼叫的堆疊之用。此外，快速排序屬於不穩定排序，因為在做分割時，任何一次交換都有可能改變大小相同之資料的相對位置。

範例 8.13　證明快速排序在最佳情況下的時間複雜度為 $O(n\log_2 n)$。

解答：假設排序 n 個資料的時間為 $T(n)$ 且 $T(1) = 1$ (排序一個資料的時間為常數)，由於快速排序在進行分割時需要做 n 次比較，而在最佳情況下，分割後會遞迴呼叫處理各約 n/2 個資料，故得到如下遞迴關係式：

$$T(n) \le n + 2T(n/2)$$
$\Longrightarrow$ $T(n) \le n + 2(n/2 + 2T(n/4))$
$\Longrightarrow$ $T(n) \le 2n + 2^2 T(n/2^2)$
    ...
$\Longrightarrow$ $T(n) \le kn + 2^k T(n/2^k)$

當 $n = 2^k$ (即 $k = \log_2 n$) 且 $T(1) = 1$ 時

$\Longrightarrow$ $T(n) \le n\log_2 n + nT(1)$
$\Longrightarrow$ $T(n) \le n\log_2 n + n$
$\Longrightarrow$ $T(n) = O(n\log_2 n)$

範例 8.14　證明快速排序在最差情況下的時間複雜度為 $O(n^2)$。

解答：假設排序 n 個資料的時間為 $T(n)$ 且 $T(1) = 1$ (排序一個資料的時間為常數)，由於快速排序在進行分割時需要做 n 次比較，而在最差情況下，分割後會遞迴呼叫處理各約 0 個及 n-1 個資料，故得到如下遞迴關係式：

$$T(n) \le n + T(n-1)$$
$\Longrightarrow$ $T(n) \le n + ((n-1) + T(n-2))$
$\Longrightarrow$ $T(n) \le n + ((n-1) + ((n-2) + T(n-3)))$
    ...
$\Longrightarrow$ $T(n) \le n + (n-1) + (n-2) + ... 2 + T(1)$
$\Longrightarrow$ $T(n) \le \sum_{i=1}^{n} i$
$\Longrightarrow$ $T(n) = O(n^2)$

8-7 合併排序

在介紹**合併排序** (merge sort) 之前，我們先來說明「合併」的意義，這指的是將兩個已經排序的資料串列合併成一個已經排序的資料串列。舉例來說，假設陣列 A[m]、B[n] 均已經排序，我們希望將它們合併成已經排序的陣列 C[m + n]，則合併的過程如下：

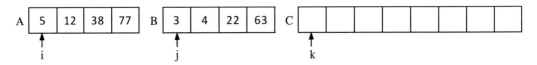

1. 比較 A[i] 與 B[j]，由於 B[j] 比較小，故將 B[j] 放入 C[k]，然後將 j、k 移到下一個。

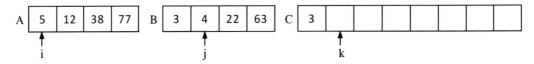

2. 比較 A[i] 與 B[j]，由於 B[j] 比較小，故將 B[j] 放入 C[k]，然後將 j、k 移到下一個。

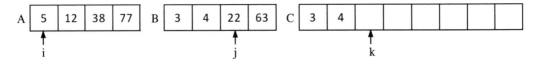

3. 比較 A[i] 與 B[j]，由於 A[i] 比較小，故將 A[i] 放入 C[k]，然後將 i、k 移到下一個。

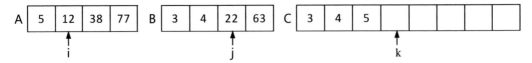

4. 比較 A[i] 與 B[j]，由於 A[i] 比較小，故將 A[i] 放入 C[k]，然後將 i、k 移到下一個。

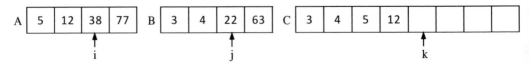

5. 比較 A[i] 與 B[j]，由於 B[j] 比較小，故將 B[j] 放入 C[k]，然後將 j、k 移到下一個。

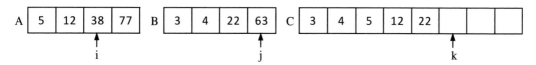

6. 比較 A[i] 與 B[j]，由於 A[i] 比較小，故將 A[i] 放入 C[k]，然後將 i、k 移到下一個。

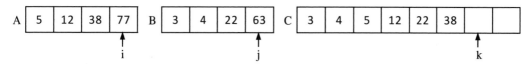

7. 比較 A[i] 與 B[j]，由於 B[j] 比較小，故將 B[j] 放入 C[k]，然後將 j、k 移到下一個。

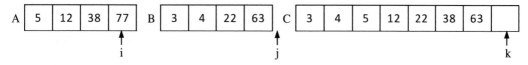

8. 將陣列 A 剩下的資料複製到陣列 C，即可得到一個已經排序的陣列 C。

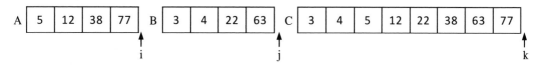

我們可以撰寫下列程式碼實作前述過程：

```
while (i <= m -1 && j <= n - 1)       /*依照大小將陣列 A、B 的資料合併放入陣列 C*/
  if (A[i] <= B[j]) C[k++] = A[i++];
  else C[k++] = B[j++];
while (i <= m - 1)                     /*將陣列 A 剩下的資料複製到陣列 C*/
  C[k++] = A[i++];
while (j <= n - 1)                     /*將陣列 B 剩下的資料複製到陣列 C*/
  C[k++] = B[j++];
```

在瞭解「合併」這個動作的意義後，我們就可以使用遞迴的概念描述合併排序，其原理是反覆將資料分割成左右兩邊，直到無法分割為止 (即只有一個資料)，然後再進行兩兩合併，直到合併成已經排序的所有資料。這種解決問題的方式是典型的個個擊破 (divide and conquer)，也就是將問題分割成多個小範圍的問題，個別解決這些小問題，會比一次解決一個大問題來得容易。

舉例來說，假設要將 list[] = {77, 12, 5, 38, 22, 63, 4, 3} 由小到大排序，其過程如下：

資料分割與合併過程								說明
[77	12	5	38]	[22	63	4	3]	將所有資料分割為左右兩組
[77	12]	[5	38]	[22	63	4	3]	將左邊那組分割為左右兩組
[77]	[12]	[5	38]	[22	63	4	3]	將左邊第一組分割為左右兩組 (此時，每組只有一個資料，故不再繼續分割)
[12	77]	[5	38]	[22	63	4	3]	將只有一個資料的兩組合併成一組已經排序的資料
[12	77]	[5]	[38]	[22	63	4	3]	將左邊第二組分割為左右兩組 (此時，每組只有一個資料，故不再繼續分割)
[12	77]	[5	38]	[22	63	4	3]	將只有一個資料的兩組合併成一組已經排序的資料
[5	12	38	77]	[22	63	4	3]	將左邊兩組合併成一組已經排序的資料
[5	12	38	77]	[22	63]	[4	3]	將右邊那組分割為左右兩組
[5	12	38	77]	[22]	[63]	[4	3]	將右邊第一組分割為左右兩組 (此時，每組只有一個資料，故不再繼續分割)
[5	12	38	77]	[22	63]	[4	3]	將只有一個資料的兩組合併成一組已經排序的資料
[5	12	38	77]	[22	63]	[4]	[3]	將右邊第二組分割為左右兩組 (此時，每組只有一個資料，故不再繼續分割)
[5	12	38	77]	[22	63]	[3	4]	將只有一個資料的兩組合併成一組已經排序的資料
[5	12	38	77]	[3	4	22	63]	將右邊兩組合併成一組已經排序的資料
[3	4	5	12	22	38	63	77]	將左右兩組合併成一組已經排序的資料 (排序結束)

範例 8.15 撰寫一個函數實作 [合併排序] 並分析複雜度。

解答：

\Ch08\merge.c (下頁續 1/2)

```c
#include <stdio.h>
/*定義欲排序的資料個數為 9*/
#define N 9

void merge_sort(int list[], int temp[], int left, int right)
{
  int middle, i, j, k, n;

  if (left < right){
    middle = (left + right) / 2;
    merge_sort(list, temp, left, middle);
    merge_sort(list, temp, middle + 1, right);
    i = left;               /*i 指向左邊的第一個資料*/
    j = middle + 1;         /*j 指向右邊的第一個資料*/
    k = left;               /*k 指向 temp[] 的第一個資料*/
    n = right - left + 1;   /*n 為目前正在合併的資料個數*/
    /*依照大小將左右兩邊的資料合併放入 temp[]*/
    while (i <= middle && j <= right)
      if (list[i] <= list[j]) temp[k++] = list[i++];
      else temp[k++] = list[j++];
    /*將左邊剩下的資料複製到 temp[]*/
    while (i <= middle)
      temp[k++] = list[i++];
    /*將右邊剩下的資料複製到 temp[]*/
    while (j <= right)
      temp[k++] = list[j++];
    /*將 temp[] 複製回 list[]*/
    for (i = 0; i < n; i++, right--)
      list[right] = temp[right];
  }
}
```

\Ch08\merge.c（接上頁 2/2）

```c
int main()
{
  int list[N] = {68, 27, 6, 15, 74, 3, 12, 1, 50};
  int temp[N];
  merge_sort(list, temp, 0, N - 1);
  printf("排序結果為：");
  for (int i = 0; i < N; i++)
    printf("%d ", list[i]);
}
```

```
[Running] cd "c:\Users\Jean\Documents\Samples\Ch08\" &&
gcc merge.c -o merge &&
"c:\Users\Jean\Documents\Samples\Ch08\"merge
排序結果為：1 3 6 12 15 27 50 68 74
[Done] exited with code=0 in 0.245 seconds
```

首先，我們來討論 merge_sort() 函數的時間複雜度，假設排序 n 個資料的時間為 $T(n)$ 且 $T(1) = 1$（排序一個資料的時間為常數），無論是最佳情況、最差情況或平均情況，合併排序都會先遞迴呼叫處理各約 n/2 個資料，然後將這各約 n/2 個資料合併成 n 個資料，於是得到遞迴關係式 $T(n) \le n + 2T(n/2)$，故時間複雜度為 $O(n\log_2 n)$，其證明和範例 8.13 相同。

至於空間複雜度則為 $O(n)$，也就是需要額外的空間做為遞迴呼叫的堆疊之用與資料合併的緩衝區，即 temp 陣列。此外，合併排序屬於穩定排序，因為大小相同的資料在合併的過程中不會交換位置。

備註

雖然合併排序的時間複雜度為 $O(n\log_2 n)$，但它卻鮮少使用於記憶體排序，原因在於 merge_sort() 函數需要額外的 temp 陣列做為資料合併的緩衝區，而且在 list 陣列與 temp 陣列之間反覆複製資料亦會降低排序的效率，所以在實際應用上，反倒不如快速排序來得常見。

範例 8.16 寫出以〔**合併排序**〕將 {15, 42, 29, 66, 73, 15*, 10, 19} 由小到大排序的過程，並根據結果判斷合併排序是否屬於穩定排序？

解答：

[15 42 29 66] [73 15* 10 19]

[15 42] [29 66] [73 15* 10 19]

[15][42] [29 66] [73 15* 10 19]

[**15 42**] [29 66] [73 15* 10 19]

[**15 42**] [29][66] [73 15* 10 19]

[**15 42**] [**29 66**] [73 15* 10 19]

[**15 29 42 66**] [73 15* 10 19]

[**15 29 42 66**] [73 15*] [10 19]

[**15 29 42 66**] [73][15*][10 19]

[**15 29 42 66**] [**15*73**] [10 19]

[**15 29 42 66**] [**15*73**] [10][19]

[**15 29 42 66**] [**15*73**] [**10 19**]

[**15 29 42 66**] [**10 15* 19 73**]

[**10 15 15* 19 29 42 66 73**]

合併排序屬於穩定排序，因為兩個 15 的相對位置在排序前後是相同的，我們也可以將合併的過程描繪成如下的**合併樹**（merge tree）。

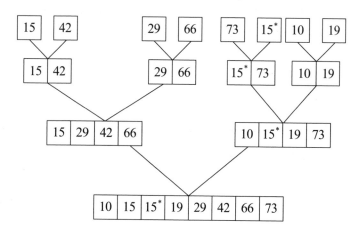

8-8 基數排序

基數排序（radix sort）的原理就像撲克牌比大小，先比較數字（2 < 3 < … < 10 < J < Q < K < A），接著才比較花色（♣ < ♦ < ♥ < ♠）。舉例來說，假設要將♣2、♠4、♥4、♣4、♦3、♥2、♠2、♦2、♠3 等撲克牌由小到大排序，其步驟如下：

1. 首先，將這些撲克牌依照數字由小到大分成數堆，得到 (♣2、♥2、♠2、♦2)、(♦3、♠3)、(♠4、♥4、♣4)。

2. 接著，分別將每堆撲克牌依照花色由小到大分成數堆，得到 (♣2)、(♦2)、(♥2)、(♠2)、(♦3)、(♠3)、(♣4)、(♥4)、(♠4)。

3. 最後，將每堆撲克牌收集在一起，得到由小到大排序的結果為 ♣2、♦2、♥2、♠2、♦3、♠3、♣4、♥4、♠4。

我們再看另一個例子，假設要使用同樣的原理將 356、123、353、228、153、152、238、236 等數字由小到大排序，其步驟如下：

1. 首先，將這些數字依照百位數由小到大分成數堆，得到 (123、153、152)、(228、238、236)、(356、353)。

2. 接著，分別將每堆數字依照十位數由小到大分成數堆，得到 (123)、(153、152)、(228)、(238、236)、(356、353)。

3. 繼續，分別將每堆數字依照個位數由小到大分成數堆，得到 (123)、(152)、(153)、(228)、(236)、(238)、(353)、(356)。

4. 最後，將每堆數字收集在一起，得到由小到大排序的結果為 123、152、153、228、236、238、353、356。

基數排序屬於**分配排序**（distribution sort），我們將這種從高位排到低位的分配方式稱為 MSD **優先**（Most Significant Digit first）。此外，亦可採取 LSD **優先**（Least Significant Digit first），也就是從低位排到高位的分配方式，例如先依照個位數排列，接著依照十位數排列，最後依照百位數排列，一樣能完成排序。

舉例來說，假設要使用 LSD 優先的分配方式將 356、123、353、228、153、152、238、236 等數字由小到大排序，其步驟如下：

1. 首先，將這些數字依照個位數由小到大分成數堆，即 (152)、(123、353、153)、(356、236)、(228、238)，收集在一起後得到 152、123、353、153、356、236、228、238。我們使用一個 R×N 陣列存放每堆數字，其中 R 為基數，此例為十進位，故有 0 ~ 9 等 10 個數字，N 為欲排序的數字個數，此例為 8 個。

	[0]	[1]	[2]	[3]	[4]	[5]	[6]	[7]
[0]								
[1]								
[2]	152							
[3]	123	353	153					
[4]								
[5]								
[6]	356	236						
[7]								
[8]	228	238						
[9]								

2. 接著，將步驟 1. 得到的數字依照十位數由小到大分成數堆，即 (123、228)、(236、238)、(152、353、153、356)，收集在一起後得到 123、228、236、238、152、353、153、356。

	[0]	[1]	[2]	[3]	[4]	[5]	[6]	[7]
[0]								
[1]								
[2]	123	228						
[3]	236	238						
[4]								
[5]	152	353	153	356				
[6]								
[7]								
[8]								
[9]								

3. 最後，將步驟 2. 得到的數字依照百位數由小到大分成數堆，即 (**1**23、**1**52、**1**53)、(**2**28、**2**36、**2**38)、(**3**53、**3**56)，收集在一起後得到 123、152、153、228、236、238、353、356。

	[0]	[1]	[2]	[3]	[4]	[5]	[6]	[7]
[0]								
[1]	123	152	153					
[2]	228	236	238					
[3]	353	356						
[4]								
[5]								
[6]								
[7]								
[8]								
[9]								

從前面的例子可知，LSD 優先的分配方式比 MSD 優先來得容易實作，因為每一次分堆的結果可以直接拿來進行下一次分堆。此外，基數排序又稱為**桶子排序** (bucket sort)，因為每堆數字就像被放入編號為 0 ~ 9 的桶子。

範例 8.17 寫出以 [**基數排序**] 將 {1234, 2543, 3333, 1254, 2543*, 1325, 1543} 由小到大排序的過程，並根據結果判斷基數排序是否屬於穩定排序？(假設採取 LSD 優先)。

解答：

依照個位數由小到大排列：254**3**, 333**3**, 254**3***, 154**3**, 123**4**, 125**4**, 132**5**

依照十位數由小到大排列：13**2**5, 33**3**3, 12**3**4, 25**4**3, 25**4**3*, 15**4**3, 12**5**4

依照百位數由小到大排列：1**2**34, 1**2**54, 1**3**25, 3**3**33, 2**5**43, 2**5**43*, 1**5**43

依照千位數由小到大排列：**1**234, **1**254, **1**325, **1**543, **2**543, **2**543*, **3**333

基數排序屬於穩定排序，因為兩個 2543 的相對位置在排序前後是相同的。

範例 8.18 撰寫一個函數實作 [基數排序] 並分析複雜度。

解答：

\Ch08\radix.c (下頁續 1/2)

```c
#include <stdio.h>
#define R 10                        /*定義基數為 10*/
#define N 8                         /*定義欲排序的資料個數為 8*/


void radix_sort(int list[])
{
  int i, j, max = 0, digits = 0, exp = 1, lsd, num = 0;
  int temp[R][N];                   /*這個陣列就像編號為 0 ~ 9 的桶子*/
  int count[N];                     /*這個陣列用來記錄每個桶子的資料個數*/
  for (i = 0; i < R; i++)           /*將每個桶子的資料個數初設為 0*/
    count[i] = 0;

  for (i = 0; i < N; i++)           /*找出最大資料*/
    if (list[i] > max) max = list[i];

  while (max > 0){                  /*找出最大位數*/
    digits++;
    max /= 10;
  }

  while (digits > 0){               /*針對個、十、百…等位數做分配*/
    for (i = 0; i < N; i++){        /*根據指定的位數將資料分配到桶子*/
      lsd = (list[i] / exp) % 10;
      temp[lsd][count[lsd]++] = list[i];
    }
    for (i = 0; i < R; i++)         /*根據分配到桶子的順序將資料收集在一起*/
      if (count[i] > 0){
        for (j = 0; j < count[i]; j++)
          list[num++] = temp[i][j];
        count[i] = 0;
      }
```

\Ch08\radix.c (接上頁 2/2)

```
    num = 0;
    exp *= 10;
    digits--;
  }
}


int main()
{
  int list[N] = {356, 123, 353, 228, 153, 152, 238, 236};
  radix_sort(list);
  printf("排序結果為：");
  for (int i = 0; i < N; i++)
    printf("%d ", list[i]);
}
```

```
[Running] cd "c:\Users\Jean\Documents\Samples\Ch08\" &&
gcc radix.c -o radix &&
"c:\Users\Jean\Documents\Samples\Ch08\"radix
排序結果為：123 152 153 228 236 238 353 356
[Done] exited with code=0 in 0.26 seconds
```

首先，我們來討論 radix_sort() 函數的時間複雜度，當資料個數為 n、基數為 r（r 進位）、最大資料為 m 時，時間複雜度為 $O(n\log_r m)$，其中 $\log_r m$ 代表最大位數，若將最大位數視為常數（例如將資料限制在最多為 10 位數），則時間複雜度將趨近於 $O(n)$。

至於空間複雜度則為 $O(rn)$，也就是需要額外的空間做為桶子存放每堆資料，如欲降低空間複雜度，可以改用鏈結佇列。

此外，基數排序屬於穩定排序，因為大小相同的資料在分配的過程中不會改變順序，這從範例 8.17 所舉的例子就能得知。

8-9 二元樹排序

二元樹排序 (binary tree sort) 的原理來自於二元搜尋樹的中序走訪結果剛好會使得資料由小到大排序,換句話說,只要將欲排序的資料建構為二元搜尋樹,然後寫下其中序走訪結果,就能將資料由小到大排序。不過,二元搜尋樹不允許相同的鍵值,然欲排序的資料卻可能相同,所以二元樹排序必須做一些修正,當碰到相同資料時,就移往右子樹,以維持穩定排序的特質。

範例 8.19 寫出以 [**二元樹排序**] 將 {15, 42, 29, 66, 73, 15*, 10, 19} 由小到大排序的過程,並根據結果判斷二元樹排序是否屬於穩定排序?

解答:首先,依照如下步驟將這些資料建構為二元搜尋樹:

1. 插入 15 (二元搜尋樹是空的,故將 15 當作樹根)。

2. 插入 42 (42 大於 15,故移往右子樹)。

3. 插入 29 (29 大於 15,故移往右子樹; 29 小於 42,故移往左子樹)。

     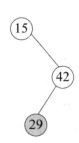

4. 插入 66 (66 大於 15,故移往右子樹; 66 大於 42,故移往右子樹)。

     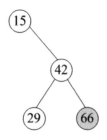

5. 插入 73 (73 大於 15，故移往右子樹；73 大於 42，故移往右子樹；73 大於 66，故移往右子樹)。

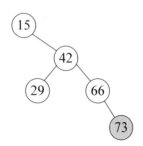

6. 插入 15* (15* 等於 15，故移往右子樹；15* 小於 42，故移往左子樹；15* 小於 29，故移往左子樹)。

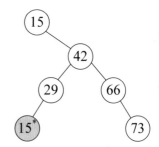

7. 插入 10 (10 小於 15，故移往左子樹)。

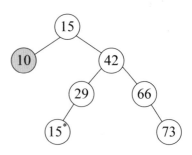

8. 插入 19 (19 大於 15，故移往右子樹；19 小於 42，故移往左子樹；19 小於 29，故移往左子樹；19 大於 15*，故移往右子樹)。

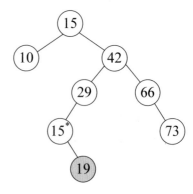

接著,寫出該二元搜尋樹的中序走訪結果,得到 10, 15, 15*, 19, 29, 42, 66, 73,由此可知,二元樹排序屬於穩定排序,因為兩個 15 的相對位置在排序前後是相同的。

由於二元樹排序的實作和二元搜尋樹的實作類似,此處不再重複說明,請您自行參考第 6 章的範例 6.18,裡面包括二元搜尋樹的建構與中序走訪,唯一要修正的就是在將節點插入二元搜尋樹時,若碰到鍵值相同的節點,必須將它移往右子樹。

最後,我們來討論二元樹排序的幾個特質:

◀　假設資料個數為 n,當所建構的二元搜尋樹呈現完整或左右平衡時,其高度約為 $\lfloor \log_2 n \rfloor + 1$,而在建構二元搜尋樹的過程中需要做 n 次插入,故二元樹排序的時間複雜度為 $O(n\log_2 n)$;相反的,當所建構的二元搜尋樹呈現稀疏或左右不平衡時,其高度最大為 n (傾斜樹),故二元樹排序的時間複雜度為 $O(n^2)$。

◀　二元樹排序的空間複雜度為 $O(n)$,因為使用鏈結串列表示二元搜尋樹,每個資料均占用一個節點。

◀　誠如範例 8.19 所示,二元樹排序屬於穩定排序,因為在建構二元搜尋樹時,若碰到鍵值相同的節點,必須將它移往右子樹,如此一來,鍵值相同之資料的相對位置就不會改變。

8-10 堆積排序

由於**堆積排序** (heap sort) 會使用到一個特殊的樹狀結構，叫做**堆積** (heap)，因此，在介紹堆積排序的原理之前，我們先來認識一下何謂堆積，以及它有哪些特質。

8-10-1 最大堆積與最小堆積

在說明堆積的定義之前，我們先來複習兩個名詞：

◀ **完滿二元樹** (full binary tree)：這是高度為 h 且節點個數為 $2^h - 1$ 的二元樹，也就是全部存滿的二元樹，例如下圖是高度為 3 且節點個數為 $2^3 - 1$ (7) 的完滿二元樹。

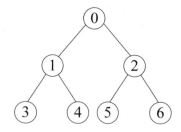

◀ **完整二元樹** (complete binary tree)：這是高度為 h、節點個數為 n 且節點順序對應至高度為 h 之完滿二元樹的節點編號 0 ~ n - 1，例如下圖是高度為 3、節點個數為 6 的完整二元樹，其節點順序對應至高度為 3 之完滿二元樹的節點編號 0 ~ 5。

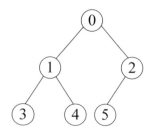

至於堆積的定義如下：

◀ **最大堆積**（max heap）：這是一種形式特殊的完整二元樹，每個內部節點的鍵值一律大於等於其子節點的鍵值，例如下圖是一棵最大堆積，我們可以使用陣列存放它。正由於最大堆積的每個內部節點一律大於等於其子節點，樹根必定為整棵樹中鍵值最大的節點，因而能夠用來進行排序。

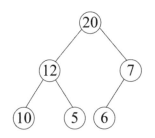

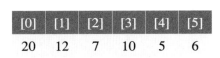

[0]	[1]	[2]	[3]	[4]	[5]
20	12	7	10	5	6

◀ **最小堆積**（min heap）：這是一種形式特殊的完整二元樹，每個內部節點的鍵值一律小於等於其子節點的鍵值，例如下圖是一棵最小堆積，我們可以使用陣列存放它。正由於最小堆積的每個內部節點一律小於等於其子節點，樹根必定為整棵樹中鍵值最小的節點，因而能夠用來進行排序。最小堆積的操作方式和最大堆積類似，只是大小相反而已，故本節的討論將以最大堆積為主。

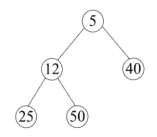

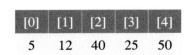

[0]	[1]	[2]	[3]	[4]
5	12	40	25	50

堆積的用途

堆積可以用來實作**優先佇列**（priority queue），也就是佇列的每個資料有不同的優先權（鍵值），若要取出優先權（鍵值）最大的資料，可以使用最大堆積；相反的，若要取出優先權（鍵值）最小的資料，可以使用最小堆積。

在最大堆積中插入節點

在最大堆積中插入節點的步驟是先在最大堆積的後面插入一個新節點，使之保持完整二元樹的形式，接著將新節點與其父節點做比較，若新節點大於其父節點，就將兩者交換，此時，新節點往上移了一階，然後重複與其新的父節點做比較，直到小於等於其新的父節點或抵達樹根。

範例 8.20 ［插入節點］在下面的最大堆積中插入節點 25 並分析時間複雜度。

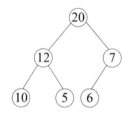

解答：由於涉及的節點不會超過最大堆積的高度，故時間複雜度為 O(log₂n)，其中 n 為最大堆積的節點個數。

1. 在最大堆積的後面插入一個新節點 25，使之保持完整二元樹的形式。

2. 由於 25 大於其父節點 7，故將兩者交換。

3. 由於 25 大於其父節點 20，故將兩者交換，此時，已經抵達樹根，故停止比較。

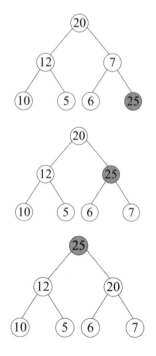

建構最大堆積－方式一：一一插入

建構最大堆積最簡單的方式就是一一插入節點，只要在每次插入節點時，都保持最大堆積的形式即可，我們已經在前面示範過如何在最大堆積中插入節點，直接來看個範例吧。

範例 8.21 [建構最大堆積] 使用一一插入的方式將 {15, 42, 29, 66, 73, 15*, 10, 19} 建構為最大堆積。

解答：

1. 插入 15 (最大堆積是空的，故將 15 當作樹根)。

2. 插入 42 (42 大於其父節點 15，故兩者交換)。

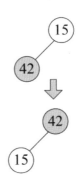

3. 插入 29。

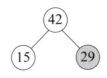

4. 插入 66 (66 大於其父節點 15，故兩者交換；66 大於其父節點 42，故兩者交換)。

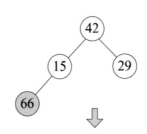

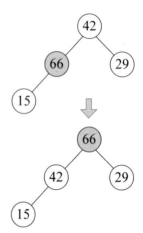

5. 插入 73 (73 大於其父節點 42，故
兩者交換；73 大於其父節點 66，
故兩者交換)。

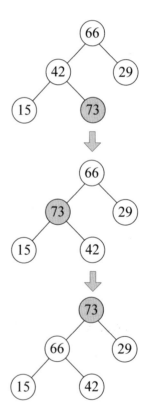

6. 插入 15*。

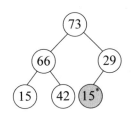

7. 插入 10。

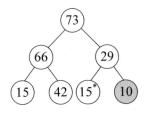

8. 插入 19 (19 大於其父節點 15，故
   兩者交換)。

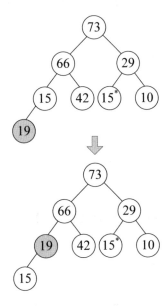

我們可以使用陣列存放該最大堆積，結果如下。

[0]	[1]	[2]	[3]	[4]	[5]	[6]	[7]
73	66	29	19	42	15*	10	15

範例 8.22 撰寫一個函數使用——插入的方式將數字串列建構為最大堆積。

解答： 由於 construct_heap() 函數會呼叫 n 次 insert_to_heap() 函數，而該函數的時間複雜度為 $O(\log_2 n)$，故 construct_heap() 函數的時間複雜度為 $O(n\log_2 n)$。

\Ch08\heap1.c

```c
#include <stdio.h>
#define N 8                              /*定義資料個數為 8*/

/*在最大堆積中插入節點*/
void insert_to_heap(int list[], int i)
{
  int temp = list[i];                    /*令 temp 為欲插入的節點*/
  /*當 temp 不是第一個節點且大於其父節點時*/
  while ((i > 0) && (temp > list[(i - 1) / 2])){
    list[i] = list[(i - 1) / 2];         /*將其父節點往下移一階*/
    i = (i - 1) / 2;                     /*繼續往上做比較*/
    if (i == 0) break;                   /*若抵達樹根，就跳出*/
  }
  list[i] = temp;
}
```

```c
/*建構最大堆積－方式一：——插入*/
void construct_heap(int list[], int n)
{
  for (int i = 0; i < n; i++)            /*——插入節點*/
    insert_to_heap(list, i);
}
```

```c
int main()
{
  int list[N] = {15, 42, 29, 66, 73, 15, 10, 19};
  construct_heap(list, N);
  printf("使用陣列存放最大堆積得到：\n");
  for (int i = 0; i < N; i++)
    printf("%d ", list[i]);
}
```

```
使用陣列存放最大堆積得到：
73 66 29 19 42 15 10 15
```

建構最大堆積－方式二：由下而上

建構最大堆積的另一種方式為由下而上，其原理是將數字串列表示成完整二元樹，然後依照如下步驟將之調整為最大堆積 (假設使用陣列 list[] 存放完整二元樹且節點個數為 n)：

1. 找出最後一個有子節點的節點，這其實不難，只要找出最後一個子節點的父節點即可，已知最後一個子節點為 list[n - 1]，則根據第 6-2-1 節的討論可以得到其父節點為 list[((n - 1) - 1)/2]，也就是 list[n/2 - 1]，當 n 等於 8 時，最後一個有子節點的節點將為 list[8/2 - 1] = list[3]。

2. 假設最後一個有子節點的節點為 list[i]，將 list[i] 與其大子節點做比較，若 list[i] 比較小，就將兩者交換，此時，list[i] 往下移了一階，繼續與其大子節點做比較，若 list[i] 比較小，就將兩者交換，重複此步驟，直到大於等於其大子節點或沒有子節點為止。

3. 仿照步驟 2. 一一調整 list[i - 1]、list[i - 2]、…、list[0] 的位置，最後就會得到最大堆積。

範例 8.23 [建構最大堆積] 使用由下而上的方式將 {15, 42, 29, 66, 73, 15*, 10, 19} 建構為最大堆積。

解答：

1. 將數字串列表示成完整二元樹，然後找出最後一個有子節點的節點為 list[3] (66)。

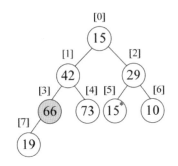

2. 調整 list[3] (66) 的位置 (由於 list[3] (66) 只有一個子節點 list[7] (19)，而且 66 > 19，故 66 的位置維持不變)。

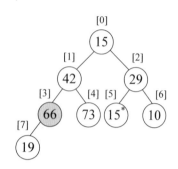

3. 調整 list[2] (29) 的位置 (由於 list[2] (29) 的大子節點為 list[5] (15*)，而且 29 > 15*，故 29 的位置維持不變)。

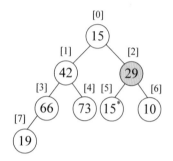

4. 調整 list[1] (42) 的位置 (由於 list[1] (42) 的大子節點為 list[4] (73)，而且 42 < 73，故將兩者交換，此時，42 已經沒有子節點，故停止比較)。

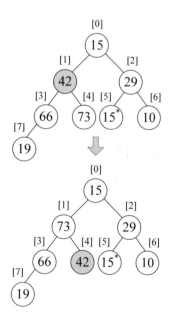

5. 調整 list[0] (15) 的位置（由於
   list[0] (15) 的大子節點為 list[1]
   (73)，而且 15 < 73，故將兩者交
   換；此時，15 還有大子節點 66，
   而且 15 < 66，故將兩者交換；此
   時，15 還有大子節點 19，而且
   15 < 19，故將兩者交換；此時，
   15 已經沒有子節點，故停止比較)。

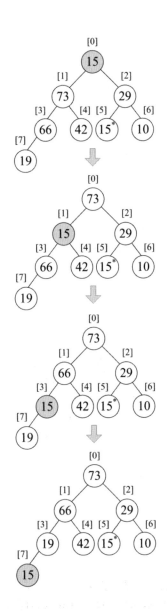

我們可以使用陣列存放該最大堆積，結果如下。

[0]	[1]	[2]	[3]	[4]	[5]	[6]	[7]
73	66	29	19	42	15*	10	15

範例 8.24 撰寫一個函數使用由下而上的方式將數字串列建構為最大堆積。

解答：由於 construct_heap2() 函數會呼叫 n 次 adjust_to_heap() 函數，而該函數的時間複雜度為 $O(\log_2 n)$，故 construct_heap2() 函數的時間複雜度為 $O(n\log_2 n)$。

\Ch08\heap2.c（下頁續 1/2）

```c
#include <stdio.h>
#define N 8                          /*定義資料個數為 8*/

/*調整指定節點的位置*/
void adjust_to_heap(int list[], int n, int i)
{
  int temp, large;
  temp = list[i];                    /*令 temp 為欲調整位置的節點*/
  while (2 * i + 1 < n){             /*當 list[i] 有左子節點時*/
    large = 2 * i + 1;               /*令大子節點為 list[i] 的左子節點*/
    /*若有右子節點且大於左子節點，就令大子節點為右子節點*/
    if ((large + 1) < n && list[large] < list[large + 1])
      large = large + 1;
    /*若 temp 大於等於其大子節點，就跳出*/
    if (temp >= list[large])
      break;
    list[i] = list[large];           /*將其大子節點往上移一階*/
    i = large;                       /*繼續往下做比較*/
  }
  list[i] = temp;
}

/*建構最大堆積－方式二：由下而上*/
void construct_heap2(int list[], int n)
{
  /*一一調整最後一個有子節點的節點到樹根的位置*/
  for (int i = n/2 - 1; i >= 0; i--)
    adjust_to_heap(list, n, i);
}
```

\Ch08\heap2.c（接上頁 2/2）

```c
int main()
{
  int list[N] = {15, 42, 29, 66, 73, 15, 10, 19};
  construct_heap2(list, N);
  printf("使用陣列存放最大堆積得到：\n");
  for (int i = 0; i < N; i++)
    printf("%d ", list[i]);
}
```

```
[Running] cd "c:\Users\Jean\Documents\Samples\Ch08\" &&
gcc heap2.c -o heap2 &&
"c:\Users\Jean\Documents\Samples\Ch08\"heap2
使用陣列存放最大堆積得到：
73 66 29 19 42 15 10 15
[Done] exited with code=0 in 0.261 seconds
```

在最大堆積中刪除節點

在最大堆積中刪除節點通常是從樹根開始 (即鍵值最大的節點)，然後將最後一個節點移到樹根，使之保持完整二元樹的形式，再調整為最大堆積，也就是將新樹根與其大子節點做比較，若它小於其大子節點，就將兩者交換，然後重複與其大子節點做比較，直到大於等於其大子節點或沒有子節點為止。

範例 8.25 [刪除節點] 在下面的最大堆積中刪除一個節點並分析時間複雜度。

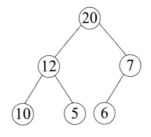

解答：時間複雜度為 $O(\log_2 n)$，其中 n 為最大堆積的節點個數。

1. 在最大堆積中刪除節點通常是從
   樹根開始。

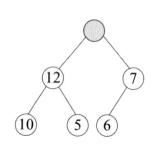

2. 將最後一個節點插入樹根，使之保
   持完整二元樹的形式。

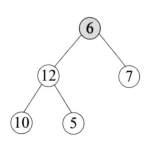

3. 由於新樹根 6 小於其大子節點
   12，故將兩者交換。

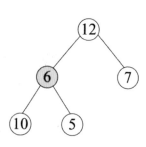

4. 由於 6 還是小於其大子節點 10，故
   將兩者交換，此時，已經沒有子節
   點，故停止比較。

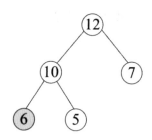

8-10-2 堆積排序

正由於最大堆積的每個內部節點一律大於等於其子節點，樹根必定為整棵樹中鍵值最大的節點，因而能夠用來進行排序，此稱為**堆積排序**（heap sorting），其原理是從最大堆積中刪除樹根，然後將最後一個節點插入樹根，再調整為最大堆積，不斷重複此過程，直到最大堆積變成空的為止。

範例 8.26 寫出以 [堆積排序] 將 {15, 42, 29, 66, 73, 15*, 10, 19} 由小到大排序的過程，並根據結果判斷堆積排序是否屬於穩定排序？

解答：

1. 將 {15, 42, 29, 66, 73, 15*, 10, 19} 建構為如下的最大堆積，同時使用陣列存放它。

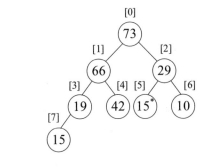

[0]	[1]	[2]	[3]	[4]	[5]	[6]	[7]
73	66	29	19	42	15*	10	15

2. 從最大堆積中刪除樹根，然後將最後一個節點插入樹根，再調整為最大堆積 (為了達到由小到大排序並節省空間的目的，我們將被刪除的樹根存放在最後一個節點的位置，同時將它加上網底，表示它已經不在最大堆積中)。

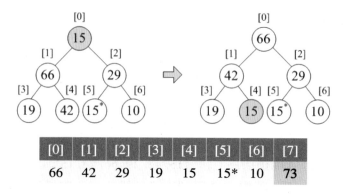

[0]	[1]	[2]	[3]	[4]	[5]	[6]	[7]
66	42	29	19	15	15*	10	73

3. 重複步驟 2., 從最大堆積中刪除樹根, 然後將最後一個節點插入樹根, 再調整為最大堆積。

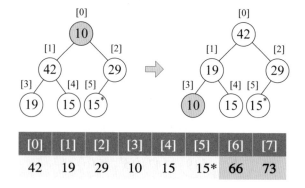

[0]	[1]	[2]	[3]	[4]	[5]	[6]	[7]
42	19	29	10	15	15*	66	73

4. 重複步驟 2., 從最大堆積中刪除樹根, 然後將最後一個節點插入樹根, 再調整為最大堆積。

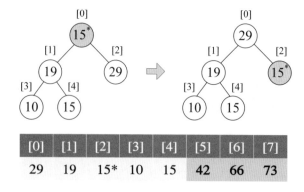

[0]	[1]	[2]	[3]	[4]	[5]	[6]	[7]
29	19	15*	10	15	42	66	73

5.　重複步驟 2.，從最大堆積中刪除樹根，然後將最後一個節點插入樹根，
　　再調整為最大堆積。

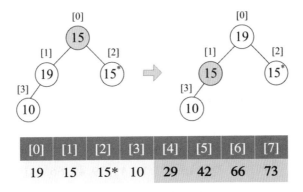

[0]	[1]	[2]	[3]	[4]	[5]	[6]	[7]
19	15	15*	10	29	42	66	73

6.　重複步驟 2.，從最大堆積中刪除樹根，然後將最後一個節點插入樹根，
　　再調整為最大堆積。

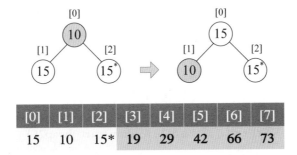

[0]	[1]	[2]	[3]	[4]	[5]	[6]	[7]
15	10	15*	19	29	42	66	73

7.　重複步驟 2.，從最大堆積中刪除樹根，然後將最後一個節點移到樹根，
　　再調整為最大堆積。

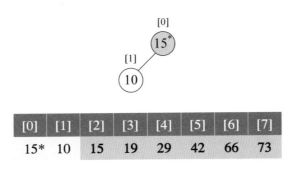

[0]	[1]	[2]	[3]	[4]	[5]	[6]	[7]
15*	10	15	19	29	42	66	73

8. 重複步驟 2.，從最大堆積中刪除樹根，然後將最後一個節點插入樹根，再調整為最大堆積。

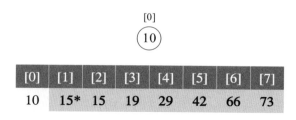

[0]	[1]	[2]	[3]	[4]	[5]	[6]	[7]
10	15*	15	19	29	42	66	73

9. 重複步驟 2.，從最大堆積中刪除樹根，此時，最大堆積已經變成空的，故排序完成，得到結果為 {10, 15*, 15, 19, 29, 42, 66, 73}。

[0]	[1]	[2]	[3]	[4]	[5]	[6]	[7]
10	15*	15	19	29	42	66	73

顯然堆積排序屬於不穩定排序，因為原始資料為 {15, 42, 29, 66, 73, 15*, 10, 19}，而排序後的結果為 {10, 15*, 15, 19, 29, 42, 66, 73}，兩個 15 的相對位置在排序前後是不同的。

範例 8.27 撰寫一個函數實作 [堆積排序] 並分析複雜度。

解答：heap_sort() 函數呼叫了範例 8.24 的 construct_heap2() 和 adjust_to_heap() 兩個函數，前者用來建構最大堆積，後者用來調整指定節點的位置，以保持最大堆積的形式。

heap_sort() 函數會呼叫 n 次 adjust_to_heap() 函數，而該函數的時間複雜度為 $O(\log_2 n)$，故 heap_sort() 函數的時間複雜度為 $O(n\log_2 n)$。至於空間複雜度則為 $O(1)$，也就是需要一個額外的空間做為資料交換的緩衝區，即 temp 變數。

\Ch08\heapsort.c（下頁續 1/2）

```
#include <stdio.h>
#define N 8                        /*定義資料個數為 8*/
```

\Ch08\heapsort.c (接上頁 2/2)

```c
/*調整指定節點的位置*/
void adjust_to_heap(int list[], int n, int i)
{
  …(略)
}


/*建構最大堆積－方式二：由下而上*/
void construct_heap2(int list[], int n)
{
  …(略)
}
```

```c
/*堆積排序*/
void heap_sort(int list[], int n)
{
  int temp;
  construct_heap2(list, n);      /*建構最大堆積*/
  while (n > 1){
    temp = list[0];              /*將樹根與最後一個節點交換*/
    list[0] = list[n - 1];
    list[n - 1] = temp;
    n--;                         /*將最大堆積的節點個數遞減 1*/
    adjust_to_heap(list, n, 0);  /*調整新樹根的位置，以保持最大堆積的形式*/
  }
}
```

```c
int main()
{
  int list[N] = {15, 42, 29, 66, 73, 15, 10, 19};
  heap_sort(list, N);
  printf("排序結果為：");
  for (int i = 0; i < N; i++)
    printf("%d ", list[i]);
}
```

```
[Running] cd "c:\Users\Jean\Documents\Samples\Ch08\" &&
gcc heapsort.c -o heapsort &&
"c:\Users\Jean\Documents\Samples\Ch08\"heapsort
排序結果為：10 15 15 19 29 42 66 73
[Done] exited with code=0 in 0.26 seconds
```

在本章的最後，我們將各種排序法在最佳情況、最差情況、平均情況的時間複雜度歸納如下。

排序方式	最佳情況	最差情況	平均情況	空間複雜度	是否穩定
選擇排序	$O(n^2)$	$O(n^2)$	$O(n^2)$	$O(1)$	否
插入排序	$O(n)$	$O(n^2)$	$O(n^2)$	$O(1)$	是
氣泡排序	$O(n^2)$	$O(n^2)$	$O(n^2)$	$O(1)$	是
謝耳排序	$O(nlog_2n)$ ~ $O(n^2)$，取決於間隔長度的值			$O(1)$	否
快速排序	$O(nlog_2n)$	$O(n^2)$	$O(nlog_2n)$	$O(log_2n)$ ~ $O(n)$	否
合併排序	$O(nlog_2n)$			$O(n)$	是
基數排序	$O(nlog_rm)$(r 為基數、m 為最大資料)			$O(rn)$	是
二元樹排序	$O(nlog_2n)$	$O(n^2)$	$O(nlog_2n)$	$O(n)$	是
堆積排序	$O(nlog_2n)$			$O(1)$	否

原則上，選擇排序、插入排序、氣泡排序屬於簡單排序法，雖然它們在平均情況下的時間複雜度為 $O(n^2)$，但是當資料量不大時，還是可以使用這幾種排序法。

快速排序在最佳情況和平均情況下的時間複雜度均為 $O(nlog_2n)$，只有當原始資料已經排序或順序顛倒時，才會出現最差情況下的 $O(n^2)$。

至於合併排序和堆積排序，無論在最佳情況、最差情況或平均情況下，時間複雜度均為 $O(nlog_2n)$，只是合併排序需要額外的空間做為遞迴呼叫的堆疊之用與資料合併的緩衝區，空間複雜度為 $O(n)$。

＼學習評量／

一、選擇題

( )1. 下列何者的時間複雜度在最佳情況下不是 $O(n^2)$？(複選)

    A. 選擇排序　　　　　　B. 插入排序

    C. 氣泡排序　　　　　　D. 快速排序

    E. 合併排序　　　　　　F. 二元樹排序

    G. 堆積排序

( )2. 下列關於氣泡排序的敘述何者錯誤？

    A. 在最佳情況下的時間複雜度為 $O(n\log_2 n)$

    B. 當原始資料已經排序時，將不用做任何交換動作

    C. 在最差情況下的時間複雜度為 $O(n^2)$

    D. 屬於穩定排序

( )3. 下列何者不屬於穩定排序？(複選)

    A. 選擇排序　　　　　　B. 插入排序

    C. 氣泡排序　　　　　　D. 快速排序

    E. 合併排序　　　　　　F. 二元樹排序

( )4. 下列關於快速排序的敘述何者錯誤？

    A. 最差情況發生在當原始資料已經排序或順序顛倒時

    B. 在平均情況下的時間複雜度為 $O(n\log_2 n)$

    C. 由於涉及遞迴呼叫，故空間複雜度為 $O(1)$

    D. 屬於不穩定排序

( )5. 當原始資料為下列何者時，快速排序的效率最差？

    A. {2, 3, 4, 5, 1}　　　　　B. {2, 4, 5, 3, 1}

    C. {1, 3, 5, 2, 4}　　　　　D. {5, 4, 3, 2, 1}

( )6. 下列關於合併排序的敘述何者錯誤？

    A. 因為反覆拷貝陣列內容會影響效率，反倒不如快速排序來得常見

    B. 無論在何種情況下的時間複雜度均為 $O(n\log_2 n)$

    C. 由於需要額外的陣列做為資料合併的緩衝區，故空間複雜度為 $O(n)$

    D. 屬於不穩定排序

( )7. 假設原始資料為 {39, 13, 69, 56, 37, 26}，試問，在以插入排序由小到大排序的過程中，不可能會發生下列哪種順序？

    A. {13, 39, 69, 37, 56, 26}   B. {13, 37, 39, 56, 69, 26}

    C. {13, 26, 37, 39, 56, 69}   D. {13, 39, 69, 56, 37, 26}

( )8. 假設以陣列 list[] 存放最小堆積，試問，下列何者為最小堆積？

    A. list[] = {5, 8, 9, 3, 2, 1, 4, 10}   B. list[] = {9, 8, 1, 10, 5, 4, 3, 2}

    C. list[] = {1, 2, 8, 3, 4, 9, 10, 5}   D. list[] = {1, 5, 10, 4, 3, 8, 9, 2}

( )9. 在以選擇排序將 {26, 59, 77, 31, 51, 11, 19, 42} 由小到大排序的過程中，第一回合的結果為何？

    A. {26, 11, 19, 31, 51, 59, 77, 42}   B. {11, 59, 77, 31, 51, 26, 19, 42}

    C. {11, 19, 26, 31, 42, 59, 37, 77}   D. {31, 51, 11, 42, 26, 77, 59, 19}

( )10. 承題 9，但改採取 LSD 優先基數排序，第一回合的結果為何？

( )11. 在以快速排序將 {9, 17, 11, 14, 9*, 5, 10} 由小到大排序的過程中，第一回合的結果為何？

    A. {9, 5, 9*, 14, 11, 17, 10}   B. {9, 5, 11, 14, 9*, 17, 10}

    C. {9*, 5, 9, 14, 11, 17, 10}   D. {5, 9*, 9, 14, 11, 17, 10}

( )12. 在以氣泡排序將 {10, 91, 23, 56, 71, 18} 由小到大排序的過程中，第二回合的結果為何？

    A. {10, 23, 91, 56, 71, 18}   B. {10, 23, 56, 18, 71, 91}

    C. {10, 18, 23, 56, 71, 91}   D. {10, 18, 23, 71, 56, 91}

( )13. 承題 12，但改採取插入排序，第二回合的結果為何？

( )14. 下列何者不是最大堆積？

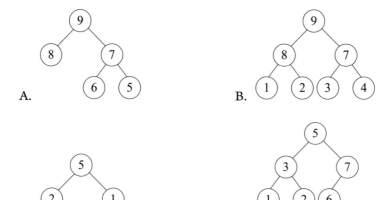

A.

B.

C.

D.

( )15. 下列哪種排序法在最差情況下的表現最差？

A. 合併排序   B. 基數排序

C. 快速排序   D. 堆積排序

二、練習題

1. 簡單說明何謂排序？以及排序有何用途？

2. 簡單說明何謂穩定排序並舉出一個實例。

3. 簡單說明選擇排序的原理，寫出以選擇排序將 {6, 31, 20, 4, 20*, 35, 10, 51, 70, 59} 由小到大排序的過程，並根據結果判斷選擇排序是否屬於穩定排序？

4. 簡單說明插入排序的原理，寫出以插入排序將 {6, 31, 20, 4, 20*, 35, 10, 51, 70, 59} 由小到大排序的過程，並根據結果判斷插入排序是否屬於穩定排序？

5. 簡單說明氣泡排序的原理，寫出以氣泡排序將 {6, 31, 20, 4, 20*, 35, 10, 51, 70, 59} 由小到大排序的過程，並根據結果判斷氣泡排序是否屬於穩定排序？

6. 簡單說明謝耳排序的原理，寫出以謝耳排序將 {6, 31, 20, 4, 20*, 35, 10, 51, 70, 59} 由小到大排序的過程，並根據結果判斷謝耳排序是否屬於穩定排序？

7. 簡單說明快速排序的原理，寫出以快速排序將 {14, 5, 18, 33, 11, 30, 7, 12, 22, 9, 20} 由小到大排序的過程，然後分析時間複雜度。

8. 簡單說明合併排序的原理，寫出以合併排序將 {6, 31, 20, 4, 20*, 35, 10, 51, 70, 59} 由小到大排序的過程，並根據結果判斷合併排序是否屬於穩定排序？

9. 寫出以氣泡排序、快速排序、LSD 基數排序將 {747, 118, 445, 1011, 765, 33, 168, 15} 由小到大排序的過程，然後分析時間複雜度。

10. 以合併排序將 {35, 43, 31, 28, 65, 60, 45, 25, 38, 41} 由小到大排序，需要幾回合？

11. 簡單說明堆積排序的原理，寫出以堆積排序將 {23, 3, 68, 11, 65, 11*, 59, 13, 38, 17} 由小到大排序的過程，並根據結果判斷堆積排序是否屬於穩定排序？

12. 依序將 55、27、45、60 插入下面的最大堆積，然後畫出結果。

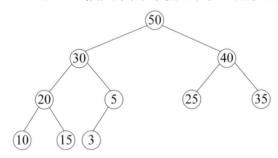

13. 針對下面的堆積進行後述運算：插入 14、刪除 11、插入 6、刪除 10，最後的結果為何？

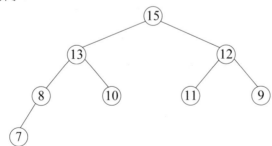

14. 將數字串列 1、3、4、5、8、9、6 建構為最小堆積，然後畫出這個最小堆積，再畫出插入 2 的結果。

15. 將數字串列 45、23、15、72、68、87、35、59、7、81、12、65、39、28 建構為最大堆積，然後畫出這個最大堆積。

搜　尋

9-1 循序搜尋

搜尋 (search) 也是常見的電腦運算，可以在多筆記錄中尋找鍵值符合的記錄 (例如在通訊錄中尋找聯絡人、在資料庫中尋找記錄等)，而且搜尋演算法大致上分成下列兩種類型：

◀ **循序搜尋** (sequential search)：又稱為**線性搜尋** (linear search)，會從第一筆記錄開始，依照順序一筆一筆比較鍵值，直到找到鍵值符合的記錄，或所有記錄均比較完畢。

◀ **非循序搜尋** (nonsequential search)：又稱為**非線性搜尋** (nonlinear search)，不會依照順序一筆一筆比較鍵值，而是根據二元搜尋 (binary search)、內插搜尋 (interpolation search)、雜湊法 (hashing) 等演算法進行搜尋。

範例 9.1 寫出以 [**循序搜尋**] 在 list[] = {54, 2, 40, 22, 17, 22, 60, 35} 搜尋 22 的過程，並計算做過幾次比較？

解答：
第一次比較：22 和 list[0] (54) 做比較，不相等，故繼續往下做比較。
第二次比較：22 和 list[1] (2) 做比較，不相等，故繼續往下做比較。
第三次比較：22 和 list[2] (40) 做比較，不相等，故繼續往下做比較。
第四次比較：22 和 list[3] (22) 做比較，相等，故停止比較並傳回其索引 3，總共比較四次。

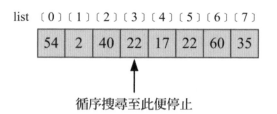

請注意，雖然 list[5] 的值也是 22，但在比較到 list[3] 時，就已經傳回 3，換句話說，傳回值為陣列內第一個鍵值符合之記錄的索引。

範例 9.2　撰寫一個函數實作 [**循序搜尋**] 並分析時間複雜度 (若找到鍵值
符合的記錄，就傳回其索引，否則傳回 -1)。

解答：

\Ch09\sequential.c

```c
#include <stdio.h>
/*循序搜尋函數，參數為欲搜尋的記錄 list[] 陣列、記錄筆數 n 及欲搜尋的鍵值 key*/
int sequential_search(int list[], int n, int key)
{
  for (int i = 0; i < n; i++)
    if (list[i] == key)        /*比對陣列內的記錄是否等於欲搜尋的鍵值*/
      return i;                /*若找到鍵值符合的記錄，就傳回其索引*/
  return -1;                   /*若找不到鍵值符合的記錄，就傳回 -1*/
}

int main()
{
  int list[] = {54, 2, 40, 22, 17, 22, 60, 35};
  printf("鍵值符合之記錄的索引為：%d", sequential_search(list, 8, 22));
}
```

```
[Running] cd "c:\Users\Jean\Documents\Samples\Ch09\" &&
gcc sequential.c -o sequential &&
"c:\Users\Jean\Documents\Samples\Ch09\"sequential
鍵值符合之記錄的索引為：3
[Done] exited with code=0 in 0.243 seconds
```

我們可以從下列三個方面討論 sequential_search() 函數的時間複雜度：

◀　**最佳情況**：第一個就找到記錄，此時只做一次比較，故為 O(1)。

◀　**最差情況**：最後一個才找到記錄，或者，找到最後還是沒有找到記錄，
此時已經做 n 次比較，故為 O(n)。

◀　**平均情況**：找到記錄平均需要做 $(1 + 2 + \cdots + n) / n = (n + 1) / 2$ 次比較，
故為 O(n)。

9-2 二元搜尋

二元搜尋 (binary search) 的原理是假設欲進行搜尋的記錄已經事先排序，也就是根據記錄的鍵值由小到大遞增排列，而在進行搜尋時，只要將欲搜尋的鍵值和位於中間的記錄做比較，若欲搜尋的鍵值比較大，表示鍵值可能符合的記錄是位於陣列的中間到後面，否則是位於陣列的前面到中間，此時，搜尋的範圍已經縮小一半；接著，以相同方式在可能的範圍內進行搜尋，直到找到鍵值符合的記錄，然後傳回其索引，若找不到，就傳回 -1，顯然二元搜尋的平均比較次數比循序搜尋少。

範例 9.3 寫出以 [**二元搜尋**] 在 list[] = {10, 11, 12, 13, 14, 15, 16, 17, 18, 19} 搜尋 15 的過程，並計算做過幾次比較？若改用循序搜尋在 list[] 搜尋 15，則比較次數又為何？(list[] 已經由小到大排序)

解答：在 list[] 搜尋 15 的過程如下，其中 left、right、middle 分別為搜尋範圍的第一個索引、最後一個索引及中間的索引。

[0]	[1]	[2]	[3]	[4]	[5]	[6]	[7]	[8]	[9]
10	11	12	13	14	15	16	17	18	19

第幾次比較	left	right	middle	比較結果
1	0	9	(0 + 9) / 2 = 4	15 > list[4](14)，故可能符合的記錄是位於搜尋範圍的中間到後面。
2	5	9	(5 + 9) / 2 = 7	15 < list[7](17)，故可能符合的記錄是位於搜尋範圍的前面到中間。
3	5	6	(5 + 6) / 2 = 5	15 = list[5](15)，故停止比較並傳回其索引 5，表示搜尋成功，總共比較三次。

若改用循序搜尋在 list[] 搜尋 15，則必須依序和 10、11、12、13、14、15 做比較，然後傳回其索引 5，表示搜尋成功，總共比較六次。

範例 9.4 寫出以 [二元搜尋] 在 list[] = {10, 11, 12, 13, 14, 15, 16, 17, 18, 19} 搜尋 20 的過程,並計算做過幾次比較?若改用循序搜尋在 list[] 搜尋 20,比較次數又為何?(list[] 已經由小到大排序)

解答:在 list[] 搜尋 20 的過程如下,其中 left、right、middle 分別為搜尋範圍的第一個索引、最後一個索引及中間的索引。

[0]	[1]	[2]	[3]	[4]	[5]	[6]	[7]	[8]	[9]
10	11	12	13	14	15	16	17	18	19

第幾次比較	left	right	middle	比較結果
1	0	9	(0 + 9) / 2 = 4	20 > list[4](14),故可能符合的記錄是位於搜尋範圍的中間到後面。
2	5	9	(5 + 9) / 2 = 7	20 > list[7](17),故可能符合的記錄是位於搜尋範圍的中間到後面。
3	8	9	(8 + 9) / 2 = 8	20 > list[8](18),故可能符合的記錄是位於搜尋範圍的中間到後面。
4	9	9	(9 + 9) / 2 = 9	20 > list[9](19),記錄搜尋完畢但沒有找到符合的記錄,故傳回 -1,表示搜尋失敗,總共比較四次。

若改用循序搜尋在 list[] 搜尋 20,則必須依序和 10、11、12、13、14、15、16、17、18、19 做比較,然後傳回 -1,表示搜尋失敗,總共比較十次。

請注意,循序搜尋適用於記錄沒有事先排序、記錄筆數較少、記錄經常變動 (例如插入、移除或更新記錄)、記錄無法隨機存取等情況;相反的,二元搜尋適用於記錄已經事先排序、記錄筆數較多、記錄不常變動 (例如插入、移除或更新記錄)、記錄能夠隨機存取等情況。

範例 9.5 撰寫一個函數實作 [二元搜尋] 並分析時間複雜度 (若找到鍵值符合的記錄，就傳回其索引，否則傳回 -1)。

解答：

\Ch09\binary_search.c

```c
#include <stdio.h>
/*此巨集用來比較 x、y，若 x < y，傳回 -1；若 x == y，傳回 0；若 x > y，傳回 1*/
#define COMPARE(x, y) ((x < y) ? -1 : (x == y) ? 0 : 1)
```

```c
/*二元搜尋函數，參數為欲搜尋的記錄、搜尋範圍的第一個索引、最後一個索引及鍵值*/
int binary_search(int list[], int left, int right, int key)
{
  int middle;
  /*此 if 用來確保搜尋範圍的第一個索引必須小於等於最後一個索引才會進行搜尋*/
  if (left <= right){
    middle = (left + right) / 2;           /*middle 為搜尋範圍中間的索引*/
    switch (COMPARE(list[middle], key)){   /*比較搜尋範圍中間的記錄和鍵值*/
      /*若傳回 -1，表示鍵值較大，就以遞迴呼叫在搜尋範圍的中間到後面進行搜尋*/
      case -1:
        return binary_search(list, middle + 1, right, key);
      /*若傳回 0，表示鍵值符合，就傳回其索引*/
      case 0:
        return middle;
      /*若傳回 1，表示鍵值較小，就以遞迴呼叫在搜尋範圍的前面到中間進行搜尋*/
      case 1:
        return binary_search(list, left, middle - 1, key);
    }
  }
  /*若 if 檢查到搜尋範圍的第一個索引大於最後一個索引，就傳回 -1，停止搜尋*/
  return -1;
}
```

```c
int main()
{
  int list[] = {10, 11, 12, 13, 14, 15, 16, 17, 18, 19};
  printf("鍵值符合之記錄的索引為：%d", binary_search(list, 0, 9, 15));
}
```

```
[Running] cd "c:\Users\Jean\Documents\Samples\Ch09\" &&
gcc binary_search.c -o binary_search &&
"c:\Users\Jean\Documents\Samples\Ch09\"binary_search
鍵值符合之記錄的索引為 : 5
[Done] exited with code=0 in 0.265 seconds
```

我們可以從下列三個方面討論 binary_search() 函數的時間複雜度：

◀ **最佳情況**：第一個就找到記錄，此時只做一次比較，故為 $O(1)$。

◀ **最差情況**：最後一個才找到記錄，或者，找到最後還是沒有找到記錄，此時已經做 $\log_2 n$ 次比較，故為 $O(\log_2 n)$，其證明請見範例 9.6。

◀ **平均情況**：$O(\log_2 n)$。

範例 9.6 證明二元搜尋的時間複雜度為 $O(\log_2 n)$。

解答：假設搜尋 n 筆記錄的時間為 $T(n)$ 且 $T(1) = 1$ (搜尋一筆記錄的時間為常數)，由於二元搜尋每做一次比較，搜尋範圍就會縮小一半，故得到如下的遞迴關係式：

$$T(n) \le 1 + T(n/2)$$

$\Rightarrow T(n) \le 1 + (1 + T(n/4))$

$\Rightarrow T(n) \le 2 + T(n/2^2)$

...

$\Rightarrow T(n) \le k + T(n/2^k)$

當 $n = 2^k$ (即 $k = \log_2 n$) 且 $T(1) = 1$ 時

$\Rightarrow T(n) \le \log_2 n + T(1)$

$\Rightarrow T(n) \le \log_2 n + 1$

$\Rightarrow T(n) = O(\log_2 n)$

範例 9.7 以非遞迴的方式改寫範例 9.5 的二元搜尋函數。

解答：

\Ch09\binary_search2.c

```c
#include <stdio.h>
/*此巨集用來比較 x、y，若 x < y，傳回 -1；若 x == y，傳回 0；若 x > y，傳回 1*/
#define COMPARE(x, y) ((x < y) ? -1 : (x == y) ? 0 : 1)

/*二元搜尋函數，參數為欲搜尋的記錄、搜尋範圍的第一個索引、最後一個索引及鍵值*/
int binary_search2(int list[], int left, int right, int key)
{
  int middle;
  while (left <= right){
    middle = (left + right) / 2;
    switch (COMPARE(list[middle], key)){
      /*若傳回 -1，表示鍵值較大，就在搜尋範圍的中間到後面進行搜尋*/
      case -1:
        left = middle + 1;
        break;
      /*若傳回 0，表示鍵值符合，就傳回其索引*/
      case 0:
        return middle;
      /*若傳回 1，表示鍵值較小，就在搜尋範圍的前面到中間進行搜尋*/
      case 1:
        right = middle - 1;
    }
  }
  /*若 while 檢查到搜尋範圍的第一個索引大於最後一個索引，就傳回 -1，停止搜尋*/
  return -1;
}

int main()
{
  int list[] = {10, 11, 12, 13, 14, 15, 16, 17, 18, 19};
  printf("鍵值符合之記錄的索引為：%d", binary_search2(list, 0, 9, 15));
}
```

9-3 內插搜尋

內插搜尋（interpolation search）的原理和二元搜尋類似，它同樣是假設欲進行搜尋的記錄 list[] 已經事先排序，也就是根據記錄的鍵值由小到大遞增排列，不同的是內插搜尋並不是選取中間的記錄做比較，而是按照欲搜尋之鍵值 key 的大小比例來選取記錄做比較，其公式如下，其中 left、right、middle 分別為搜尋範圍的第一個索引、最後一個索引及被選取的索引，待找出鍵值符合的記錄，便傳回其索引，若找不到，就傳回 -1。

$$\text{middle} = \text{left} + \frac{\text{key-list[left]}}{\text{list[right]-list[left]}} \times (\text{right - left})$$

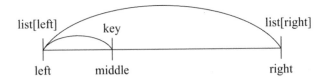

事實上，內插搜尋就像在查字典，當要查以 c 開頭的單字時，我們並不會從字典的中間翻起，而是從字典的前面翻起；相反的，當要查以 t 開頭的單字時，我們也不會從字典的中間翻起，而是從字典的後面翻起。

範例 9.8 寫出以 [**內插搜尋**] 在 list[] = {10, 11, 12, 13, 14, 15, 16, 17, 18, 19} 搜尋 15 的過程，並計算做過幾次比較？若改用二元搜尋在 list[] 搜尋 15，比較次數又為何？(list[] 已經由小到大排序)

解答：首先，我們根據前面的公式計算被選取的索引 middle，此時 left 為 0、right 為 9、list[left] 為 10、list[right] 為 19、key 為 15，則 middle 為：

$$0 + \frac{15\text{-}10}{19\text{-}10} \times (9 \text{ - } 0) = 5$$

於是拿 key (15) 和 list[5] (15) 做比較，得到兩者相等，故傳回其索引 5，比較次數為一次。若改用二元搜尋在 list[] 搜尋 15，則比較次數為三次（依序和 list[4]、list[7]、list[5] 做比較）。由這個例子可知，當欲進行搜尋的記錄分佈均勻時，內插搜尋的效率會比二元搜尋好。

範例 9.9 寫出以 [**內插搜尋**] 在 list[] = {3, 4, 7, 24, 25, 30, 77, 88, 90} 搜尋 30 的過程，並計算做過幾次比較？若改用二元搜尋在 list[] 搜尋 30，則比較次數又為何？(list[] 已經由小到大排序)

解答：首先，我們根據前面的公式計算被選取的索引 middle，此時 left 為 0、right 為 8、list[left] 為 3、list[right] 為 90、key 為 30，則 middle 為：

$$0 + \frac{30\text{-}3}{90\text{-}3} \times (8\text{-}0) \fallingdotseq 2$$

於是拿 key (30) 和 list[2] (7) 做比較，得到 key 比較大，故根據前面的公式重新計算被選取的索引 middle，此時 left 為 3、right 為 8、list[left] 為 24、list[right] 為 90、key 為 30，則 middle 為：

$$3 + \frac{30\text{-}24}{90\text{-}24} \times (8\text{-}3) \fallingdotseq 3$$

於是拿 key (30) 和 list[3] (24) 做比較，得到 key 比較大，故根據前面的公式重新計算被選取的索引 middle，此時 left 為 4、right 為 8、list[left] 為 25、list[right] 為 90、key 為 30，則 middle 為：

$$4 + \frac{30\text{-}25}{90\text{-}25} \times (8\text{-}4) \fallingdotseq 4$$

於是拿 key (30) 和 list[4] (25) 做比較，得到 key 比較大，故根據前面的公式重新計算被選取的索引 middle，此時 left 為 5、right 為 8、list[left] 為 30、list[right] 為 90、key 為 30，則 middle 為：

$$5 + \frac{30\text{-}30}{90\text{-}30} \times (8\text{-}5) \fallingdotseq 5$$

於是拿 key (30) 和 list[5] (30) 做比較，得到兩者相等，故傳回其索引 5，比較次數為四次。若改用二元搜尋在 list[] 搜尋 30，則比較次數為三次 (依序和 list[4]、list[6]、list[5] 做比較)。

由這個例子可知，當欲進行搜尋的記錄分佈不均勻時，內插搜尋的效率可能會不及二元搜尋。此外，內插搜尋適用於記錄已經事先排序、記錄筆數較多、記錄分佈均勻、記錄不常變動、記錄能夠隨機存取等情況。

範例 9.10 撰寫一個函數實作 ［**內插搜尋**］並分析時間複雜度（若找到鍵值符合的記錄，就傳回其索引，否則傳回 -1）。

解答：<\Ch09\interpolation.c>

```c
/*內插搜尋函數，參數為欲搜尋的記錄、搜尋範圍的第一個索引、最後一個索引及鍵值*/
int interpolation_search(int list[], int left, int right, int key)
{
  int middle;
  float x;
  while (left <= right){
    /*根據公式計算被選取的索引 middle */
    if (list[right] - list[left] == 0) x = 0;
    else x = (float)(key - list[left]) / (list[right] - list[left]);
    middle = left + (int)x * (right - left);
    /*若 middle 超過搜尋範圍，就傳回-1*/
    if (middle < left || middle > right) return -1;
    switch (COMPARE(list[middle], key)){
      case -1:
        left = middle + 1;
        break;
      case 0:
        return middle;
      case 1:
        right = middle - 1;
    }
  }
  return -1;
}
```

我們可以從下列三個方面討論 interpolation_search() 函數的時間複雜度：

◀ **最佳情況**：當記錄分佈非常均勻時，第一個就找到記錄，故為 O(1)。

◀ **最差情況**：當記錄分佈非常不均勻時，導致最後一個才找到記錄，或者，每個記錄都比較過但還是沒有找到記錄，故為 O(n)。

◀ **平均情況**：$O(\log_2 \log_2 n)$，由於這涉及複雜的證明，此處就不做說明。

9-4 雜湊法

無論是循序搜尋、二元搜尋或內插搜尋，它們都是藉由鍵值的比較來進行搜尋，因此，搜尋的效率取決於比較的次數，而本節要介紹另一種完全不同的搜尋方式，叫做**雜湊法** (hashing)。

雜湊法的原理是將所有記錄的鍵值透過數學函數轉換成位址 (key-to-address)，然後把記錄存放在表格內對應的位址，我們將此數學函數稱為**雜湊函數** (hash function)，而此大小固定的表格稱為**雜湊表** (hash table)。

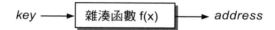

日後如欲搜尋記錄，只要將該記錄的鍵值透過雜湊函數轉換成位址，就能從雜湊表內對應的位址找到該記錄，此時，所需的時間為計算雜湊函數的時間，而這是常數時間，與記錄的筆數無關，故時間複雜度為 O(1)。

當然這是在理想的情況下，若雜湊函數設計得很好，沒有任何記錄被雜湊到相同位址，也就是沒有發生**碰撞** (collision)，那麼只要透過一次雜湊函數運算，就能找到記錄，然真實的情況通常不會這麼理想，而且當記錄的筆數很多時，發生碰撞便在所難免，因此，如何決定一個適當的雜湊函數及處理碰撞，將是雜湊法所面臨的重要課題。在繼續討論雜湊法之前，我們來解釋幾個名詞：

◀ **雜湊函數** (hash function)：這是將記錄的鍵值轉換成位址的數學函數 f(x)，f(*key*) = *address*，常見的有除法 (division)、平方後取中間值法 (mid-square)、折疊法 (folding)、位數分析法 (digit analysis)。

◀ **雜湊表** (hash table)：這是記憶體內一塊大小固定的連續空間，用來存放記錄。

◀ **桶子** (bucket)：這是將雜湊表視為由數個桶子所組成，每筆記錄的鍵值可以透過雜湊函數轉換成雜湊表內某個桶子的位址。

◀ **碰撞** (collision)：若不同記錄的鍵值透過雜湊函數轉換成相同位址，表示這些記錄發生碰撞。

◀ **槽（slot）**：這是將桶子視為由幾個槽所組成，也就是桶子的容量，當桶子內只有一個槽時，表示它只能存放一筆記錄，相反的，當桶子內有 n 個槽時，表示它能存放 n 筆記錄。

◀ **溢位（overflow）**：若記錄的鍵值透過雜湊函數轉換成位址，而該位址的桶子已經滿了，表示發生溢位，當桶子內只有一個槽時，溢位與碰撞的情況將會同時發生。

◀ **同義字（synonym）**：假設有兩筆記錄的鍵值為 x_1、x_2，雜湊函數為 $f(x)$，當 $f(x_1) = f(x_2)$ 時，表示 x_1 和 x_2 為同義字。

◀ **叢集（cluster）**：若記錄的鍵值透過雜湊函數轉換成位址，而該位址集中在某個區段，表示發生叢集現象，此時將更容易發生碰撞。

◀ **負載密度/負載因素（loading density/loading factor）**：這是雜湊表內實際存放的記錄筆數與桶子容量的比例，也就是雜湊表的使用率，假設雜湊表是由 b 個桶子所組成，每個桶子是由 s 個槽所組成，而雜湊表內實際存放的記錄筆數為 n，則負載密度 α 為 n / bs，當負載密度 α 的值愈高，表示雜湊表的使用率愈高，發生碰撞或溢位的機率也愈高。

◀ **識別字（identifier）**：這是記錄的鍵值。

◀ **識別字密度（identifier density）**：假設識別字可能的組合有 T 個，而雜湊表內實際存放的識別字有 n 個，則識別字密度為 n / T。

雜湊法的優點如下，至於缺點則是所使用的記憶體必須大於資料檔案大小，以減少碰撞或溢位：

◀ 資料無須事先排序。

◀ 在沒有發生碰撞與溢位的情況下，只要搜尋一次即可。

◀ 透過適當的雜湊函數可以對資料進行壓縮。

◀ 具有保密性，必須知道雜湊函數後才能取得資料。

範例 9.11 假設雜湊表是由 26 個桶子所組成，每個桶子是由 2 個槽所組成，而鍵值是包含 1 個大寫英文字母和 1 個數字的字串，試想出一個雜湊函數將 {A1, B1, C1, A2, D1, B2, C2, E1} 等 8 個鍵值存放到雜湊表，然後計算其負載密度、識別字密度及時間複雜度。

解答： 要想出這個雜湊函數其實不難，只要令它根據鍵值的第一個字元做轉換即可，也就是 A、B、C、…、Z 分別轉換成 bucket0、1、2、…、25，如下，此時，負載密度 α 為 n / bs，即 8 / (26×2) = 2 / 13，而識別字密度為 n / T，即 8 / (26×10) = 2 / 65 (由於鍵值包含 1 個大寫英文字母和 1 個數字，故有 26×10 種可能的組合)。

桶子＼槽	Slot1	Slot2
bucket0	A1	A2
bucket1	B1	B2
bucket2	C1	C2
bucket3	D1	
bucket4	E1	
…		
bucket25		

至於時間複雜度，無論是要新增、移除或搜尋雜湊表內的記錄，所需的時間包含計算雜湊函數的時間和搜尋桶子的時間，由於桶子通常很小，所以搜尋時間極短，而計算雜湊函數的時間是常數時間，兩者均與記錄的筆數無關，故時間複雜度為 O(1)。

雖然這個例子截至目前均能順利地將所有鍵值存放在雜湊表，但事實上，我們所挑選的雜湊函數並不是很好，一旦又出現以 A、B、C 開頭的鍵值，將會發生溢位，那麼一個好的雜湊函數該如何挑選呢？這其實是有祕訣的，請看下一節的說明。

9-4-1　雜湊函數

雜湊函數（hash function）是將記錄的鍵值轉換成位址的數學函數，必須具備計算簡單、碰撞頻率低、叢集現象少等特質，常見的有除法、平方後取中間值法、折疊法、位數分析法等。

除法

除法（division）是最常見的雜湊函數，其公式如下，也就是將鍵值 x 除以桶子的個數 b，然後取其餘數 0、1、2～b - 1，做為該鍵值存放在雜湊表內的位址：

```
f(x) = x % b
```

舉例來說，假設有 15 筆記錄，鍵值分別為 0～14，桶子有 5 個，位址分別為 0～4，則鍵值為 0 的記錄會被分配到位址為 0 的桶子，因為 0 除以 5 的餘數是 0；同理，鍵值為 1 的記錄會被分配到位址為 1 的桶子，因為 1 除以 5 的餘數是 1，依此類推，結果如下。

桶子位址	桶子內容
bucket0	0、5、10
bucket1	1、6、11
bucket2	2、7、12
bucket3	3、8、13
bucket4	4、9、14

這種雜湊函數看起來似乎很理想，但有個先決條件，就是記錄必須平均分配到各個桶子，若桶子的個數選擇不當，極有可能將絕大多數的記錄都分配到某幾個桶子，如此一來，搜尋的效率就會大打折扣。

舉例來說，假設桶子的個數為 20，位址為 0～19，而記錄的鍵值大部分是 10 的倍數，例如 0、10、20、30、40、50…，那麼這些記錄只會被分配到位址為 0 和 10 兩個桶子，想當然爾，搜尋的效率就會變差。

同理，若記錄的鍵值大部分是 5 的倍數，例如 0、5、10、15、20、25、30、35、40…，那麼這些記錄只會被分配到位址為 0、5、10、15 四個桶子，搜尋的效率也會變差。

事實上，只要記錄的鍵值大部分是桶子個數的因數或倍數，就會發生分配不平均的叢集現象，最好的解決之道是將桶子的個數設定為大於 20 的質數，例如 23、29、31、37、41、43…，質數的因數只有 1 與本身兩個，比較不容易發生叢集現象。

範例 9.12 使用 [除法] 的雜湊函數，將 150、86、186、251、329、502 等鍵值存放在位址為 0、1、2、…、6 等桶子。

解答：結果如下，其中 % 符號表示 MOD 運算，即取餘數。

桶子位址	桶子內容
bucket0	329 (329 % 7 = 0)
bucket1	
bucket2	86 (86 % 7 = 2)
bucket3	150 (150 % 7 = 3)
bucket4	186 (186 % 7 = 4)
bucket5	502 (502 % 7 = 5)
bucket6	251 (251 % 7 = 6)

平方後取中間值法

平方後取中間值法 (mid-square) 是計算鍵值的平方 (若鍵值不是數值，可以先透過簡單的函數將之轉換成數值)，然後視雜湊表的大小決定要從中取出幾位數，做為該鍵值存放在雜湊表內的位址。舉例來說，假設鍵值為 1234，雜湊表的大小為 1000，而 1234 的平方為 1522756，那麼可以從中選取千百十等三位數 275，做為該鍵值存放在雜湊表內的位址。

折疊法

折疊法 (folding) 又分成下列兩種：

◀ **移動折疊法 (shift folding)**：這種方法是將鍵值 x 分割為數個部分 x_1、x_2、x_3、x_4、$\cdots$、x_n，而且除了最後一個部分 x_n 之外，其它部分的長度均相同，然後將 x_1、x_2、x_3、x_4、$\cdots$、x_n 相加，得到的總和便是鍵值 x 在雜湊表內的位址。

舉例來說，假設鍵值 x 為 12345678231430，我們將它分割為 $x_1 = 123$、$x_2 = 456$、$x_3 = 782$、$x_4 = 314$、$x_5 = 30$，然後計算 $x_1 + x_2 + x_3 + x_4 + x_5 = 123 + 456 + 782 + 314 + 30 = 1705$，得到鍵值 x 在雜湊表內的位址為 1705。

◀ **邊界折疊法 (folding at the boundaries)**：這種方法是將鍵值 x 分割為數個部分 x_1、x_2、x_3、x_4、$\cdots$、x_n，而且除了最後一個部分 x_n 之外，其它部分的長度均相同，接著將偶數部分 x_2、x_4、$\cdots$ 的位數反轉過來成為 x_2'、x_4'、$\cdots$，然後將 x_1、x_2'、x_3、x_4'、$\cdots$、x_n 相加，得到的總和便是鍵值 x 在雜湊表內的位址。

舉例來說，假設鍵值 x 為 12345678231430，我們將它分割為 $x_1 = 123$、$x_2 = 456$、$x_3 = 782$、$x_4 = 314$、$x_5 = 30$，接著將偶數部分 x_2、x_4、$\cdots$ 的位數反轉過來成為 $x_2' = 654$、$x_4' = 413$，然後計算 $x_1 + x_2' + x_3 + x_4' + x_5 = 123 + 654 + 782 + 413 + 30 = 2002$，得到鍵值 x 在雜湊表內的位址為 2002。

位數分析法

位數分析法（digit analysis）適用於數值較大的靜態檔案（即所有鍵值皆為已知），其原理是檢查鍵值的每個位數，將分佈較不均勻（重複較多）的位數先刪除，然後根據雜湊表的大小取出分佈較均勻（重複較少）的位數。

舉例來說，假設鍵值如下，雜湊表的大小為 100，那麼所需的位數為兩位，於是從中刪除分佈較不均勻的位數，包括第 1、2、3、5 位（從左邊算起），只取第 4 位和第 6 位，得到結果如下。

鍵值	在雜湊表內的位址
981231	21
971354	34
982435	45
981552	52
971753	73
973616	66
973111	11

9-4-2　處理碰撞

當不同記錄的鍵值透過雜湊函數轉換成相同位址時，表示這些記錄發生**碰撞**（collision），此時，我們可以使用下列方法處理碰撞：

◀　**開放位址法**（open addressing）：這種方法是使用雜湊表內的空位來解決碰撞，前提是雜湊表大小 b 必須大於記錄筆數 n，又分成下列幾種方法：

- **線性探測法**（linear probing）

- **二次方程探測法**（quadratic probing）

- **重雜湊法**（rehashing）

◀　**鏈結法**（chaining）：這種方法是將發生碰撞的鍵值放在相同的串列來解決碰撞。

線性探測法

線性探測法（linear probing）的原理是一旦發生碰撞，就往下一個位址探測，若下一個位址仍被占用，就繼續往下一個位址探測，直到找到空白的位址，然後將鍵值放入；若找不到空白的位址，表示雜湊表太小，此時得加大雜湊表。

相反的，若要在使用線性探測法的雜湊表內搜尋鍵值，可能發生下列三種情況：

◀   在將鍵值透過雜湊函數轉換成位址後，若能夠在雜湊表內對應的位址找到相同的鍵值，表示搜尋成功。

◀   在將鍵值透過雜湊函數轉換成位址後，若無法在雜湊表內對應的位址找到相同的鍵值，就繼續往下一個位址探測，直到搜尋成功。

◀   若在雜湊表內搜尋的過程中碰到空白的位址或返回原處，表示搜尋失敗。

對一個不算滿的雜湊表來說，線性探測法是一種簡單且實用的方法；相反的，若雜湊表已經快要滿了，線性探測法的探測次數將會非常高，此時可以考慮加大雜湊表。

範例 9.13 假設雜湊表 ht 的大小為 13，試使用 [**線性探測法**] 將 13、14、26、39、45、32 等鍵值放入雜湊表。

解答：

1.   13 % 13 = 0，故將鍵值 13 放入 ht[0]。

[0]	[1]	[2]	[3]	[4]	[5]	[6]	[7]	[8]	[9]	[10]	[11]	[12]
13												

2. 14 % 13 = 1，故將鍵值 14 放入 ht[1]。

[0]	[1]	[2]	[3]	[4]	[5]	[6]	[7]	[8]	[9]	[10]	[11]	[12]
13	14											

3. 26 % 13 = 0，此時發生碰撞，於是往下一個位址 ht[1] 探測，仍發生碰撞，於是往下一個位址 ht[2] 探測，故將鍵值 26 放入 ht[2]。

[0]	[1]	[2]	[3]	[4]	[5]	[6]	[7]	[8]	[9]	[10]	[11]	[12]
13	14	26										

4. 39 % 13 = 0，此時發生碰撞，於是往下一個位址 ht[1] 探測，仍發生碰撞，於是往下一個位址 ht[2] 探測，仍發生碰撞，於是往下一個位址 ht[3] 探測，故將鍵值 39 放入 ht[3]。

[0]	[1]	[2]	[3]	[4]	[5]	[6]	[7]	[8]	[9]	[10]	[11]	[12]
13	14	26	39									

5. 45 % 13 = 6，故將鍵值 13 放入 ht[6]。

[0]	[1]	[2]	[3]	[4]	[5]	[6]	[7]	[8]	[9]	[10]	[11]	[12]
13	14	26	39			45						

6. 32 % 13 = 6，此時發生碰撞，於是往下一個位址 ht[7] 探測，故將鍵值 32 放入 ht[7]。

[0]	[1]	[2]	[3]	[4]	[5]	[6]	[7]	[8]	[9]	[10]	[11]	[12]
13	14	26	39			45	32					

範例 9.14 撰寫一個函數實作 [線性探測法]。

解答：

\Ch09\linear.c

```c
#include <stdio.h>
#define b 13                        /*定義雜湊表的大小為 13*/
#define EMPTY -32768                /*定義雜湊表的空位為 EMPTY*/

/*使用線性探測法將鍵值 key 放入雜湊表 ht[]*/
int linear_probe(int ht[], int key)
{
  int address;
  address = key % b;                /*將鍵值轉換成位址*/
  while (ht[address] != EMPTY)      /*當發生碰撞時*/
    address = (address + 1) % b;    /*往下一個位址探測*/
  ht[address] = key;                /*將鍵值放入雜湊表*/
}

int main()
{
  /*宣告 ht[b] 為雜湊表*/
  int ht[b], i;
  /*將雜湊表初始化為 EMPTY*/
  for (i = 0; i < b; i++) ht[i] = EMPTY;
  /*一一將鍵值放入雜湊表*/
  linear_probe(ht, 13);
  linear_probe(ht, 14);
  linear_probe(ht, 26);
  linear_probe(ht, 39);
  linear_probe(ht, 45);
  linear_probe(ht, 32);
  /*印出雜湊表的內容*/
  for (i = 0; i < b; i++) printf("%d\n", ht[i]);
}
```

13
14
26
39
-32768
-32768
45
32
-32768
-32768
-32768
-32768
-32768

範例 9.15 撰寫一個函數在使用線性探測法的雜湊表內搜尋鍵值。

解答：

```
int linear_search(int ht[], int key)
{
  int address;
  address = key % b;                               /*將鍵值轉換成位址*/
  while (ht[address] != key){                      /*當不等於鍵值時*/
    address = (address + 1) % b;                    /*往下一個位址探測*/
    if (ht[address] == EMPTY || address == key % b) /*若為空位或返回原處*/
      return -1;                                     /*就傳回-1，表示搜尋失敗*/
  }
  return address;
}
```

二次方程探測法

在前述的線性探測法中，它是根據 $(f(x)+i)$ % b 的公式探測位址，其中 $f(x)$ 為雜湊函數，i 為發生碰撞的次數，b 為雜湊表的大小，這種探測方法很容易造成碰撞一再發生在鄰近的位址，此時，可以改用**二次方程探測法** (quadratic probing)，來加速跳離發生叢集的區段，減少探測次數，它是根據如下公式探測位址：

$(f(x) \pm i^2)$ % b

舉例來說，假設雜湊表的內容如下，現在要放入鍵值 19，而 $f(19)=19$ % $13=6$，此時發生碰撞，於是往位址 ht[7] ($(6+1^2)$ % 13) 探測，仍發生碰撞，於是往位址 ht[5] ($(6-1^2)$ % 13) 探測，故將鍵值 19 放入 ht[5]，探測次數為兩次，若改用線性探測法，則探測次數為四次（依序探測 ht[7]、ht[8]、ht[9]、ht[10]）。

[0]	[1]	[2]	[3]	[4]	[5]	[6]	[7]	[8]	[9]	[10]	[11]	[12]
13	14	26	39		19	45	32	21	74			

重雜湊法

重雜湊法 (rehashing) 在發生碰撞時，不會往下一個位址探測，而是使用第二個雜湊函數產生第二個位址，若該位址仍發生碰撞，就繼續使用第三個雜湊函數產生第三個位址，依此類推，直到沒有發生碰撞。理論上，重雜湊法在平均情況下的探測次數會比線性探測法來得少。

範例 9.16 假設雜湊表 ht 的大小為 13，第一、二、三個雜湊函數 $f_1(x)$、$f_2(x)$、$f_3(x)$ 分別如下，試使用 [**重雜湊法**] 將 13、14、26、39、40 等鍵值放入雜湊表。

$$f_1(x) = x \% 13$$
$$f_2(x) = (f_1(x) * x + 7) \% 13$$
$$f_3(x) = (f_2(x) * x + 3) \% 13$$

解答：

$f_1(13) = 13 \% 13 = 0$，故將鍵值 13 放入 ht[0]。

$f_1(14) = 14 \% 13 = 1$，故將鍵值 14 放入 ht[1]。

$f_1(26) = 26 \% 13 = 0$，此時發生碰撞，於是使用第二個雜湊函數 $f_2(26) = (f_1(26) * 26 + 7) \% 13 = (0 * 26 + 7) \% 13 = 7$，故將鍵值 26 放入 ht[7]。

$f_1(39) = 39 \% 13 = 0$，此時發生碰撞，於是使用第二個雜湊函數 $f_2(39) = (f_1(39) * 39 + 7) \% 13 = (0 * 39 + 7) \% 13 = 7$，此時再次發生碰撞，於是使用第三個雜湊函數 $f_3(39) = (f_2(39) * 39 + 3) \% 13 = (f_2(39) * 39 + 3) \% 13 = (7 * 39 + 3) \% 13 = 3$，故將鍵值 39 放入 ht[3]。

$f_1(40) = 40 \% 13 = 1$，此時發生碰撞，於是使用第二個雜湊函數 $f_2(40) = (f_1(40) * 40 + 7) \% 13 = (1 * 40 + 7) \% 13 = 8$，故將鍵值 40 放入 ht[8]。

此外，您也可以試著設計其它雜湊函數，例如 $f_{i+1}(x) = f_i(x) * x \% b$ 或 $f_{i+1}(x) = (f_i(x) * c_1 + c_2) \% b$ 等，其中 b 為雜湊表的大小，c_1、c_2 為常數。

鏈結法

鏈結法（chaining）是將雜湊表建立為數個串列，雜湊到相同位址的鍵值就存放在同一個串列。若要在使用鏈結法的雜湊表內搜尋鍵值，可以先將該鍵值透過雜湊函數轉換成位址，然後到該位址的串列沿著鏈結循序搜尋，直到搜尋成功或抵達 NULL (搜尋失敗)，通常這些串列的長度都不會太長。

範例 9.17 假設雜湊表 ht 的大小為 13，雜湊函數 f(x) = x % 13，試使用〔**鏈結法**〕將 13、14、26、60、39、40、86、15、25 等鍵值放入雜湊表。

解答：

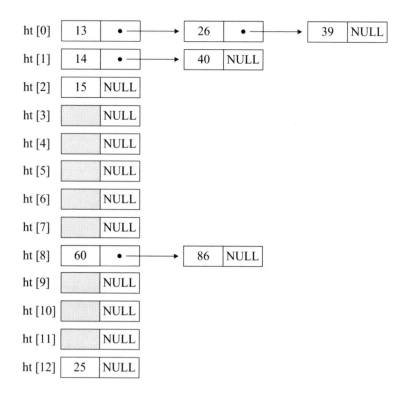

範例 9.18　撰寫一個程式實作 [鏈結法]，裡面包含雜湊表的串列結構及 initialize()、insert()、show() 等函數，其中 initialize() 會將雜湊表初始化，insert() 會根據位址將鍵值存放在對應的串列，show() 會依照各個串列的內容印出雜湊表的所有鍵值，然後在主程式 main() 中將 13、14、26、60、39、40、86、15、25 等鍵值放入雜湊表，再印出雜湊表的所有鍵值，下面的執行結果供您參考。

```
ht[0]:  13  26  39
ht[1]:  14  40
ht[2]:  15
ht[3]:
ht[4]:
ht[5]:
ht[6]:
ht[7]:
ht[8]:  60  86
ht[9]:
ht[10]:
ht[11]:
ht[12]: 25
```

解答：

\Ch09\chaining.c（下頁續 1/3）

```c
#include <stdio.h>
#include <stdlib.h>

/*定義雜湊表是由 13 個串列所組成*/
#define b 13

/*定義雜湊表的空位為 EMPTY*/
#define EMPTY -32768

/*宣告 list_node 是單向鏈結串列的節點*/
typedef struct node{
  int key;                /*節點的鍵值欄位*/
  struct node *next;      /*節點的鏈結欄位*/
}list_node;
```

\Ch09\chaining.c（下頁續 2/3）

```c
/*宣告 list_pointer 是指向節點的指標*/
 typedef list_node *list_pointer;

/*宣告雜湊表 ht 是由 b 個串列所組成*/
list_pointer ht[b];

/*這個函數會將雜湊表初始化*/
void initialize()
{
  for (int i = 0; i < b; i++){
    ht[i] = (list_pointer)malloc(sizeof(list_node));
    ht[i]->key = EMPTY;
    ht[i]->next = NULL;
  }
}

/*這個函數會將鍵值透過雜湊函數轉換成位址*/
int hash(int key)
{
   return key % b;
}

/*這個函數會將根據位址將鍵值存放在對應的串列*/
void insert(int key)
{
  int address;
  list_pointer ptr, tmp;
  ptr = (list_pointer)malloc(sizeof(list_node));  /*配置記憶體空間給新節點*/
  ptr->key = key;                                 /*將鍵值存放在新節點*/
  ptr->next = NULL;                               /*令新節點指向 NULL*/
  address = hash(key);                            /*將鍵值透過雜湊函數轉換成位址*/
  tmp = ht[address];                              /*根據位址令 tmp 指向該串列的開頭*/
  while (tmp->next != NULL)                        /*令 tmp 指向該串列的尾端*/
    tmp = tmp->next;
  tmp->next = ptr;                                /*令 tmp 指向新節點*/
}
```

\Ch09\chaining.c（接上頁 3/3）

```c
/*這個函數會依照各個串列的內容印出雜湊表的所有鍵值*/
void show()
{
  list_pointer tmp;
  for (int i = 0; i < b; i++){
    printf("ht[%d]:\t", i);
    tmp = ht[i];
    do{
      if (tmp->key != EMPTY) printf("%d\t", tmp->key);
      if (tmp->next == NULL) break;
      tmp = tmp->next;
    }while (1);
    printf("\n");
  }
}
```

```c
/*主程式*/
int main()
{
  /*將雜湊表初始化*/
  initialize();
  /*將 13、14、26、60、39、40、86、15、25 等鍵值放入雜湊表*/
  insert(13);
  insert(14);
  insert(26);
  insert(60);
  insert(39);
  insert(40);
  insert(86);
  insert(15);
  insert(25);
  /*依照各個串列的內容印出雜湊表的所有鍵值*/
  show();
}
```

在本章的最後，我們將各種搜尋法在最佳情況、最差情況、平均情況的時間複雜度歸納如下。

搜尋方式	適用情況	最佳情況	最差情況	平均情況
循序搜尋	記錄沒有排序、記錄筆數較少、記錄經常變動、記錄無法隨機存取等情況。	$O(1)$	$O(n)$	$O(n)$
二元搜尋	記錄已經排序、記錄筆數較多、記錄不常變動、記錄能夠隨機存取等情況。	$O(1)$	$O(\log_2 n)$	$O(\log_2 n)$
內插搜尋	記錄已經排序、記錄筆數較多、記錄分佈均勻、記錄不常變動、記錄能夠隨機存取等情況。	$O(1)$	$O(\log_2 \log_2 n)$	$O(n)$
雜湊法	資料無須排序、需要壓縮資料或保密性較高等情況。	$O(1)$	$O(1)$	$O(1)$

＼隨堂練習／

1. 假設雜湊表的大小為 7 (位址為 0 ~ 6)，第一、二、三個雜湊函數 $f_1(x)$、$f_2(x)$、$f_3(x)$ 分別如下，請使用重雜湊法將 3、10、17、9 等鍵值放入雜湊表。

   $f_1(x) = x \% 7$

   $f_2(x) = (f_1(x) * x) \% 7$

   $f_3(x) = (f_2(x) * x) \% 7$

2. 承上題，下列敘述何者錯誤？(複選)

   A. 第二個雜湊函數總共使用三次   B. 第三個雜湊函數總共使用兩次

   C. 總共發生五次碰撞   D. 鍵值 17 存放在位址 6

＼學習評量／

一、選擇題

( )1. 使用循序搜尋在 {apple, ball, cat, camel, egg, milk, rat, rabbit, ox} 等九個單字中搜尋 rat，需要做幾次比較？

A. 2　　　　　　　　　　B. 5

C. 7　　　　　　　　　　D. 9

( )2. 使用二元搜尋在 {apple, ball, cat, camel, egg, milk, rat, rabbit, ox} 等九個單字中搜尋 rat，需要做幾次比較？

A. 2　　　　　　　　　　B. 5

C. 7　　　　　　　　　　D. 9

( )3. 使用二元搜尋在 100 筆記錄中搜尋某筆記錄成功，最多可能做幾次比較？

A. 7　　　　　　　　　　B. 8

C. 9　　　　　　　　　　D. 10

( )4. 使用循序搜尋在 100 筆記錄中搜尋某筆記錄成功，最多可能做幾次比較？

A. 200　　　　　　　　　B. 100

C. 50　　　　　　　　　　D. 10

( )5. 循序搜尋不適用於下列何種情況？

A. 記錄沒有排序　　　　　B. 記錄筆數較少

C. 記錄無法隨機存取　　　D. 記錄需要較高的保密性

( )6. 內插搜尋在平均情況下的時間複雜度為下列何者？

A. $O(1)$　　　　　　　　B. $O(n)$

C. $O(\log_2 \log_2 n)$　　　　D. $O(\log_2 n)$

( )7. 二元搜尋不適用於下列何種情況？

    A. 記錄沒有事先排序　　　B. 記錄筆數較多

    C. 記錄不常變動　　　　　D. 記錄能夠隨機存取

( )8. 下列何者不會影響雜湊法的效率？

    A. 負載密度　　　　　　　B. 桶子的容量

    C. 雜湊函數　　　　　　　D. 鍵值不是數值

( )9. 下列何者不是常見的雜湊函數？

    A. 除法　　　　　　　　　B. 開平方根

    C. 折疊法　　　　　　　　D. 位數分析法

( )10. 下列何者不是雜湊法的優點？

    A. 資料無須事先排序

    B. 透過適當的雜湊函數可以對資料進行壓縮

    C. 占用較少的記憶體

    D. 具有保密性

( )11. 下列關於設計雜湊函數的原則，何者錯誤？

    A. 當使用除法做為雜湊函數時，應該盡量選擇質數

    B. 絕對不能發生碰撞

    C. 盡量均勻地使用雜湊表內的位址

    D. 以簡單容易計算為主

( )12. 假設雜湊表的大小為 7 (位址為 0 ~ 6) 且雜湊函數為 $f(x) = x \% 7$，試問，在使用線性探測法將 7、14、21、12、19 等鍵值放入雜湊表後，下列敘述何者錯誤？

    A. 鍵值 19 存放在位址 6　　B. 負載密度為 5/7

    C. 總共發生三次碰撞　　　　D. 鍵值 21 存放在位址 0

( )13. 假設雜湊表的大小為 5 且雜湊函數為 f(x) = x % 5，試問，在使用線性
　　　 探測法將 8、33、40、19、25 等鍵值放入雜湊表後，總共要探測幾次？

　　　 A. 5　　　　　　　　　　B. 4

　　　 C. 3　　　　　　　　　　D. 2

( )14. 使用二元搜尋在 1000 筆已經排序好的資料中搜尋資料，最多可能做幾
　　　 次比較？

　　　 A. 6　　　　　　　　　　B. 8

　　　 C. 10　　　　　　　　　 D. 12

( )15. 二元搜尋在平均情況下的時間複雜度為下列何者？

　　　 A. O(1)　　　　　　　　 B. O(n)

　　　 C. O($\log_2\log_2 n$)　　　　 D. O($\log_2 n$)

二、練習題

1. 簡單說明何謂搜尋？以及搜尋有何用途？

2. 簡單說明循序搜尋的原理，然後分析時間複雜度。

3. 寫出以循序搜尋在 list[] = {3, 12, 25, 37, 42, 55, 68, 74, 88, 95, 100} 搜尋 95 的
　 過程，並計算做過幾次比較？

4. 簡單說明二元搜尋的原理，然後分析時間複雜度。

5. 寫出以二元搜尋在 list[] = {3, 12, 25, 37, 42, 55, 68, 74, 88, 95, 100} 搜尋 95 的
　 過程，並計算做過幾次比較？

6. 簡單說明內插搜尋的原理，然後分析時間複雜度。

7. 寫出以內插搜尋在 list[] = {3, 12, 25, 37, 42, 55, 68, 74, 88, 95, 100} 搜尋 95 的
　 過程，並計算做過幾次比較？

8. 簡單說明雜湊法的原理，然後分析時間複雜度。

9. 簡單說明雜湊函數應該具備哪些特質？

10. 簡單說明雜湊法處理碰撞的方法有哪些？

11. 簡單說明在使用除法做為雜湊函數時，為何會建議使用質數做為除數？

12. 假設雜湊表的大小為 10 (位址為 0 ~ 9)，請設計一個雜湊函數將 13、36、26、52、21、23 等鍵值放入雜湊表且不會發生碰撞。

13. 假設雜湊表的大小為 7，雜湊函數 $f(x) = x \% 7$，請畫出使用鏈結法將 18、42、39、67、63、5、54、3、49、10 等鍵值放入雜湊表的結果。

14. 假設有已經排序好的資料 $\{1, 3, 7, 8, 10, 12, 13, 15, 18, 20, 21, 24, 26, 28, 32\}$，請回答下列問題：

   (1) 使用二元搜尋在這些資料中搜尋 21，試寫出搜尋順序。

   (2) 簡單說明使用二元搜尋的基本條件為何？

15. 假設雜湊表有 11 個桶子，每個桶子可以存放一個鍵值，雜湊函數為 $h(x) = x \% 11$ (即除以 11 的餘數)，今有 73, 25, 29, 33, 51, 41, 20, 43 等八個鍵值，請回答下列問題：

   (1) 將這些鍵值存入雜湊表並畫出結果 (假設以線性探測法處理碰撞)。

   (2) 若要搜尋鍵值 43，必須做過幾次比較才能找到？

   (3) 若要搜尋鍵值 64，必須做過幾次比較才能確定找不到？

16. 陣列有 n 個元素，循序搜尋演算法如下，請回答下列問題：

```
Sequential_Search(A[0…n-1], key)
  i←0
  while (i < n and A[i]≠key)
    i←i+1
  if (i < n) return i
  else return -1
```

   (1) 搜尋成功的平均比較次數為何？

   (2) 已知搜尋成功的機率為 p，寫出成功與失敗的平均搜尋次數。

   (3) 若事先知道陣列內每個元素被讀取的次數，那麼如何能夠減少搜尋成功的平均比較次數？

樹狀搜尋結構

10-1　AVL 樹

在介紹 AVL 樹、2-3 樹、2-3-4 樹、B 樹等樹狀搜尋結構之前,我們先來複習一下第 6-4 節所介紹的二元搜尋樹,包括搜尋節點、插入節點、刪除節點等運算,其效率均取決於二元搜尋樹的高度,而一棵包含 n 個節點的二元搜尋樹,其最大高度為 n,最小高度為 $\lfloor \log_2 n \rfloor + 1$。

圖 10.1 是將數字串列 (25, 30, 24, 58, 45, 26, 14, 12) 建立為二元搜尋樹的兩種可能結果,雖然這兩棵樹包含相同的數字串列,但搜尋次數卻不太相同,在圖 10.1(a) 中,搜尋一個節點的最差情況是比較四次,而在圖 10.1(b) 中,搜尋一個節點的最差情況卻是比較八次,顯然圖 10.1(a) 的效率比圖 10.1(b) 來得好。

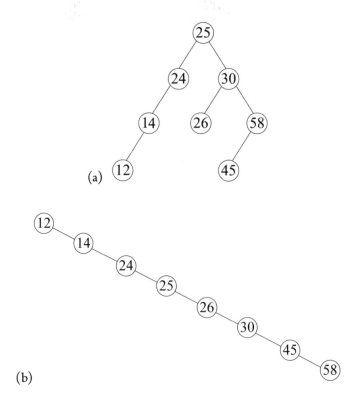

圖 10.1 兩種可能的二元搜尋樹

我們還可以計算圖 10.1 的平均搜尋次數，假設搜尋各個節點的機率相同，在圖 10.1(a) 中，25、30、24、58、45、26、14、12 等節點的搜尋次數為 1、2、2、3、4、3、3、4，故平均搜尋次數為 $(1 + 2 + 2 + 3 + 4 + 3 + 3 + 4) / 8 = 2.75$，而在圖 10.1(b) 中，25、30、24、58、45、26、14、12 等節點的搜尋次數為 4、6、3、8、7、5、2、1，故平均搜尋次數為 $(4 + 6 + 3 + 8 + 7 + 5 + 2 + 1) / 8 = 4.5$。

由此可知，二元搜尋樹愈傾斜，相關運算的效率就愈差，相反的，二元搜尋樹愈完整，相關運算的效率就愈佳。不過，當我們在二元搜尋樹插入或刪除節點時，往往只著重於符合二元搜尋樹的條件，卻忽略了高度的問題，導致二元搜尋樹愈來愈傾斜，高度愈來愈大。

為了讓二元搜尋樹的高度保持最小，也就是 $O(\log_2 n)$，在每次插入或刪除節點後，勢必得調整其高度，於是 Adelson-Velskii 和 Landis 遂提出**高度平衡二元樹** (height balanced binary tree) 的概念，又稱為 AVL **樹**，其定義如下：空樹為高度平衡二元樹，假設 T 不是空樹且其左右子樹為 T_L 和 T_R，則 T 為高度平衡二元樹若且唯若 T 滿足下列兩個條件：

◀　　T_L 和 T_R 亦為高度平衡二元樹。

◀　　T_L 和 T_R 的高度相差小於等於 1。

例如下圖是一棵 AVL 樹，各個節點旁邊的數字為該節點的左子樹高度減去右子樹高度，稱為**平衡係數** (BF，Balance Factor)，AVL 樹各個節點的 BF 必須為 0 或 ±1。

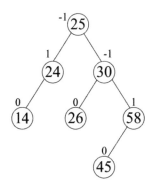

至於下圖則不是一棵 AVL 樹，因為節點 30 的左右子樹高度相差 2，不符合 AVL 樹各個節點的 BF (平衡係數) 必須為 0 或 ±1 的特質。

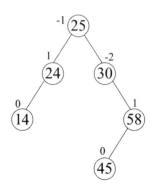

AVL 樹可能因為插入或刪除節點造成不平衡，此時，我們可以根據新節點所插入的位置來做調整，假設新節點為 N，而離新節點 N 最近且平衡係數由 ±1 變成 ±2 的祖先節點為 A，則調整方式有下列幾四種：

◀ **LL 型**：將新節點 N 插入到節點 A 的左兒子的左子樹。

◀ **RR 型**：將新節點 N 插入到節點 A 的右兒子的右子樹。

◀ **LR 型**：將新節點 N 插入到節點 A 的左兒子的右子樹。

◀ **RL 型**：將新節點 N 插入到節點 A 的右兒子的左子樹。

10-1-1　LL 型

LL 型指的是將新節點 N 插入到節點 A 的左兒子的左子樹，而節點 A 是離新節點 N 最近且平衡係數由 ±1 變成 ±2 的祖先節點。以圖 10.2(a) 為例，這是一棵 AVL 樹的子樹，節點 A 的平衡係數為 1，但在將新節點 N 插入到節點 A 的左兒子的左子樹後，節點 A 的平衡係數變成 2，如圖 10.2(b)，這樣將失去平衡，此時，我們可以做 LL 型旋轉，將節點 A 往順時針方向旋轉，成為節點 B 的右兒子，而節點 B 原本的右子樹 B_R 則移到節點 A 的左子樹，如圖 10.2(c)。

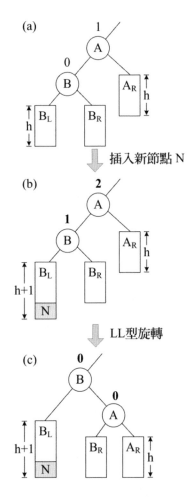

圖 10.2 (a) AVL 樹的子樹 (b) 失去平衡 (c) 重新調整為 AVL 樹

範例 10.1 [LL 型] 下圖是一棵二元搜尋樹的子樹，同時亦為 AVL 樹，請在該子樹插入新節點 10，然後重新調整為 AVL 樹。

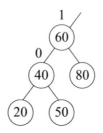

解答：首先，在該子樹插入新節點 10，同時要保持二元搜尋樹的形式，如下圖。

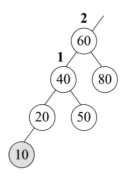

此時，該子樹已經失去平衡，不再是 AVL 樹，由於新節點 10 是插入到節點 60 的左兒子的左子樹，屬於 LL 型，因此，我們可以做 LL 型旋轉，將它重新調整為 AVL 樹，如下圖，得到的結果不僅為 AVL 樹，同時亦保持二元搜尋樹的形式。

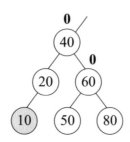

10-1-2 RR 型

RR 型指的是將新節點 N 插入到節點 A 的右兒子的右子樹，而節點 A 是離新節點 N 最近且平衡係數由 ±1 變成 ±2 的祖先節點。以圖 10.3(a) 為例，這是一棵 AVL 樹的子樹，節點 A 的平衡係數為 -1，但在將新節點 N 插入到節點 A 的右兒子的右子樹後，節點 A 的平衡係數變成 -2，如圖 10.3(b)，這樣將失去平衡，此時，我們可以做 RR 型旋轉，將節點 A 往逆時針方向旋轉，成為節點 B 的左兒子，而節點 B 原本的左子樹 B_L 則移到節點 A 的右子樹，如圖 10.3(c)。

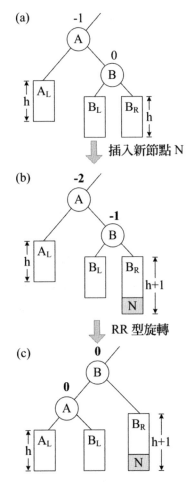

圖 10.3 (a) AVL 樹的子樹 (b) 失去平衡 (c) 重新調整為 AVL 樹

範例 10.2 [RR 型] 下圖是一棵二元搜尋樹的子樹，同時亦為 AVL 樹，請在該子樹插入新節點 95，然後重新調整為 AVL 樹。

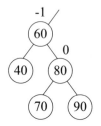

解答： 首先，在該子樹插入新節點 95，同時要保持二元搜尋樹的形式，如下圖。

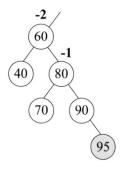

此時，該子樹已經失去平衡，不再是 AVL 樹，由於新節點 95 是插入到節點 60 的右兒子的右子樹，屬於 RR 型，因此，我們可以做 RR 型旋轉，將它重新調整為 AVL 樹，如下圖，得到的結果不僅為 AVL 樹，同時亦保持二元搜尋樹的形式。

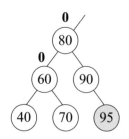

10-1-3 LR 型

LR 型指的是將新節點 N 插入到節點 A 的左兒子的右子樹，而節點 A 是離新節點 N 最近且平衡係數由 ±1 變成 ±2 的祖先節點。以圖 10.4(a) 為例，這是一棵 AVL 樹的子樹，節點 A 的平衡係數為 1，但在將新節點 N 插入到節點 A 的左兒子的右子樹後，節點 A 的平衡係數變成 2，如圖 10.4(b)，這樣將失去平衡，此時，我們可以做 LR 型旋轉，將節點 C 當作新樹根，節點 B 成為節點 C 的左兒子，節點 A 成為節點 C 的右兒子，而節點 C 原本的左子樹 C_L 和右子樹 C_R 則分別移到節點 B 的右子樹和節點 A 的左子樹，如圖 10.4(c)。

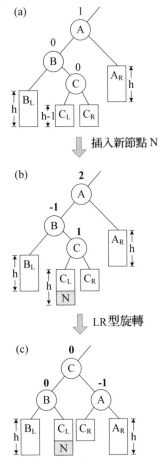

圖 10.4 (a) AVL 樹的子樹 (b) 失去平衡 (c) 重新調整為 AVL 樹

範例 10.3 [LR 型] 下圖是一棵二元搜尋樹的子樹，同時亦為 AVL 樹，請在
該子樹插入新節點 45，然後重新調整為 AVL 樹。

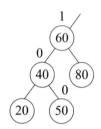

解答：首先，在該子樹插入新節點 45，同時要保持二元搜尋樹的形式，如
下圖。

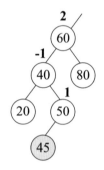

此時，該子樹已經失去平衡，不再是 AVL 樹，由於新節點 45 是插入到節點
60 的左兒子的右子樹，屬於 LR 型，因此，我們可以做 LR 型旋轉，將它重新
調整為 AVL 樹，如下圖，得到的結果不僅為 AVL 樹，同時亦保持二元搜尋樹
的形式。

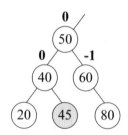

除了前述形式之外，LR 型還有另一種形式，以圖 10.5(a) 為例，這是一棵 AVL 樹的子樹，節點 A 的平衡係數為 1，但在將新節點 N 插入到節點 A 的左兒子的右子樹後，節點 A 的平衡係數變成 2，如圖 10.5(b)，這樣將失去平衡，此時，我們可以做 LR 型旋轉，將節點 C 當作新樹根，節點 B 成為節點 C 的左兒子，節點 A 成為節點 C 的右兒子，而節點 C 原本的左子樹 C_L 和右子樹 C_R 則分別移到節點 B 的右子樹和節點 A 的左子樹，如圖 10.5(c)。

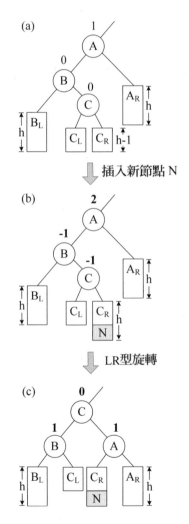

圖 10.5 (a) AVL 樹的子樹 (b) 失去平衡 (c) 重新調整為 AVL 樹

範例 10.4 [LR 型] 下圖是一棵二元搜尋樹的子樹，同時亦為 AVL 樹，請在該子樹插入新節點 55，然後重新調整為 AVL 樹。

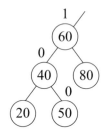

解答：首先，在該子樹插入新節點 55，同時要保持二元搜尋樹的形式，如下圖。

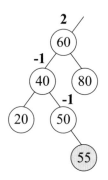

此時，該子樹已經失去平衡，不再是 AVL 樹，由於新節點 55 是插入到節點 60 的左兒子的右子樹，屬於 LR 型，因此，我們可以做 LR 型旋轉，將它重新調整為 AVL 樹，如下圖，得到的結果不僅為 AVL 樹，同時亦保持二元搜尋樹的形式。

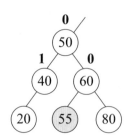

10-1-4　RL 型

RL 型指的是將新節點 N 插入到節點 A 的右兒子的左子樹，而節點 A 是離新節點 N 最近且平衡係數由 ±1 變成 ±2 的祖先節點。以圖 10.6(a) 為例，這是一棵 AVL 樹的子樹，節點 A 的平衡係數為 -1，但在將新節點 N 插入到節點 A 的右兒子的左子樹後，節點 A 的平衡係數變成 -2，如圖 10.6(b)，這樣將失去平衡，此時，我們可以做 RL 型旋轉，將節點 C 當作新樹根，節點 A 成為節點 C 的左兒子，節點 B 成為節點 C 的右兒子，而節點 C 原本的左子樹 C_L 和右子樹 C_R 則分別移到節點 A 的右子樹和節點 B 的左子樹，如圖 10.6(c)。

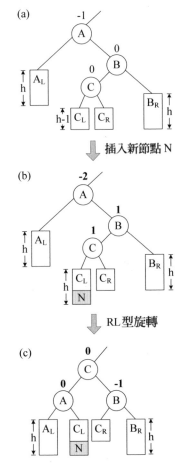

圖 10.6 (a) AVL 樹的子樹　(b) 失去平衡　(c) 重新調整為 AVL 樹

範例 10.5 [RL 型] 下圖是一棵二元搜尋樹的子樹，同時亦為 AVL 樹，請在該子樹插入新節點 65，然後重新調整為 AVL 樹。

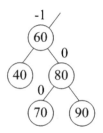

解答：首先，在該子樹插入新節點 65，同時要保持二元搜尋樹的形式，如下圖。

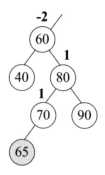

此時，該子樹已經失去平衡，不再是 AVL 樹，由於新節點 65 是插入到節點 60 的右兒子的左子樹，屬於 RL 型，因此，我們可以做 RL 型旋轉，將它重新調整為 AVL 樹，如下圖，得到的結果不僅為 AVL 樹，同時亦保持二元搜尋樹的形式。

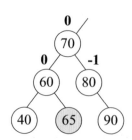

除了前述形式之外，RL 型還有另一種形式，以圖 10.7(a) 為例，這是一棵 AVL 樹的子樹，節點 A 的平衡係數為 -1，但在將新節點 N 插入到節點 A 的右兒子的左子樹後，節點 A 的平衡係數變成 -2，如圖 10.7(b)，這樣將失去平衡，此時，我們可以做 RL 型旋轉，將節點 C 當作新樹根，節點 A 成為節點 C 的左兒子，節點 B 成為節點 C 的右兒子，而節點 C 原本的左子樹 C_L 和右子樹 C_R 則分別移到節點 A 的右子樹和節點 B 的左子樹，如圖 10.7(c)。

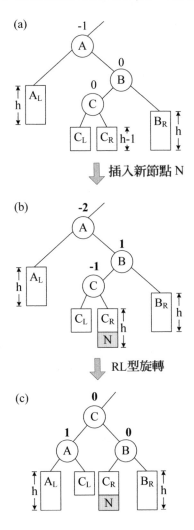

圖 10.7 (a) AVL 樹的子樹　(b) 失去平衡　(c) 重新調整為 AVL 樹

範例 10.6　[RL 型] 下圖是一棵二元搜尋樹的子樹，同時亦為 AVL 樹，請在
　　　　　該子樹插入新節點 75，然後重新調整為 AVL 樹。

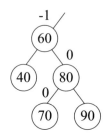

解答：首先，在該子樹插入新節點 75，同時要保持二元搜尋樹的形式，如
下圖。

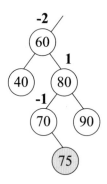

此時，該子樹已經失去平衡，不再是 AVL 樹，由於新節點 75 是插入到節點
60 的右兒子的左子樹，屬於 RL 型，因此，我們可以做 RL 型旋轉，將它重新
調整為 AVL 樹，如下圖，得到的結果不僅為 AVL 樹，同時亦保持二元搜尋樹
的形式。

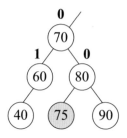

10-2　2-3 樹

2-3 樹（two-three tree）指的是空集合或滿足下列條件的搜尋樹，其內部節點的分支度為 2 或 3，我們將分支度為 2 的節點稱為 2-node，而分支度為 3 的節點稱為 3-node：

◀　內部節點必須為 2-node 或 3-node，2-node 可以存放一個鍵值，而 3-node 可以存放兩個鍵值。

◀　2-node 必須有左、右兩個子節點，其左子節點的鍵值必須小於該 2-node 的鍵值，而其右子節點的鍵值必須大於該 2-node 的鍵值。

◀　3-node 必須有左、中、右三個子節點，假設 3-node 的鍵值為 lkey 與 rkey，則：

- lkey 必須小於 rkey。

- 其左子節點的鍵值必須小於 lkey。

- 其中子節點的鍵值必須大於 lkey，小於 rkey。

- 其右子節點的鍵值必須大於 rkey。

◀　所有樹葉節點必須位於相同階度。

圖 10.8 是一棵 2-3 樹，它和 AVL 樹一樣屬於平衡搜尋樹，但分支度可以為 2 或 3，使得 2-3 樹的高度較低（包含 n 個鍵值之 2-3 樹的高度為 $\log_3(n+1)$ ～ $\log_2(n+1)$），而且其插入與刪除鍵值演算法比 AVL 樹簡單，時間複雜度則維持在 $O(\log n)$，即與 2-3 樹的高度相關。

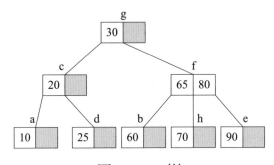

圖 10.8 2-3 樹

圖 10.9 則不是一棵 2-3 樹，因為它的樹葉節點沒有位於相同階度，而且節點 **f** 存放兩個鍵值，所以必須有左、中、右三個子節點。

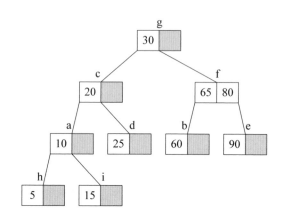

圖 10.9 非 2-3 樹

我們可以使用鏈結串列存放 2-3 樹，此時，每個節點的結構如下，其中 lkey、rkey 兩個欄位分別用來存放節點的左、右鍵值，lchild、mchild、rchild 三個欄位分別用來存放節點的左、中、右鏈結 (指向左、中、右子樹)：

lchild	lkey	mchild	rkey	rchild

```
/*宣告 two_three_node 是 2-3 樹的節點*/
typedef struct node{
  struct node *lchild;    /*節點的左鏈結欄位*/
  char lkey;              /*節點的左鍵值欄位*/
  struct node *mchild;    /*節點的中鏈結欄位*/
  char rkey;              /*節點的右鍵值欄位*/
  struct node *rchild;    /*節點的右鏈結欄位*/
}two_three_node;

/*宣告 two_three_pointer 是指向節點的指標*/
typedef two_three_node *two_three_pointer;
```

10-2-1　搜尋鍵值

在 2-3 樹搜尋鍵值的演算法是先和樹根做比較，若指定的鍵值等於樹根的左鍵值或右鍵值，表示搜尋成功；若已經抵達樹的尾端，表示搜尋失敗；若指定的鍵值小於樹根的左鍵值，就以同樣的方式搜尋樹根的左子樹；若指定的鍵值大於樹根的右鍵值，就以同樣的方式搜尋樹根的右子樹；若指定的鍵值大於樹根的左鍵值且小於樹根的右鍵值，就以同樣的方式搜尋樹根的中子樹，左、中、右子樹均據此定義遞迴地搜尋下去。

範例 10.7 ［在 2-3 樹搜尋鍵值］寫出在下面的 2-3 樹搜尋 70 和 100 兩個鍵值的過程，並分析時間複雜度。

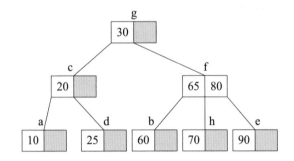

解答：

搜尋鍵值 70 的過程如下：

第一次比較：70 和節點 g 的鍵值做比較，70 > 30，故移往右子樹。

第二次比較：70 和節點 f 的鍵值做比較，80 > 70 > 65，故移往中子樹。

第三次比較：70 和節點 h 的鍵值做比較，70 = 70，故搜尋成功。

搜尋鍵值 100 的過程如下：

第一次比較：100 和節點 g 的鍵值做比較，100 > 30，故移往右子樹。

第二次比較：100 和節點 f 的鍵值做比較，100 > 80，故移往右子樹。

第三次比較：100 和節點 e 的鍵值做比較，100 > 90，此時已經抵達樹的尾端，故搜尋失敗。

由於在搜尋鍵值的過程中所涉及的比較次數不會超過 2-3 樹的高度，故時間複雜度為 O(logn)，n 為鍵值個數。

10-2-2　插入鍵值

若要在 2-3 樹插入鍵值，可以遵循下列規則：

◀　以類似搜尋的過程找到第一個可插入的樹葉節點，當該節點只有存放一個鍵值時，直接將鍵值插入該節點。

◀　以類似搜尋的過程找到第一個可插入的樹葉節點，當該節點已經存放兩個鍵值時，必須將該節點分裂為二，中間的鍵值往上提升至其父節點，若其父節點也已經存放兩個鍵值，則繼續將其父節點分裂為二，中間的鍵值又往上提升至其父節點，重複此過程，直到符合 2-3 樹的條件。

範例 10.8　[在 2-3 樹插入鍵值] 寫出將 30、70、10、20、25、80、90、60、65 等鍵值插入一棵空的 2-3 樹的過程，並分析時間複雜度。

解答：

1.　插入 30 (2-3 樹是空的，故將 30 當作樹根)。

2.　插入 70 (節點 a 只有存放一個鍵值 30，且 30 < 70，故將 70 插入節點 a 的右鍵值欄位)。

3.　插入 10 (節點 a 已經存放兩個鍵值 30、70，且 10 < 30 < 70，故將節點 a 分裂為二，中間的 30 往上提升至其父節點)。

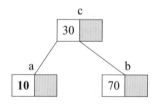

4.　插入 20 (節點 a 只有存放一個鍵值 10，且 10 < 20，故將 20 插入節點 a 的右鍵值欄位)。

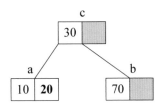

5.　插入 25 (節點 a 已經存放兩個鍵值 10、20，且 10 < 20 < 25，故將節點 a 分裂為二，中間的 20 往上提升至其父節點)。

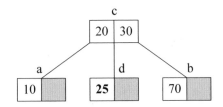

6.　插入 80 (節點 b 只有存放一個鍵值 70，且 70 < 80，故將 80 插入節點 b 的右鍵值欄位)。

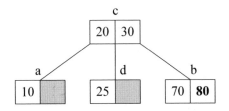

7.　插入 90 (節點 b 已經存放兩個鍵值 70、80，且 70 < 80 < 90，故將節點 b 分裂為二，中間的 80 往上提升至其父節點，然節點 c 也已經存放兩個鍵值 20、30，且 20 < 30 < 80，故將節點 c 分裂為二，中間的 30 往上提升至其父節點)。

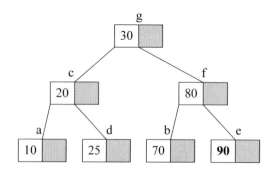

8. 插入 60 (節點 b 只有存放一個鍵值 70,且 60 < 70,故將 60 插入節點 b 的
   左鍵值欄位)。

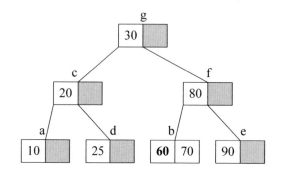

9. 插入 65 (節點 b 已經存放兩個鍵值 60、70,且 60 < 65 < 70,故將節點 b
   分裂為二,中間的 65 往上提升至其父節點)。

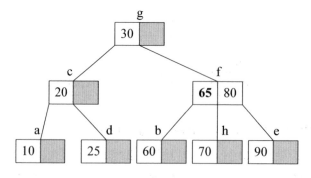

由於在插入鍵值的過程中所涉及的比較次數不會超過 2-3 樹的高度,故時間複
雜度為 O(logn),n 為鍵值個數。

10-2-3　刪除鍵值

若要在 2-3 樹刪除鍵值，可以遵循下列規則：

◀　**情況一**：當欲刪除的鍵值 A 位於內部節點時，可以找出其右子樹的最小鍵值 X 或其左子樹的最大鍵值 Y 取代鍵值 A，然後根據情況二的規則刪除鍵值 X 或鍵值 Y，因為這兩個鍵值均位於樹葉節點。

◀　**情況二**：當欲刪除的鍵值 A 位於樹葉節點時，又分成下列四種情況：

(1)　若鍵值 A 所在的節點包含兩個鍵值，就直接刪除。例如在下圖中，由於節點 h 包含兩個鍵值，若要刪除鍵值 75，可以直接刪除。

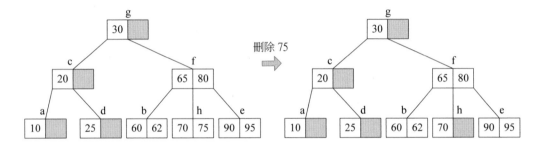

(2)　若鍵值 A 所在的節點包含一個鍵值，且存在右兄弟節點包含兩個鍵值，就從鍵值 A 的父節點找出較大的鍵值 P 取代鍵值 A，然後從鍵值 A 的右兄弟節點找出較小的鍵值 Q 取代父節點的鍵值 P，這個動作稱為「旋轉」。例如在下圖中，若要刪除鍵值 70，可以從節點 h 的父節點 f 找出較大的鍵值 80 取代鍵值 70，然後從節點 h 的右兄弟節點 e 找出較小的鍵值 90 取代父節點的鍵值 80。

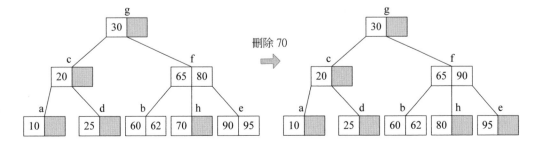

(3) 若鍵值 A 所在的節點包含一個鍵值,且不存在右兄弟節點包含兩個鍵值,但存在左兄弟節點包含兩個鍵值,就從鍵值 A 的父節點找出較小的鍵值 P 取代鍵值 A,然後從鍵值 A 的左兄弟節點找出較大的鍵值 Q 取代父節點的鍵值 P,這個動作稱為「旋轉」。例如在下圖中,若要刪除鍵值 80,可以從節點 h 的父節點 f 找出較小的鍵值 65 取代鍵值 80,然後從節點 h 的左兄弟節點 b 找出較大的鍵值 62 取代父節點的鍵值 65。

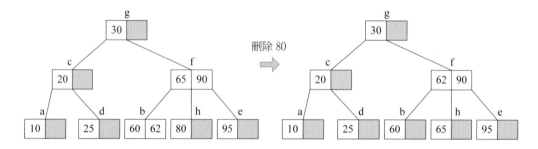

(4) 若鍵值 A 所在的節點及其兄弟節點均包含一個鍵值,則又分成下列三種情況:

i. 若鍵值 A 所在的節點為中節點,就刪除該節點,然後將其父節點中較大的鍵值合併到其右兄弟節點,或將其父節點中較小的鍵值合併到其左兄弟節點,這個動作稱為「合併」。例如在下圖中,節點 h 及其兄弟節點 b、e 均包含一個鍵值,若要刪除鍵值 65,可以刪除節點 h,然後將其父節點 f 中較大的鍵值 90 合併到其右兄弟節點 e。

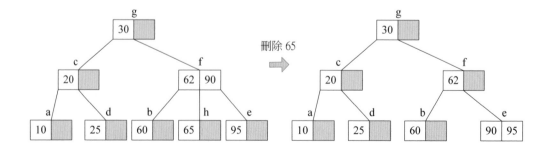

ii. 若鍵值 A 所在的節點為左節點，就刪除該節點，然後將其父節點
中較小的鍵值合併到其右兄弟節點，這個動作稱為「合併」。例
如在下圖中，節點 b 及其右兄弟節點 h 均包含一個鍵值，若要刪
除鍵值 60，可以刪除節點 b，然後將其父節點 f 中較小的鍵值 62
合併到其右兄弟節點 h。

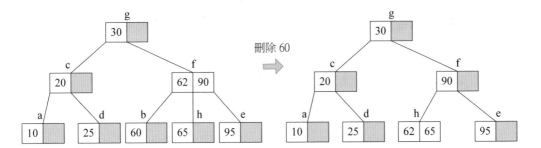

iii. 若鍵值 A 所在的節點為右節點，就刪除該節點，然後將其父節點
中較大的鍵值合併到其左兄弟節點，這個動作稱為「合併」。例
如在下圖中，節點 e 及其左兄弟節點 h 均包含一個鍵值，若要刪
除鍵值 95，可以刪除節點 e，然後將其父節點 f 中較大的鍵值 90
合併到其左兄弟節點 h。

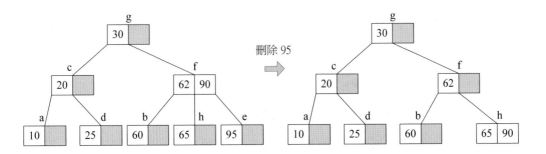

10-3 2-3-4 樹

2-3-4 樹 (two-three-four tree) 是 2-3 樹的擴充,指的是空集合或滿足下列條件的搜尋樹,其內部節點的分支度為 2、3 或 4,我們將分支度為 2 的節點稱為 2-node,分支度為 3 的節點稱為 3-node,而分支度為 4 的節點稱為 4-node:

◢ 內部節點必須為 2-node、3-node 或 4-node,2-node 可以存放一個鍵值,3-node 可以存放兩個鍵值,而 4-node 可以存放三個鍵值。

◢ 2-node 必須有左、右兩個子節點,其左子節點的鍵值必須小於該 2-node 的鍵值,而其右子節點的鍵值必須大於該 2-node 的鍵值。

◢ 3-node 必須有左、中、右三個子節點,假設 3-node 的鍵值為 lkey 與 rkey,則:

- lkey 必須小於 rkey。

- 其左子節點的鍵值必須小於 lkey。

- 其中子節點的鍵值必須大於 lkey,小於 rkey。

- 其右子節點的鍵值必須大於 rkey。

◢ 4-node 必須有左、左中、右中、右四個子節點,假設 4-node 的鍵值為 lkey、mkey 與 rkey,則:

- lkey < mkey < rkey。

- 其左子節點的鍵值必須小於 lkey。

- 其左中子節點的鍵值必須大於 lkey,小於 mkey。

- 其右中子節點的鍵值必須大於 mkey,小於 rkey。

- 其右子節點的鍵值必須大於 rkey。

◢ 所有樹葉節點必須位於相同階度。

圖 10.10 是一棵滿足前述條件的 2-3-4 樹，它和 AVL 樹一樣屬於平衡搜尋樹，但分支度可以為 2、3 或 4，使得 2-3-4 樹的高度較低，而且其插入與刪除鍵值演算法比 AVL 樹簡單，時間複雜度則維持在 O(logn)，即與 2-3-4 樹的高度相關。

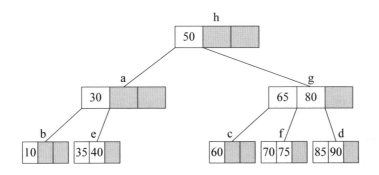

圖 10.10 2-3-4 樹

我們可以使用鏈結串列存放 2-3-4 樹，此時，每個節點的結構如下，其中 lkey、mkey、rkey 三個欄位分別用來存放節點的左、中、右鍵值，lchild、lmchild、rmchild、rchild 四個欄位分別用來存放節點的左、左中、右中、右鏈結 (指向左、左中、右中、右子樹)：

lchild	lkey	lmchild	mkey	rmchild	rkey	rchild

```
/*宣告 two_three_four_node 是 2-3-4 樹的節點*/
typedef struct node{
  struct node *lchild;        /*節點的左鏈結欄位*/
  char lkey;                  /*節點的左鍵值欄位*/
  struct node *lmchild;       /*節點的左中鏈結欄位*/
  char mkey;                  /*節點的中鍵值欄位*/
  struct node *rmchild;       /*節點的右中鏈結欄位*/
  char rkey;                  /*節點的右鍵值欄位*/
  struct node *rchild;        /*節點的右鏈結欄位*/
}two_three_four_node;

/*宣告 two_three_four_pointer 是指向節點的指標*/
typedef two_three_four_node *two_three_four_pointer;
```

範例 10.9 [在 2-3-4 樹插入鍵值] 寫出在下面的 2-3-4 樹插入 30、35、75、65、85 等鍵值的過程。

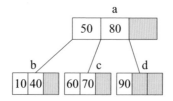

解答：2-3-4 樹是 2-3 樹的擴充，因此，我們可以遵循類似的規則插入鍵值：

1. 插入 30 (節點 b 只有存放兩個鍵值 10、40，且 10 < 30 < 40，故將 30 插入節點 b 的中鍵值欄位)。

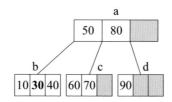

2. 插入 35 (節點 b 已經存放三個鍵值 10、30、40，且 10 < 30 < 35 < 40，故將節點 b 分裂為二，中間的 30 往上提升至其父節點)。

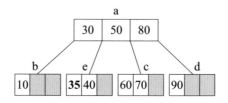

3. 插入 75 (節點 c 只有存放兩個鍵值 60、70，且 60 < 70 < 75，故將 75 插入節點 c 的右鍵值欄位)。

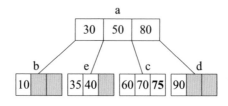

4. 插入 65 (節點 c 已經存放三個鍵值 60、70、75，且 60 < 65 < 70 < 75，故將節點 c 分裂為二，中間的 65 往上提升至其父節點，然節點 a 也已經存放三個鍵值 30、50、80，且 30 < 50 < 65 < 80，故將節點 a 分裂為二，中間的 50 往上提升至其父節點)。

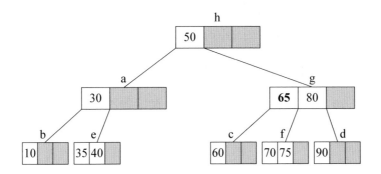

5. 插入 85 (節點 d 只有存放一個鍵值 90，且 85 < 90，故將 85 插入節點 d 的左鍵值欄位)。

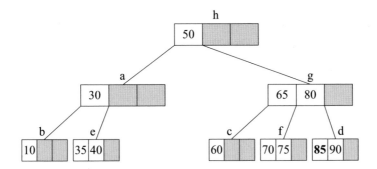

範例 10.10 [在 2-3-4 樹刪除鍵值] 寫出在下面的 2-3-4 樹刪除 70、10、40 等鍵值的過程。

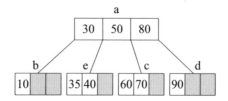

解答：2-3-4 樹是 2-3 樹的擴充，因此，我們可以遵循類似的規則刪除鍵值：

1. 刪除鍵值 70 (若要刪除鍵值 70，可以直接刪除，此時，節點 c 尚有一個鍵值)。

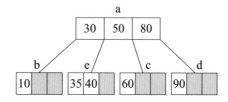

2. 刪除鍵值 10 (若要刪除鍵值 10，可以從節點 b 的父節點 a 找出較小的鍵值 30 取代鍵值 10，然後從節點 b 的右兄弟節點 e 找出較小的鍵值 35 取代父節點的鍵值 30)。

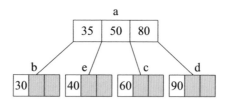

3. 刪除鍵值 40 (若要刪除鍵值 40，可以刪除節點 e，然後將其父節點 f 中小於 40 的鍵值 35 合併到其左兄弟節點 b)。

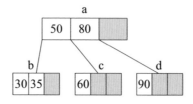

10-4　B 樹

10-4-1　m 元搜尋樹的定義

在介紹 B 樹之前，我們先來說明何謂 m **元搜尋樹**（m-way search tree），這指的
是空集合或滿足下列條件的搜尋樹，其內部節點的分支度小於等於 m：

◀　假設樹根的結構如下，且最多包含 m 棵子樹，其中 n 為節點包含的鍵值
　　個數（$0 \le n \le m-1$），T_i 為指向子樹的鏈結（$0 \le i \le n \le m-1$），K_i 為節點
　　包含的鍵值（$1 \le i \le n \le m-1$）：

n	T_0	K_1	T_1	K_2	⋯	⋯	K_n	T_n

◀　節點內的鍵值必須由小到大排序，即 $K_i < K_{i+1}$，$1 \le i < n$。

◀　子樹 T_i 的所有鍵值均大於鍵值 K_i，小於鍵值 K_{i+1}，$0 < i < n$。

◀　子樹 T_n 的所有鍵值均大於鍵值 K_n，子樹 T_0 的所有鍵值均小於鍵值 K_1。

◀　所有子樹 T_i（$0 \le i \le n$）亦為 m 元搜尋樹。

圖 10.11 是一棵 m 元搜尋樹，它的 m 等於 3，即三元搜尋樹，m 的值愈大，
樹的高度就愈低，平均搜尋次數也愈少。事實上，二元搜尋樹就是 m 元搜尋
樹的一種，它的 m 等於 2，而 AVL 樹、2-3 樹、2-3-4 樹亦是 m 元搜尋樹的一
種，它們的 m 分別等於 2、3、4，同時多了高度平衡的特點。

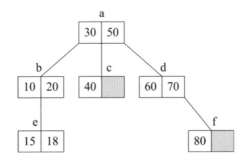

圖 10.11 m 元搜尋樹

範例 10.11 [在 m 元搜尋樹搜尋鍵值] 寫出在下面的三元搜尋樹搜尋 80 和 11 兩個鍵值的過程。

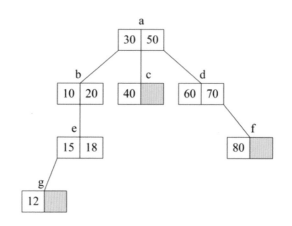

解答：三元搜尋樹是二元搜尋樹的擴充，因此，我們可以遵循類似的規則搜尋鍵值。

搜尋鍵值 80 的過程如下：
第一次比較：80 和節點 a 的鍵值做比較，80 > 50，故移往右子樹。
第二次比較：80 和節點 d 的鍵值做比較，80 > 70，故移往右子樹。
第三次比較：80 和節點 f 的鍵值做比較，80 = 80，故搜尋成功。

搜尋鍵值 11 的過程如下：
第一次比較：11 和節點 a 的鍵值做比較，11 < 30，故移往左子樹。
第二次比較：11 和節點 b 的鍵值做比較，10 < 11 < 20，故移往中子樹。
第三次比較：11 和節點 e 的鍵值做比較，11 < 15，故移往左子樹。
第四次比較：11 和節點 g 的鍵值做比較，11 < 12，此時已經抵達樹的尾端，故搜尋失敗。

在搜尋鍵值的過程中所涉及的比較次數不會超過 m 元搜尋樹的高度，故時間複雜度為 $O(\log n)$，n 為鍵值個數。

範例 10.12 [在 m 元搜尋樹插入鍵值] 寫出在一棵空的三元搜尋樹插入 50、30、40、70、60、20 等鍵值的過程。

解答：三元搜尋樹是二元搜尋樹的擴充，因此，我們可以遵循類似的規則插入鍵值：

1. 插入 50 (三元搜尋樹是空的，故將 50 當作樹根)。

2. 插入 30 (節點 a 只有存放一個鍵值 50，且 30 < 50，故將 30 插入節點 a 的左鍵值)。

3. 插入 40 (節點 a 已經存放兩個鍵值 30、50，且 30 < 40 < 50，故將 40 移往中子樹)。

4. 插入 70 (節點 a 已經存放兩個鍵值 30、50，且 70 > 50，故將 70 移往右子樹)。

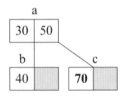

5. 插入 60 (節點 a 已經存放兩個鍵值 30、50，且 60 > 50，故將 60 移往右子樹，此時，節點 c 只有存放一個鍵值 70，且 60 < 70，故將 60 插入節點 c 的左鍵值)。

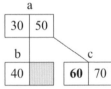

6. 插入 20 (節點 a 已經存放兩個鍵值 30、50，且 20 < 30，故將 20 移往左子樹)。

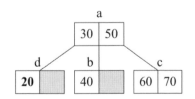

10-4-2 B 樹的定義

當我們在 m 元搜尋樹插入或刪除鍵值時，往往只著重於符合 m 元搜尋樹的條件，卻忽略了高度的問題，導致 m 元搜尋樹愈來愈傾斜，高度愈來愈大，為了讓 m 元搜尋樹的高度保持平衡，遂有人提出 B 樹（B tree）的概念，一棵 order 為 m 的 B 樹（B tree of order m）指的是空樹或滿足下列條件的 m 元搜尋樹，即高度平衡的 m 元搜尋樹：

◀　樹根至少有兩棵子樹（即至少包含一個鍵值），除非它是樹葉節點。

◀　除了樹根之外，所有內部節點至少有 $\lceil m/2 \rceil$ 棵子樹，至多有 m 棵子樹（即至少包含 $\lceil m/2 \rceil$ - 1 個鍵值，至多包含 m - 1 個鍵值）。

◀　所有樹葉節點必須位於相同階度。

圖 10.12 是一棵 order 為 m 的 B 樹，它的 m 等於 5，m 的值愈大，樹的高度就愈低，平均搜尋次數也愈少。事實上，一棵 order 為 3 的 B 樹就是 2-3 樹，它的所有內部節點為 2-node 或 3-node，而一棵 order 為 4 的 B 樹就是 2-3-4 樹，它的所有內部節點為 2-node、3-node 或 4-node。

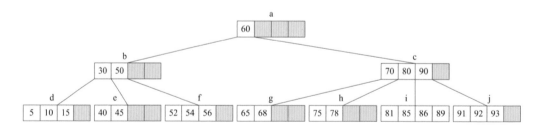

圖 10.12 order 為 5 的 B 樹（B-tree of order 5）

請注意，order 為 2 的 B 樹是二元搜尋樹的一種，但二元搜尋樹卻不一定是 order 為 2 的 B 樹，最明顯的反證就是二元搜尋樹的所有樹葉節點不一定位於相同階度；同理，order 為 m 的 B 樹是 m 元搜尋樹的一種，但 m 元搜尋樹卻不一定是 order 為 m 的 B 樹，圖 10.13 即為一例。

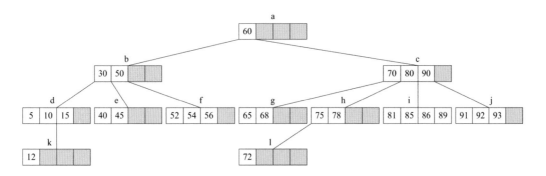

圖 10.13 五元搜尋樹但不是 order 為 5 的 B 樹

10-4-3　在 B 樹搜尋鍵值

由於 order 為 m 的 B 樹其實是高度平衡的 m 元搜尋樹，因此，我們可以遵循類似的規則在 B 樹搜尋鍵值，而且在搜尋鍵值的過程中所涉及的比較次數不會超過 B 樹的高度，故時間複雜度為 O(logn)，n 為鍵值個數。

範例 10.13 [在 B 樹搜尋鍵值] 寫出在圖 10.12 的 B 樹搜尋 10 和 88 兩個鍵值的過程。

解答：

搜尋鍵值 10 的過程如下：

第一次比較：10 和節點 a 的鍵值做比較，10 < 60，故移往左子樹。

第二次比較：10 和節點 b 的鍵值做比較，10 < 30，故移往左子樹。

第三次比較：10 和節點 d 的鍵值做比較，10 = 10，故搜尋成功。

搜尋鍵值 88 的過程如下：

第一次比較：88 和節點 a 的鍵值做比較，88 > 60，故移往右子樹。

第二次比較：88 和節點 c 的鍵值做比較，80 < 88 < 89，故移往中子樹。

第三次比較：88 和節點 i 的鍵值做比較，86 < 88 < 89，此時已經抵達樹的尾端，故搜尋失敗。

10-4-4　在 B 樹插入鍵值

若要在 order 為 m 的 B 樹插入鍵值，可以遵循下列規則：

◀　以類似搜尋的過程找到第一個可插入的樹葉節點，當該節點存放少於 m - 1 個鍵值時，直接將鍵值插入該節點。

◀　以類似搜尋的過程找到第一個可插入的樹葉節點，當該節點已經存放 m - 1 個鍵值時，就將該節點分裂為二，第 $\lceil m/2 \rceil$ 個鍵值往上提升至其父節點，若其父節點也已經存放 m - 1 個鍵值，就繼續將其父節點分裂為二，第 $\lceil m/2 \rceil$ 個鍵值又往上提升至其父節點，重複此過程，直到符合 B 樹的條件。

範例 10.14 [**在 B 樹插入鍵值**] 寫出在下面的 B 樹插入 94、95、88 等鍵值的過程，並分析時間複雜度。

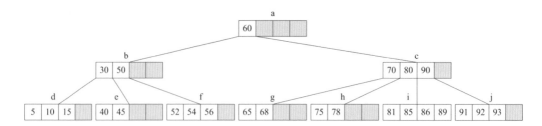

解答：

1. 插入 94 (以類似搜尋的過程找到第一個可插入的樹葉節點為節點 j，而節點 j 只有存放三個鍵值 91、92、93，且 94 > 93，故將 94 插入節點 j 的最右邊)。

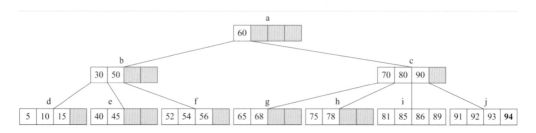

2. 插入 95 (以類似搜尋的過程找到第一個可插入的樹葉節點為節點 j，而節點 j 已經存放四個鍵值，且 91 < 92 < 93 < 94 < 95，故將節點 j 分裂為二，第 $\lceil m/2 \rceil$ 個鍵值 93 往上提升至其父節點 c，此例的 m 等於 5，故 $\lceil m/2 \rceil$ 等於 3)。

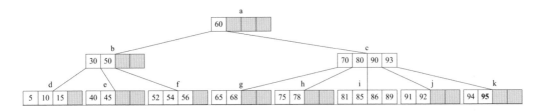

3. 插入 88 (以類似搜尋的過程找到第一個可插入的樹葉節點為節點 i，而節點 i 已經存放四個鍵值，且 81 < 85 < 86 < 88 < 89，故將節點 i 分裂為二，第 $\lceil m/2 \rceil$ 個鍵值 86 往上提升至其父節點 c，然節點 c 也已經存放四個鍵值，且 70 < 80 < 86 < 90 < 93，故將節點 c 分裂為二，第 $\lceil m/2 \rceil$ 個鍵值 86 往上提升至其父節點 a)。

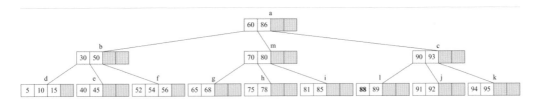

由於在插入鍵值的過程中所涉及的比較次數不會超過 B 樹的高度，故時間複雜度為 O(logn)，n 為鍵值個數。

細心的讀者或許已經發現，前述規則其實和在 2-3 樹插入鍵值類似，事實上，這就是將在 2-3 樹插入鍵值的規則加以一般化。

10-4-5 在 B 樹刪除鍵值

若要在 B 樹刪除鍵值,可以遵循下列規則,事實上,這就是將在 2-3 樹刪除鍵值的規則加以一般化:

◀ **情況一**:當欲刪除的鍵值 A 位於內部節點時,可以找出其右子樹的最小鍵值 X 或其左子樹的最大鍵值 Y 取代鍵值 A,然後根據情況二的規則刪除鍵值 X 或鍵值 Y,因為這兩個鍵值均位於樹葉節點。

◀ **情況二**:當欲刪除的鍵值 A 位於樹葉節點時,又分成下列四種情況:

(1) 若鍵值 A 所在之節點包含大於等於 $\lceil m/2 \rceil$ 個鍵值,就直接刪除,例如在下面的 B tree of order 5 中,m 等於 5,故 $\lceil m/2 \rceil$ 等於 3,而節點 d 包含大於等於三個鍵值,因此,若要刪除鍵值 15,就直接刪除。

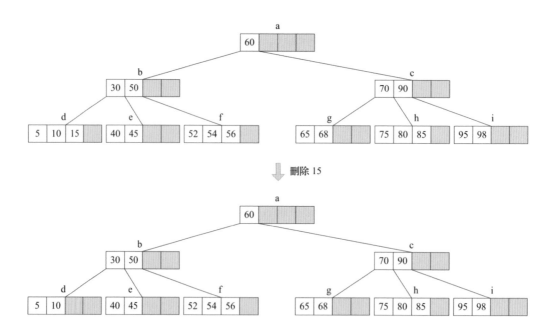

(2) 若鍵值 A 所在之節點包含少於 $\lceil m/2 \rceil$ 個鍵值，且存在最近之右兄弟節點包含大於等於 $\lceil m/2 \rceil$ 個鍵值，就從鍵值 A 的父節點找出大於鍵值 A 且小於最近之右兄弟節點的鍵值 P 取代鍵值 A，然後從最近之右兄弟節點找出最小的鍵值 Q 取代父節點的鍵值 P，這個動作稱為「旋轉」。

例如承上圖，若要刪除鍵值 45，可以從節點 e 的父節點 b 找出大於鍵值 45 且小於最近之右兄弟節點 f 的鍵值 50 取代鍵值 45，然後從最近之右兄弟節點 f 找出最小的鍵值 52 取代父節點 b 的鍵值 50。

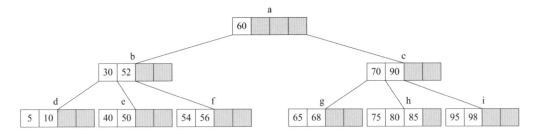

(3) 若鍵值 A 所在之節點包含少於 $\lceil m/2 \rceil$ 個鍵值，且不存在最近之右兄弟節點包含大於等於 $\lceil m/2 \rceil$ 個鍵值，但存在最近之左兄弟節點包含大於等於 $\lceil m/2 \rceil$ 個鍵值，就從鍵值 A 的父節點找出小於鍵值 A 且大於最近之左兄弟節點的鍵值 P 取代鍵值 A，然後從最近之左兄弟節點找出最大的鍵值 Q 取代父節點的鍵值 P，這個動作稱為「旋轉」。

例如承上圖，若要刪除鍵值 95，可以從節點 i 的父節點 c 找出小於鍵值 95 且大於最近之左兄弟節點的鍵值 90 取代鍵值 95，然後從最近之左兄弟節點 h 找出最大的鍵值 85 取代父節點 c 的鍵值 90。

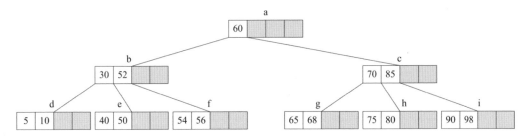

(4) 若鍵值 A 所在之節點及最近之左右兄弟節點均包含少於 $\lceil m/2 \rceil$ 個鍵值，就刪除鍵值 A，然後將鍵值 A 所在之節點、最近之右兄弟節點及父節點中大於鍵值 A 所在之節點且小於最近之右兄弟節點的鍵值「合併」成同一個節點；或是將鍵值 A 所在之節點、最近之左兄弟節點及父節點中大於最近之左兄弟節點且小於鍵值 A 所在之節點的鍵值「合併」成同一個節點。

例如在下面的 B tree of order 5 中，若要刪除鍵值 68，就刪除鍵值 68，然後將鍵值 68 所在之節點 g、最近之右兄弟節點 h 及父節點 c 中大於節點 g 且小於節點 h 的鍵值 70 合併成同一個節點，然此時節點 c 只剩一個鍵值 85，不符合 B tree of order 5 的條件，於是又將節點 a、b、c 合併成同一個節點。

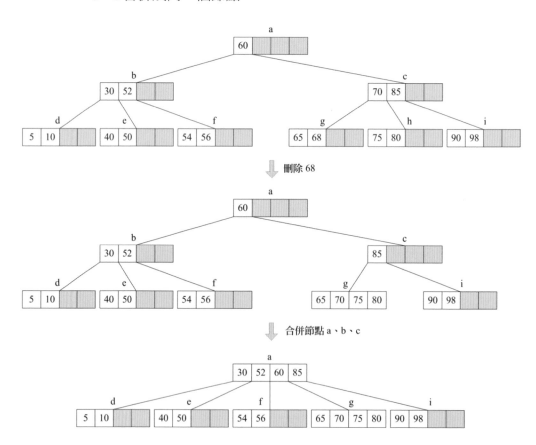

＼學習評量／

一、選擇題

( )1. 下列關於 AVL 樹的敘述何者錯誤？

A. 在 AVL 樹插入鍵值的時間複雜度為 O(logn)

B. AVL 樹的左右子樹高度最多相差 2

C. 在 AVL 樹插入鍵值的時間複雜度為 O(logn)

D. 高度為 7 的 AVL 樹最多包含 127 個節點

( )2. 下列關於 2-3 樹的敘述何者錯誤？(複選)

A. 2-3 樹的節點可以存放一或二個鍵值

B. 2-3 樹的左右子樹高度最多相差 1

C. 在 2-3 樹插入鍵值的時間複雜度為 O(logn)

D. 高度為 4 的 2-3 樹最多包含 75 個節點

( )3. 下列關於 B tree of order m 的敘述何者錯誤？

A. 除了樹根，B tree of order 7 的內部節點至少有三個子節點

B. B tree of order m 的樹葉節點均位於相同階度

C. 在 B tree of order m 插入鍵值的時間複雜度為 O(logn)

D. B tree of order 9 的內部節點可以存放 5 ~ 8 個鍵值

( )4. 假設有一棵高度為 3 的 B tree of order 5，試問，除了根節點之外的非終端節點至少有多少個子節點？

A. 2　　　　B. 3　　　　C. 4　　　　D. 5

( )5. 假設有一棵 B 樹可以存放 k 個鍵值，下列敘述何者錯誤？(複選)

A. 內部節點至少有 (k + 1) / 2 個子節點

B. B tree 是一棵二元搜尋樹

C. B tree 是一棵平衡樹

D. 每個鍵值只會出現一次

二、練習題

1. 簡單說明何謂 AVL 樹？以及會有 AVL 樹的原因為何？

2. 畫出包含 10、20、30、40 等四個鍵值的 AVL 樹。(提示：這有四種可能)

3. 高度為 4 的 AVL 樹最多包含幾個節點？最少包含幾個節點？

4. 簡單說明在 AVL 樹插入鍵值時有哪四種調整方式？

5. 畫出在下面的 AVL 樹插入鍵值 5 的結果。

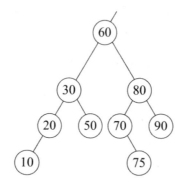

6. 畫出在上面的 AVL 樹插入鍵值 78 的結果。

7. 簡單說明何謂 2-3 樹？以及 2-3 樹和 AVL 樹有何異同？

8. 高度為 h 的 2-3 樹最少包含幾個節點？最多包含幾個節點？

9. 畫出在下面的 2-3 樹插入鍵值 75 的結果。

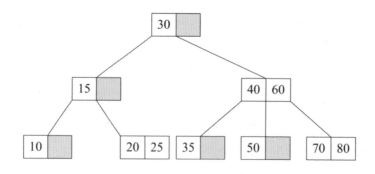

10. 畫出在上面的 2-3 樹刪除鍵值 10 的結果。

11. 簡單說明何謂 2-3-4 樹？以及 2-3-4 樹和 AVL 樹有何異同？

12. 包含 n 個鍵值之 2-3-4 樹的最小高度為何？

13. 簡單說明何謂 m 元搜尋樹？以及它和 2-3 樹、2-3-4 樹、AVL 樹有何異同？

14. 簡單說明何謂 B tree of order m？以及它和 m 元搜尋樹、2-3 樹、2-3-4 樹有何異同？

15. 畫出在下面的 B tree of order 4 樹插入鍵值 50 的結果。

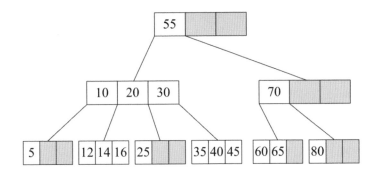

16. 畫出在上面的 B tree of order 4 刪除鍵值 80 的結果。

17. 在 2-3-4 樹插入與刪除鍵值的時間複雜度各為何？

18. 畫出在下面的 B tree of order 5 插入 15、20 和 25 三個鍵值的結果。

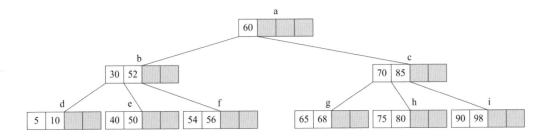

19. 畫出在上面的 B tree of order 5 刪除鍵值 80 的結果。

20. 畫出在下面的 B tree of order 5 插入 82 和 88 兩個鍵值的結果。

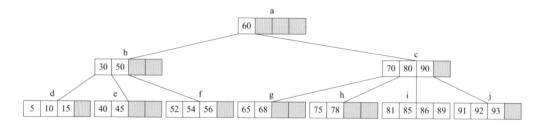

21. 畫出在上面的 B tree of order 5 刪除鍵值 40 的結果。

22. 畫出將 15、10、27、18、20 等鍵值建立為 B tree of order 3 的結果。

23. 承上題，下面的敘述何者正確？(複選)

A. 總共發生三次節點分裂

B. 總共發生兩次節點分裂

C. 鍵值 15 位於最左邊的樹葉節點

D. 樹根存放了兩個鍵值

24. 簡單說明何謂平衡係數 (BF)？AVL 樹各個節點的平衡係數有何限制？

25. 畫出將 27、32、26、33、29、30、34、25、28、31 等鍵值建立為 B tree of order 6 的結果。

26. 承上題，下面的敘述何者正確？(複選)

A. 總共發生一次節點分裂

B. 最左邊的樹葉節點存放了三個鍵值

C. 樹根存放的是鍵值 29

D. 樹葉節點的個數為 3

27. 畫出將 10、33、44、8、24、30、21、17 等鍵值建立為 AVL 樹的結果。

資料結構×ChatGPT

11-1　開始使用 ChatGPT

如果您以為「**資料結構**×ChatGPT」只是搶搭生成式 AI 的熱潮，噱頭而已，那麼在看過本章後，可就要改觀了，因為 ChatGPT 不但懂得資料結構，還會撰寫相關程式、分析複雜度，而且程式碼簡潔乾淨，不輸給程式設計高手，尤其是資料結構的理論與實作已經有很多經典的資料可供參考，ChatGPT 的準確度就更高了。

或許您會問，「既然如此，我還看這本書做什麼，通通交給 ChatGPT 不就好了？！」，事實上，如果您完全不懂資料結構，甚至沒有程式設計基礎，您要如何對 ChatGPT 提問呢？怎樣才能讓 ChatGPT 寫出想要的程式呢？再者，您又要如何判斷 ChatGPT 所寫出來的程式對不對？品質好不好？

畢竟 ChatGPT 所生成的回答無法保證百分之百正確，它就是一個厲害的小幫手，可以提供資料結構的理論與實作，幫助您快速撰寫程式，但還是需要一本有系統的好書帶您按部就班地學會資料結構，才能進一步去學習演算法、機器學習、深度學習、人工智慧等進階課程。原則上，本章所介紹的提問技巧大多不限定於 ChatGPT，也可以靈活運用在 Copilot、Gemini 等 AI 助理。

使用 ChatGPT 的方式很簡單，請連線到 ChatGPT 官方網站 (https://chatgpt.com/auth/login)，尚未註冊的人可以按 [**註冊**]，然後依照畫面上的提示進行註冊，已經註冊的人可以按 [**登入**]，然後輸入帳號與密碼進行登入。

11-1-1　請 ChatGPT 扮演資料結構專家的角色

在登入 ChatGPT 後，請輸入「你是資料結構專家，熟悉資料結構的理論與實作，你的任務就是幫助我學習資料結構，並以 C 語言撰寫相關程式。」，然後按 ⬆，將 ChatGPT 所要扮演的角色告訴它。此處是要求 ChatGPT 以 C 語言進行實作，您也可以視實際需要換成 Python、C++、C#、Java 等程式語言。

ChatGPT 的回答如下，由於它每次生成的對話不一定相同，所以您看到的畫面應該跟書上略有不同。側邊欄有目前對話的名稱，您可以按 ✐ 輸入新名稱，也可以按 🗑 刪除對話，或按 ✐ 開啟新對話。

11-1-2 使用 ChatGPT 的注意事項

在使用 ChatGPT 時，請注意下列事項：

◀ **隨機生成內容**：ChatGPT 針對相同的提問 (稱為「提示詞」) 所生成的回答往往不盡相同，建議您以詳細明確的提示詞 (prompt)、指定段落字數或分步驟提問的方式，來提高回答的準確度。

◀ **生成內容可能有錯**：ChatGPT 所生成的回答或程式不一定正確，因此，程式必須經過完整測試，若有錯誤，可以詳細描述問題，並將錯誤訊息貼給 ChatGPT，讓它進行修正，同時也可以要求它進行優化。

◀ **資料時效性**：ChatGPT 對於一些有時效性的資料可能無法即時更新，例如統一發票兌獎規則、中獎號碼、天氣預報資料等，在這種情況下可能會拒絕回答或產生 AI 幻覺，編造錯誤的資料。

除了 ChatGPT 之外，Microsoft Copilot、Google Gemini 也是知名的 AI 助理，同樣能夠以自然語言的形式和人類對話、回答問題、即時翻譯、分析資料、生成文本與程式碼等，下圖為 Microsoft Copilot。

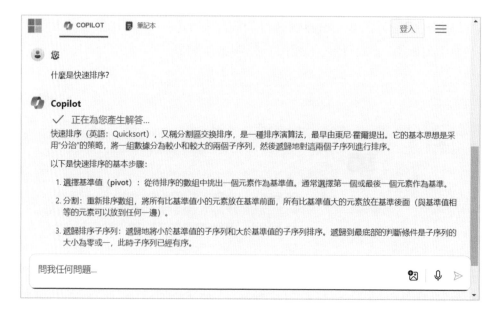

11-2　查詢資料結構的理論與實作

您可以向 ChatGPT 提出任何有關資料結構的問題，ChatGPT 就會提供說明或程式。下面是一些例子，請發揮舉一反三的精神，推廣至其它問題。有時為了避免翻譯的落差，我們會在中文名詞後面附上英文翻譯。

◀　什麼是資料結構？為何要學習資料結構？

◀　什麼是陣列？有哪些常見的運算？

◀　堆疊 (stack) 和佇列 (queue) 有何不同？

◀　請以 C 語言實作陣列的「刪除」運算，然後分析複雜度。

◀　舉出陣列的實際應用三個。

◀　說明一維陣列的定址方式。

◀　舉例說明什麼是遞迴？

◀　什麼是河內塔問題 (towers of hanoi)？以 C 語言撰寫一個程式解決河內塔問題，當河內塔有 3 個圓盤時，搬移次數和搬移順序為何？

◀　什麼是樹？什麼是樹的階度 (level) 與高度 (height)？

◀　假設樹的節點個數為 V、邊數為 E，試證明 $V = E + 1$。

◀　將運算式 $A + B / C - D * 3 + E$ 建構為運算式樹。

◀　什麼是氣泡排序？以 C 語言撰寫一個氣泡排序程式。

◀　假設有一個數字串列為 $(4, 2, 6, 5, 1, 7, 3, 8)$，請將這個數字串列建構為二元搜尋樹。

對於 ChatGPT 所生成的程式，若執行錯誤或有語法、邏輯上的疑問，可以直接對 ChatGPT 提問；對於 ChatGPT 所生成的說明，若有錯誤，可以指出錯誤的地方或提供正確的答案讓它學習，準確度就會愈來愈高。

下面是一個例子，我們在 ChatGPT 輸入「**什麼是快速排序？**」，ChatGPT 就會說明快速排序的用途、排序過程，以及在平均情況和最差情況下的時間複雜度。

ChatGPT ∨

什麼是快速排序？

快速排序（Quick Sort）是一種常見的排序算法。它使用分治法（Divide and Conquer）策略來快速地排序一個數列。

快速排序的過程大致如下：

1. **選擇基準值**：從數列中選擇一個基準值（pivot）。通常可以選擇數列的第一個元素、最後一個元素或者隨機選擇。

2. **分割數列**：將數列中小於基準值的元素移到基準值的左邊，將大於基準值的元素移到基準值的右邊。這個過程稱為分割（partition）。

3. **遞歸排序**：對基準值左右兩邊的子數列進行遞歸排序。即重複步驟 1 和步驟 2，直到每個子數列都只有一個元素為止。這是一個遞迴的過程。

4. **合併數列**：將已排序的子數列合併起來，形成最終的排序結果。

快速排序的平均時間複雜度為 O(n log n)，其中 n 是數列的大小。在最壞情況下，時間複雜度為 O(n^2)，但通常情況下它的表現是非常好的，特別是對於大型數列。因此，快速排序被廣泛應用於實際的軟件開發中。

傳訊息給 ChatGPT

ChatGPT可能會出錯。請考慮核對重要資訊。

若想進一步撰寫程式實作快速排序，可以請 ChatGPT 提供，例如輸入「**以 C 語言撰寫一個快速排序程式**」、「**以 Python 撰寫一個快速排序程式**」；若想進一步了解快速排序的時間複雜度，同樣可以請 ChatGPT 提供，例如輸入「**請分析快速排序在最佳情況、最差情況和平均情況下的時間複雜度**」、「**證明快速排序在最差情況下的時間複雜度為 O(n^2)**」。

下面是另一個例子，我們在 ChatGPT 輸入「**假設有一個數字串列為（4, 2, 6, 5, 1, 7, 3, 8），請將這個數字串列建構為二元搜尋樹。**」，哇！ChatGPT 成功畫出二元搜尋樹，真厲害！

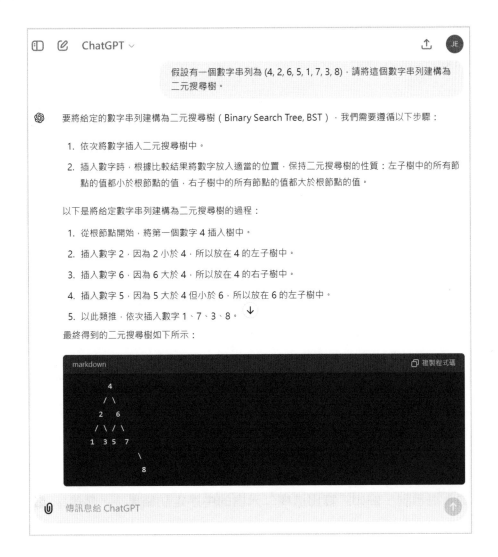

不過，並不是每個人都這麼幸運，一次就畫對，如果 ChatGPT 畫錯了，您可以告訴它是哪個數字畫錯了，請它進行修正，如果您也不是很確定錯在哪，可以請它重新作答。

11-3　上傳圖片解題

在前一節中，我們示範了如何以文字提問的方式，請 ChatGPT 回答資料結構
的問題，其實它還有一個實用的功能，就是接受用戶上傳圖片，然後根據圖
片作答，下面是一個例子。

1.　點取對話框左側的迴紋針圖示。

2.　選取要上傳的圖片，這是一棵二元樹，然後按 **[開啟]**(您可以在本書範例
程式中找到此圖片 **tree.jpg** 做練習)。

3.　輸入提示詞，例如「**寫出這棵二元樹的中序走訪結果**」，然後按 ⬆️。

4. 生成中序走訪的步驟與結果 (DBGEHACF)。同樣的，ChatGPT 不一定會一次就答對，如果答錯了，您可以告訴它是哪個步驟做錯了，請它進行修正，如果您也不是很確定錯在哪，可以請它重新作答。

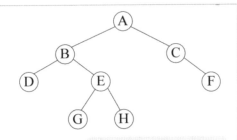

寫出這棵二元樹的中序走訪結果

要寫出這棵二元樹的中序走訪結果，我們需要遵循中序遍歷的規則：先遍歷左子樹，然後訪問根節點，最後遍歷右子樹。

根據圖片中的二元樹結構，我們可以如下進行中序遍歷：

按照中序遍歷的步驟：

1. 從根節點 `A` 開始，先遍歷 `A` 的左子樹。
2. 到 `B`，再遍歷 `B` 的左子樹。
3. 到 `D`，因為 `D` 沒有左子樹，所以訪問 `D`，然後遍歷 `D` 的右子樹（沒有右子樹）。
4. 回到 `B`，訪問 `B`，然後遍歷 `B` 的右子樹。
5. 到 `E`，先遍歷 `E` 的左子樹。
6. 到 `G`，因為 `G` 沒有左子樹，所以訪問 `G`，然後遍歷 `G` 的右子樹（沒有右子樹）。
7. 回到 `E`，訪問 `E`，然後遍歷 `E` 的右子樹。
8. 到 `H`，因為 `H` 沒有左子樹，所以訪問 `H`，然後遍歷 `H` 的右子樹（沒有右子樹）。
9. 回到 `A`，訪問 `A`，然後遍歷 `A` 的右子樹。
10. 到 `C`，因為 `C` 沒有左子樹，所以訪問 `C`，然後遍歷 `C` 的右子樹。
11. 到 `F`，因為 `F` 沒有左子樹，所以訪問 `F`，然後遍歷 `F` 的右子樹（沒有右子樹）。

最終的中序遍歷結果是：

11-4 出題練習

勤加練習是學習資料結構的不二法門，ChatGPT 也可以幫忙出題練習。下面是一個例子，我們在 ChatGPT 輸入「**請針對「運算式樹」(expression tree) 出幾個題目讓我練習**」，ChatGPT 就會提供不同的題型與解答，若需要更多題目，可以輸入「**繼續**」，就會再提供其它題目。

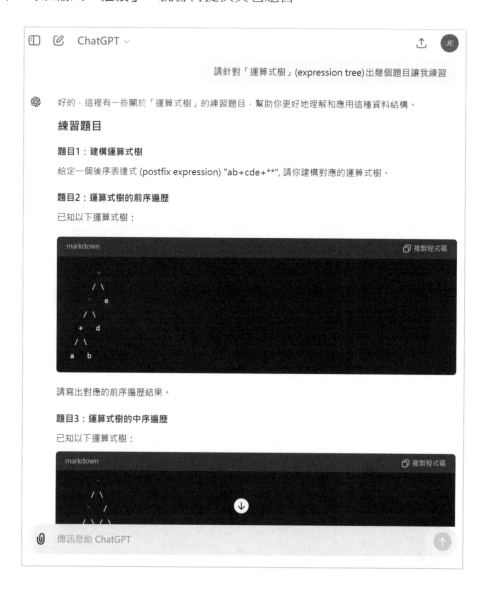

11-5　撰寫程式、修正、優化與除錯

撰寫、修正與優化程式

當您要請 ChatGPT 撰寫程式時，請詳細描述程式的用途，這樣它所撰寫的程式會更符合要求，例如「**撰寫一個 C 程式，判斷使用者輸入的年份是否為閏年**」、「**請給我實現二元搜尋的 C 程式**」等。

下面是一個例子，我們在 ChatGPT 輸入「**撰寫一個 C 程式，計算整數 1 加到 100 的總和**」，ChatGPT 就會提供程式與說明，我們可以進一步將程式複製到 C 語言開發環境做測試，例如 Visual Studio Code。

在這個例子中，ChatGPT 所提供的程式是使用 for 迴圈，重複執行 100 次來計算整數 1 加到 100 的總和。試想，若將 100 提高到 1 萬，甚至 100 萬、1000 萬、1 億或更大的數字，效率不就變差了，於是我們在 ChatGPT 輸入「**有沒有其它更快更好的寫法？**」，得到如下回答，它給了另一個寫法，改用總和公式，經過實際測試，這個程式的執行時間確實縮短了！

請注意，ChatGPT 所生成的程式不一定都是對的，必須詳加測試，若遇到錯誤，可以把執行時出現的錯誤訊息貼給它，請它進行修正，或乾脆跟它說「**程式不對，請重寫**」。另一種情況是程式雖然正確，但可能沒效率或太冗長，此時，可以輸入類似「**這個程式效率不佳，請優化**」、「**這個程式太冗長，請精簡**」、「**請提供更好的寫法**」等提示詞，請它進行優化。

除錯

當您遇到程式執行錯誤時，可以向 ChatGPT 提問，請它幫助除錯，而且最好是連同執行時出現的錯誤訊息一起提供，這樣會更快解決。下面是一個例子，我們在 ChatGPT 輸入「**程式在執行時出現** warning: return type defaults to 'int' [-Wimplicit-int] main() { ^~~，**該如何修正？**」，同時附上一段程式碼，ChatGPT 就會先說明這是什麼錯誤，然後提供修正後的程式碼。

為了方便截圖做示範，我們附上的程式碼相當簡短，您可以試著提問更複雜的程式碼，看看 ChatGPT 是否能夠解決錯誤。

11-6 與其它程式語言互相轉換

在本書中，我們是以 C 語言來進行實作，若要轉換成 Python、C++、C#、Java 等程式語言，可以交給 ChatGPT 代勞。

下面是一個例子，我們在 ChatGPT 輸入「**請將這個程式轉換成 Python 程式**」，同時附上一段程式碼，ChatGPT 就會先判斷這是以 C 語言所撰寫，然後轉換成 Python 程式，並顯示程式講解。

我們可以將 ChatGPT 轉換出來的程式複製到 Python 開發環境做測試,例如 Spyder、Colab,得到如下圖的結果。

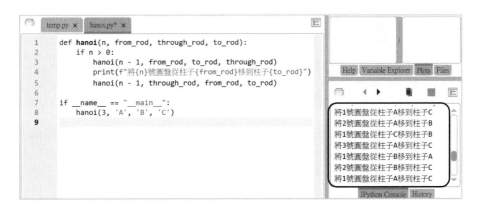

除了前述方式之外,我們也可以上傳程式檔案,請 ChatGPT 做轉換,下面是一個例子。

1.　　點取對話框左側的迴紋針圖示。

2.　　選取要上傳的檔案,這是範例 4.14 的河內塔問題,然後按 [開啟] (您可以在本書範例程式中找到此檔案 hanoi.c 做練習)。

3. 輸入提示詞，例如「**請將這個程式轉換成 Python 程式**」，然後按 ⬆。

4. 成功轉換成 Python 程式，我們可以將程式複製到 Python 開發環境做測試，例如 Spyder、Colab。

最後要提醒您，由於 ChatGPT 經常更新介面與功能，免費版的上傳功能可能有額度限制，一旦無法使用此功能，可以將程式以文字提問的方式輸入，一樣能夠做轉換。

資料結構--C 語言實作(第四版)

作　　　者：陳惠貞
企劃編輯：石辰蓁
文字編輯：王雅雯
設計裝幀：張寶莉
發 行 人：廖文良

發 行 所：碁峰資訊股份有限公司
地　　　址：台北市南港區三重路 66 號 7 樓之 6
電　　　話：(02)2788-2408
傳　　　真：(02)8192-4433
網　　　站：www.gotop.com.tw
書　　　號：AEE041100
版　　　次：2024 年 07 月四版
建議售價：NT$550

本書是根據寫作當時的資料撰寫
而成，日後若因資料更新導致與
書籍內容有所差異，敬請見諒。
若是軟、硬體問題，請您直接與
軟、硬體廠商聯絡。

國家圖書館出版品預行編目資料

資料結構：C 語言實作 / 陳惠貞著. -- 四版. -- 臺北市：碁峰資
　　訊, 2024.07
　　　面；　公分
　　ISBN 978-626-324-838-0(平裝)
　　1.CST：資料結構　2.CST：C(電腦程式語言)
312.73　　　　　　　　　　　　　　　　　113008392